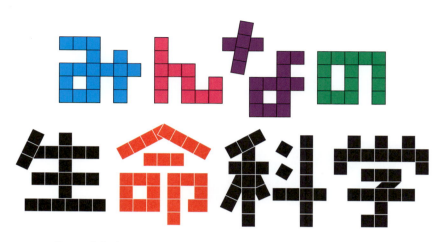

北口哲也・塚原伸治・坪井貴司・前川文彦 著

化学同人

はじめに

　近年の生命科学技術の進歩には、目を見張るものがあります。ヒトゲノムと呼ばれる、人体の設計図の遺伝情報が 2003 年に解読されて以来、さまざまな病気の原因遺伝子が明らかにされるようになり、現在も新たな原因遺伝子の発見が続いています。その一方、遺伝情報が決定されることによって、遺伝情報以外の要因、つまり環境的要因も病気に深く関わっていることが明らかになった例もあります。例えば、生活習慣病、がん、老化などは、生活環境に関わる要因によって遺伝的プログラムが修飾を受けることが重要な原因の一つであり、これを研究する学問はエピジェネティクスという新しい分野として発展しています。

　また、これらの病気を治療する試みも長足の進歩を遂げています。例えば、がん細胞に特徴的なタンパク質の機能を抑える薬や、免疫システムの一部である抗体にがん細胞を攻撃させる治療法なども開発され、一定の効果を上げています。また、病気の原因となる変異した遺伝子を正常な遺伝子と取り換えることで重篤な遺伝性の病気を治療する試みもすでに実施され、劇的な症状の改善が見られる例も報告されています。

　1981 年に樹立された胚性幹細胞(ES 細胞)は再生医療を飛躍的に発展させました。ES 細胞はさまざまな臓器や細胞になることができます。しかし、細胞の作製過程で受精卵を滅するため、倫理的な問題がありました。2006 年、この課題を打破する方法の一つとして、山中伸弥らは人工多能性幹細胞(iPS 細胞)を生みだしました。今まさに、iPS 細胞からつくりだした臓器や細胞を人体に移植して病気を治療する可能性が世界中で検討されています。また 2014 年には、加齢黄斑変性と呼ばれる眼の難病治療に対する臨床試験も行われました。この本を読者が読まれる頃には、さらなる発展が成し遂げられているかもしれません。

　さて、このような生命科学の進歩にともない、私たちの命や生活に直接かかわる科学技術である生命科学に関連するニュースが、毎日のように新聞や雑誌などのメディアを通して報道されるようになりました。しかし、これら最先端の生命科学技術が、どのような経緯で発見・発明されたものかは、あまり深く報道されません。また、メディアが"これらの技術にはどのようなベネフィットとリスクがあるのか?"という点まで詳しく解説することも少ないように思われます。したがって、社会の中での生命科学のあり方を検討し、より良く利用していくためには、私たち自身ができるかぎり科学的な視点から、生命科学の現状を深く理解することが重要だと、執筆者は考えています。

　生命科学の分野には、名著とされる数多くの教科書が存在します。しかし、大半の教科書は、専門分野への進学を志す学生に知識を授けることを意図して書かれているため、特に大学に入学して初めて学ぶ学生にとっては、理解が難しく感じられる場合があります。そこで執筆者は、興味をもった学生が、無理なく最後まで読み通せ、生命科学の大きな流れと面白さを実感してもらえる教科書を意図して、本書を執筆しました。

本書は、興味・知的好奇心を引きだすために、特に「人体の不思議」に焦点を当て、これまでの教科書とは少し異なる視点から生命現象を説明することを試みています。具体的には、ニュースや新聞で目にする「トピックス」を導入として取り上げ、カラフルな図版と挿絵イラストを豊富に掲載し、本文を可能な限り読みやすいように工夫しました。読み物として読み進めていくうちに、それらトピックスの歴史的背景や原理、そして生命現象を理解できるような構成を心がけました。また、各章はトピックスごとに独立した構成としたため、興味のある内容から学習を始めることもできます。章末問題も用意し、学生が積極的に本書や講義内容を復習して、内容の理解を促す機会を提供しています。特に「考えてみよう！」という考察課題のなかには、現時点で明確な答えが存在しない問いもあります。ぜひ読者自身で考え、友人や先生と議論をしてみてほしいと思います。

　執筆者は本書を、大学生のみならず、生命科学に興味がある一般社会人や中・高校生にも読んでもらいたいと願っています。本書を通じて、現在の科学が"どこまで生命現象の謎を解明しているのか"を体験していただき、その視点から、生命科学がこれからの人類の意識や社会にどのように関わってくるのかと、未来へ思いを馳せていただきたいのです。ぜひ、生命科学の面白さを感じてください。

　最後に、本書は執筆者だけの力では到底完成できませんでした。本書が完成するまでには、本当にたくさんの方がたのご尽力を仰ぎました。特に、著者たちの漠然としたアイデアを化学同人の浅井歩様にお聞きいただける機会があったことは、著者たちにとって大変幸運なことでした。そして、本書を執筆する機会を与えてくださった化学同人社、著者たちの遅筆を辛抱強くお待ちいただき、時には励まし支えてくださった浅井歩様そして椛井文子様には、この場をお借りして厚く御礼を申し上げます。完成した本書を見ると、まだまだ手直しをしたい部分、説明不足だと感じる部分があります。今後は、本書を読んで頂いた方々からのご批判、ご叱責を取り入れ、さらなる良書に育てていきたいと思っています。そして、読者の方がたに、科学をおおいに楽しむきっかけを提供することができたのであれば、このうえない幸せです。

平成 27 年 11 月 20 日

著者一同

Contents

はじめに　iii
目　次　v
本書の使い方　viii

Part1　現代を生きる生命　　　1

●1章　生命の基礎的なしくみ　　　2

1.1　生命とは？　生物とは？　3
1.2　細胞と細胞内小器官　7
1.3　DNA の構造とセントラルドグマ　12

●2章　生命の設計図「ゲノム」　　　18

2.1　ゲノムとそのなりたち　19
2.2　エピジェネティクス　24
2.3　遺伝子情報の利用とその倫理的課題　27

Part2　生まれ、成長し、死ぬためのしくみ　　　31

●3章　ヒトの誕生と成長　　　32

3.1　なぜ発生を学ぶのか　33
3.2　受精の瞬間　35
3.3　胚の領域分けとかたちづくり　38
3.4　発生を支配する遺伝子　43

●4章　ヒトの寿命と死　　　47

4.1　細胞周期とがん　48
4.2　がんの原因　50
4.3　自殺する細胞　53
4.4　老化と寿命　55
4.5　遺伝と病気の関係　58

● 5 章　生命を理解するための科学技術 ················· **61**

5.1　クローン技術　62
5.2　ES 細胞と iPS 細胞　64
5.3　遺伝子組換え技術　66
5.4　蛍光可視化技術　71

Part3　感じ、動くためのしくみ　**75**

● 6 章　刺激を感じるしくみ ·················· **76**

6.1　ヒトの感覚　77
6.2　神経系を構成する細胞　80

● 7 章　情報を伝えるしくみ・動くしくみ ·········· **87**

7.1　ニューロンが生みだす電気信号　88
7.2　刺激の伝達　91
7.3　筋肉を動かす　98

● 8 章　神経系の構造 ·················· **104**

8.1　神経系の全体像　105
8.2　中枢神経系　105
8.3　末梢神経系　109
8.4　脳・神経系の病気　111

Part4　生きるためのしくみと子孫を増やすしくみ　**117**

● 9 章　生きるためのしくみ①　栄養素の代謝 ·········· **118**

9.1　栄養素の取り込み　119
9.2　食物の消化と栄養素の吸収　120
9.3　取り込んだ栄養素の代謝　127
9.4　代謝の経路　128

● 10 章　生きるためのしくみ②　循環と維持 ·········· **132**

10.1　呼吸と血液　133
10.2　血液循環　135
10.3　老廃物の濾過　138
10.4　体内環境の維持　139

— vi —

● 11 章　子孫を増やすしくみ ……………………………………… **147**

11.1　性の決定　148

11.2　生殖腺と生殖器の分化　149

11.3　脳の性分化　153

11.4　脳における生殖の制御　155

Part5　環境に適応するしくみ　*161*

● 12 章　外的環境に適応するしくみ ……………………… **162**

12.1　概日周期と睡眠　163

12.2　季節を感じるしくみ　168

12.3　体温の調節　170

12.4　環境中の化学物質と人体　172

● 13 章　外敵から身を守るしくみ ………………………… **174**

13.1　病原体と感染症　175

13.2　自然免疫と獲得免疫　177

13.3　外敵を認識するしくみ　179

13.4　自己と非自己を区別する MHC　182

13.5　アレルギー　183

Part6　生命が社会を営むしくみ　*189*

● 14 章　社会性を生みだす脳 ……………………………… **190**

14.1　脳の高次機能を支えるしくみ　191

14.2　可塑性と記憶・学習　195

14.3　言　語　199

14.4　社会性とその障害　200

おわりに　204

クレジット　205

索　　引　207

本書の使い方

▶動画(MOVIE)

内容の理解を助けるために、ウェブサイト上の動画コンテンツを紹介しています（p.35, 38, 82, 87, 157, 198, 201）。下記のいずれかの方法でご利用ください。

方法①　紙面の「QR コード」を読み込む。

≫スマートホン・カメラ付き携帯・iPad などのタブレット端末向け

≫ご使用の機種によっては、あらかじめ「QR 読取り用アプリ」のダウンロード等の設定が必要です。

方法②　「化学同人」のホームページ（下記 URL）のリンクを利用する。

http://www.kagakudojin.co.jp/book/b208811.html

≫パソコン（Windows, Mac OS）向け

※どちらの方法でも、インターネットへの接続環境が必要です。
※外部リンクを参照するため、予告なく動画が削除・変更される場合がございます。
※音声が含まれる動画もございます。音量設定にご注意ください。

▶章末問題

確　認　問　題：章で学んだ内容を復習するための問題です。答えは本文に書かれています。

考えてみよう！：章の内容に関連した考察問題です。読者が"自ら考える"ことを目的に作成されており、現時点では明確な答えが存在しない（正解がない）問いも含まれています。レポート課題や、ディスカッションにも活用できます。

▶講義をご担当の先生へ

本書を教科書としてご採用くださいます先生には、下記の教材をご提供いたします。詳しくは、化学同人営業部までお問い合わせください。

・講義用図版データ（PPT 形式、一部例外あり）
・動画データ（PPT に動画貼付、一部例外あり）

Part 1
現代を生きる生命

1章
生命の基礎的なしくみ

1.1 生命とは？生物とは？
1.2 細胞と細胞内小器官
1.3 DNAの構造とセントラルドグマ

生命とは、生物とは、何だろうか。また、生物と無生物の違いは何であろうか。生命の基本となる細胞には、細胞内部を外界から隔てるための細胞膜、タンパク質の合成を担う小胞体やタンパク質の選別を行うゴルジ体、そしてエネルギーをうみだすミトコンドリアなど、さまざまな細胞内小器官がある。また、細胞内で機能する分子として働くタンパク質、そのタンパク質をつくりだすための設計図である遺伝子や、その本体であるDNAの構造やセントラルドグマの概念など、本章では生命の基礎を学ぶ。そして、生命の精巧なしくみとその不思議を感じる旅に出発しよう。

Topics

▶人工生命誕生？

　2010年、アメリカの研究チームが細菌「マイコプラズマ・ミコイデス」のゲノム（2章参照）を人工的に合成。この人工ゲノムを、ゲノムを取り除いた別種の細菌に移植し、「人工細菌」の作製に成功しました。人工ゲノムには14個の遺伝子が欠けていましたが、「人工細菌」は自己増殖を繰り返しました。今回の技術を応用すれば、ヒトが望むゲノムを自由に設計して微生物に組み込むことで、「新種」の生命、つまり人工生命を生みだせる可能性があります。しかし、ゲノムの容器となる細胞膜は、まだヒトの手で合成できていません。その意味ではまだ、"完全な"人工生命誕生への道は遠いといえるでしょう。

2010年5月21日（*Science*誌より）

1.1 生命とは？生物とは？

　私たちヒトのまわりには、さまざまな生物がいます。私たちヒトは、犬や猫と同じ哺乳類です。その他には、カエルやイモリなどの両生類、サメやメダカなどの魚類、イカやタコなどの軟体動物、イネやスギなどの植物などのグループがあり、これらはすべて生物です。さらに肉眼では見ることのできないカビやキノコなどの菌類、私たちの消化管に棲む大腸菌などの細菌類、アメーバやゾウリムシなどはまとめて微生物と呼ばれ、これらもまた立派な生物です（図 1-1）。

生物の特徴

　生物すべてに共通する特徴はあるのでしょうか？　第一の特徴は、小さな袋のような「細胞」からできていることです（図 1-2）。細胞は、細胞質

図 1-2　**細胞**
写真は、タマネギの皮の表皮細胞。

図 1-1　**地球上のさまざまな生物**

という水、タンパク質（酵素や構造タンパク質、受容体など）、脂質（リン脂質、中性脂肪、ステロイドなど）、核酸（DNA、RNA）、糖（グルコース、グリコーゲン、セルロースなど）、無機塩類（Na^+、Ca^{2+}、K^+、Cl^- など）などのさまざまな物質が混じり合ったものが、細胞膜という薄い膜で囲まれたものです。私たちヒトの体は、さまざまな大きさや形や機能をもった細胞で構成されています（図1-3）。

　生物の第二の特徴は、自分と同じ（または、よく似た）子孫を残すこと、つまり自己複製を行うことです。生物には、ゾウリムシやパン酵母（イースト）、大腸菌などの単細胞生物のように生殖行為を行わずに子孫を増やす（無性生殖を行う）ものと、ヒトや犬などの多細胞生物のように、雄と雌の間で生殖行為を行って子孫を残す（有性生殖を行う）ものがいます（図1-4）。

　第三の特徴は、外界の刺激に応答することです。細胞の表面には、外界からの刺激を受けとる特殊なタンパク質（受容体）があります。受容体は化学物質や光などの刺激を受けとり、細胞内へその情報を伝えます。すると、その刺激に応じた変化が

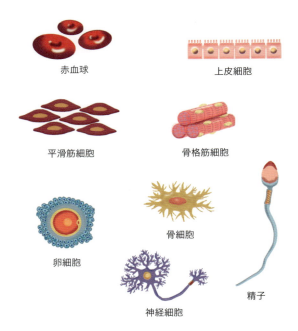

図1-3　さまざまな形や機能をもつ細胞
皮膚や内臓表面を覆う上皮細胞は長径10マイクロメートル程度だが、卵細胞は100〜150マイクロメートルにもなる。一方、同じ生殖細胞でも精子は60マイクロメートル程度である。神経細胞は特に長い突起をもっており、その長さは1メートル以上のものもある。

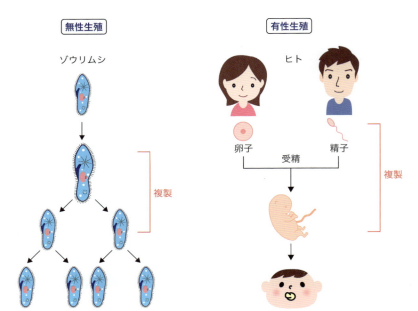

図1-4　無性生殖と有性生殖
無性生殖の場合、子孫には、親と同じ形や性質（形質）が伝えられる。有性生殖の場合は両親の遺伝因子の半分ずつが子に伝わる。形質が親から子どもに伝えられることを「遺伝」という。

1章　生命の基礎的なしくみ　5

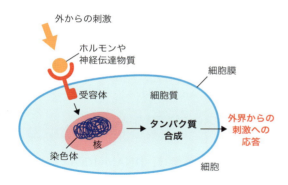

図 1-5　受容体が外界の情報を感受するしくみの例
受容体は、細胞外のホルモンや神経伝達物質などのシグナル分子を選別して受容する。そして、細胞内へそのシグナルを伝達する。細胞外のシグナル分子は一次メッセンジャーと呼ばれ、この一次メッセンジャーを受容体が受容することで細胞内にて新たに産生、あるいは動員される小分子のシグナル分子（例えばカルシウムイオン）のことは、二次メッセンジャーと呼ぶ。二次メッセンジャーのなかには、核へシグナルを伝えてDNAの転写と翻訳を引き起こし、細胞質でのタンパク質合成を引き起こす。このようにして、細胞は外界からの刺激に応答する場合がある。

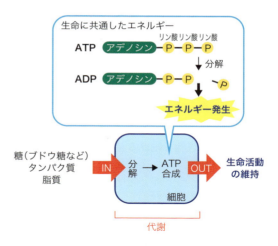

図 1-6　細胞がエネルギーを産生するしくみ
細胞内に糖・タンパク質・脂質が取り込まれると、それら物質は細胞内の酵素によって分解され、エネルギーが取りだされる。そして取りだされたエネルギーは、アデノシン三リン酸（ATP）のかたちで蓄えられる。ATPの末端のリン酸が加水分解されると、リン酸が2個になったアデノシン二リン酸（ADP）になる。この過程で多くのエネルギーが得られ、細胞はこのエネルギーを使ってさまざまな生命活動を行う。

史上最大のウイルス発見 遺伝子約 2,500 個

（2013年7月20日）

　2013年、フランスの研究チームが、南米チリ沖の海水から、アメーバに感染する新種のウイルスを発見し、「パンドラウイルス・サリヌス」と命名した。

　このウイルスは楕円形で、長径が1マイクロメートル（0.001ミリメートル）もあり、これはインフルエンザウイルスより10倍も大きいサイズです[1]。また、パンドラウイルスの遺伝子の数は2,500以上とされ、最も小さい細菌であるマイコプラズマがもつ遺伝子数の5倍にもなります。さらに興味深いことには、この2,500あるパンドラウイルスの遺伝子のうち93%が、これまで自然界で見つかっていた既存の遺伝子と関係がありませんでした。つまり、パンドラウイルスは、これまで発見されてこなかった、まったく新しいタイプのウイルスといえ

ます。パンドラウイルスはこれまでの生物の常識を覆す存在かもしれません。このウイルスが生物であるかどうかは今後詳しく検証されていくことでしょう。

1）ウイルスは、通常、電子顕微鏡でしか観察できない。しかし、パンドラウイルスは、サイズが大きいので光学顕微鏡で観察できる。

発見されたパンドラウイルス

From the NEWS

細胞に起こります（図1-5）。このような変化応答の積み重ねによって、生物は環境の変化に対応することができるのです。

そして最後の特徴は、代謝を行うことです。代謝とは、栄養を細胞内に取り込み、分解し、エネルギーに変えることをいいます。生きるために、生物は絶えず代謝を続ける必要があるのです（図1-6）。

> 生物とは、代謝、増殖、遺伝を繰り返しているものと定義できる。
> **KEY POINT**

ウイルス

「微生物」と聞いて、「ウイルス」を思い浮かべた人もいるでしょう。ウイルスは、タンパク質と核酸のみでできており、細胞膜をもちません（図1-7）。また、感染した宿主細胞のしくみを借りないと増殖できません。このような性質を、先に述べた「生物の定義」に照らし合わせ、現在のところ「ウイルスは生物ではない」と考えられています。

> ウイルスは生物ではない。
> **KEY POINT**

ウイルスの核酸は、DNAかRNAのどちらか一方です。例えばインフルエンザウイルスは、RNAだけをもつRNAウイルスです。ウイルス核酸がコードしている遺伝子の数は少なく、ウイルス自身を複製するための酵素と、宿主細胞に吸着・侵入するための酵素、宿主細胞の免疫機能から逃れるための酵素などが含まれています。その他、タンパク質の合成や合成に必要な材料やエネルギーは、宿主細胞のものを利用します。

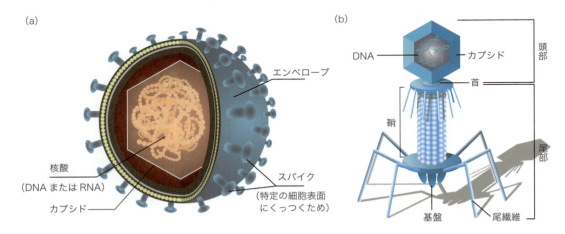

図1-7 ウイルスの構造
(a) 一般的なウイルスの模式図。ウイルスは、ウイルス核酸と、それを取り囲むカプシドと呼ばれるタンパク質の殻から構成される。カプシドの形はさまざまで、正十二面体やらせん構造などもある。また、カプシドの外側にエンベロープという覆いをもつウイルスもある。エンベロープ上のスパイクは糖タンパク質からなり、宿主細胞に吸着・侵入するのに用いられる。(b) ファージ。特に大腸菌などの原核生物（細菌）に感染するウイルスをバクテリオファージと呼ぶ。感染する際には、尾繊維の先端が宿主の細胞壁表面にあるリポ多糖を認識して結合、基盤が表面に接触すると鞘が収縮し、基盤の下から尾管が出てくる。尾管は宿主細胞に穴をあけ、頭部に収納されているDNAを菌内に注入する。

1.2 細胞と細胞内小器官

生物は、1個の細胞からなる単細胞生物と、複数の細胞から構成される多細胞生物に、大きく分けることができます（図 1-8）。

単細胞生物でも、大腸菌のような1ミクロン[*1]程度のものから、ゾウリムシのような200ミクロン程度のものまで、大きさはまちまちです。さらに多種多様な細胞からなる多細胞生物は体の大きさに幅があり、4個の細胞からなるシンプルなシアワセモと呼ばれる緑藻（最小の多細胞生物）から、体長が30 mにも及ぶクジラや恐竜などまでが存在します。ヒトの身体は、約60兆個の細胞からなるともいわれています。

[*1] 1ミクロン＝1マイクロメートル＝1000分の1 mm。

細胞を構成する物質

細胞はどのような物質からできているのでしょうか？　細胞の約70％は、水でできています（表1-1）。水は、融点や沸点が高く、比熱も大きい安定した物質であり、さまざまなイオンやタンパク質などを溶かすこともできる特殊な物質です。水を多く含むことで、細胞はタンパク質分解やエネルギー産生などの反応を、細胞内で容易に行うこ

表 1-1　細胞の組成

成　分	全細胞重量に対する%
水	70
タンパク質	18
脂質	5
糖質	2
RNA	1.1
無機イオン（Na^+, K^+, Cl^- など）	1
DNA	0.25
その他	2.65

とができます。

水の次に細胞に多く含まれているのは、タンパク質です。タンパク質は、20種類のアミノ酸からなり、この20種類のアミノ酸が数珠のようにつながり、さまざまな長さのものがつくられ、その後、鎖状のアミノ酸が立体的な構造を取るように折りたたまれることでタンパク質がつくられます（図 1-9）。タンパク質は細胞内でさまざまな働きを担っていますが、そのために重要なのが、その形（立体構造）です。細胞は、タンパク質の立体構造を利用して、細胞内でのさまざまな化学反応を制御します。そのため、高熱や酸などでタンパ

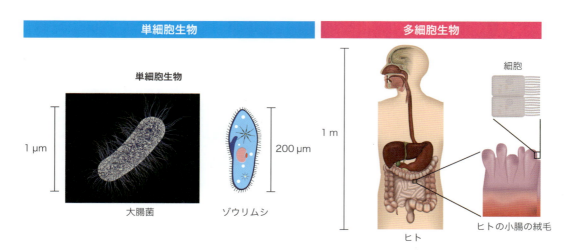

図 1-8　単細胞生物と多細胞生物

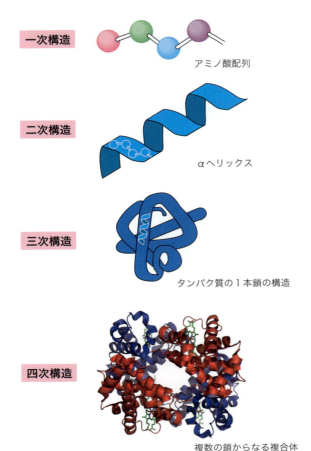

図 1-9　タンパク質の立体構造のなりたち

ク質の立体構造が崩れてしまうと、タンパク質は機能を失い、細胞の死につながることがあります。

タンパク質の次に多い成分は脂質で、その脂質の多くが細胞膜に使われています。細胞膜は厚さ8〜10ナノメートルほどの薄い膜で、二重になったリン脂質からできています。細胞膜の重要な機能は「区画を仕切る」ことといえます。細胞膜があることで、細胞の中に物質を高濃度に閉じ込めておくことができます。また、細胞内に新たな機能をもった区画（細胞内小器官）をつくりだすことができるのも、細胞膜があるおかげです（図 1-10）。

細胞内小器官

細胞内小器官は、クロード、パラーデ、デューブの3名によって、電子顕微鏡を用いた観察から発見されました。細胞内小器官は、分泌小胞、小胞体、ゴルジ体、リソソーム、ファゴソームなどに区別でき、それぞれの小器官が細胞の重要な機能を担っています（図 1-11）。このように、細胞内に多様な細胞内小器官をもつ細胞のことを真核細胞と呼びます。特に、DNAが核膜に囲まれて存在する動物細胞や植物細胞は、真核細胞に分類されます。一方、細胞内小器官をもたず、DNA

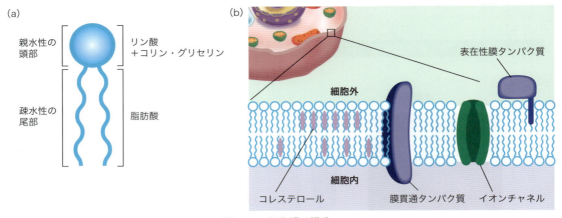

図 1-10　細胞膜の構造
(a) 細胞膜を構成するリン脂質は、コリンという物質と、リン酸、グリセリン、脂肪酸からなる。リン脂質は両親媒性物質と呼ばれ、親水性のリン酸が頭部に、疎水性の脂肪酸が尾部になる。(b) リン脂質からなる脂質二重膜の細胞膜には、膜を貫いて存在する膜貫通タンパク質（細胞間の接着因子、イオンチャネルや細胞内外に物質を輸送する輸送体や受容体など）や、膜に結合している表在性の膜タンパク質がある。

が核膜に囲まれていない細胞のことを原核細胞と呼び、例えば細菌があてはまります。植物細胞には葉緑体、液胞、細胞壁がありますが、動物細胞にはこれらがありません。一方、動物細胞には、中心体がありますが、植物細胞にはありません。このように、それぞれの細胞種にはその細胞特有の細胞内小器官があります。

> **細胞内には、さまざまな機能をもった細胞内小器官がある。**
> KEY POINT

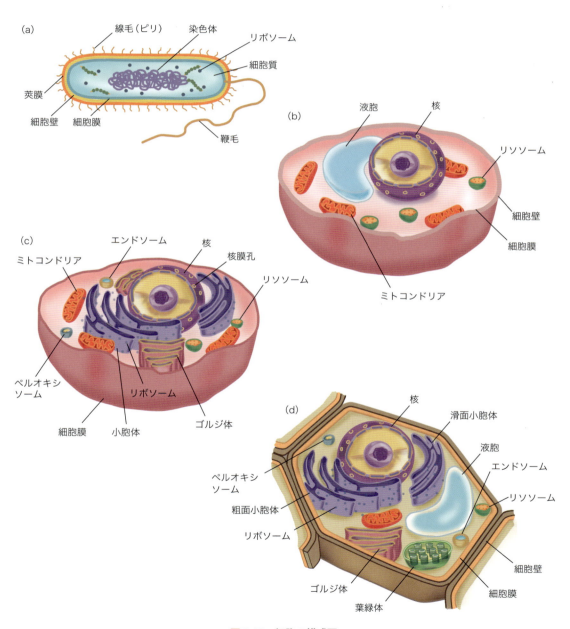

図 1-11　細胞の模式図
(a)細菌類、(b)真菌、(c)動物、(d)植物の細胞を示す。(a)は原核細胞、(b)〜(d)は真核細胞である。

糖の意外な使いみち

　糖は、エネルギー源以外の用途にも使われている。細胞の表面には、糖が鎖のようにつながったもの（糖鎖）が突きだしている（図a）。この鎖は、長さも、含まれる糖の種類もさまざまで、がん細胞の転移や免疫細胞の分化、受精や感染症の発症に関与する場合もある。例えば、ヒトのABO式血液型の違いも、実は糖鎖の違いによる。赤血球表面の糖鎖に、N-アセチルガラクトサミンが結合しているのがA型、ガラクトースが結合しているのはB型、どちらも結合していないのがO型である（図b）。

　また、同じ生物でも、細胞の種類によって特徴的な糖鎖が細胞膜上に現れる。例えば転移性の高いがん細胞の表面には、正常時にはほとんど存在しない巨大な糖鎖が増える。この糖鎖[1]を調べることで、がんの転移や発生を早期に検出できるようになった。

[1] がん患者では、糖鎖に対する抗体が増加する。そこでこの抗体量を測定するだけで、がんの発生を早期に発見できるようになった。このような糖鎖に対する抗体を「腫瘍マーカー」と呼ぶ。

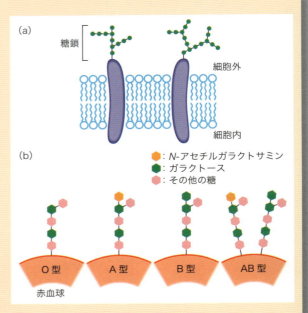

図　血液型と糖鎖の関係
(a) 細胞表面の糖鎖。(b) ヒトのABO式血液型は、赤血球表面の糖鎖の末端のわずかな違いによるものである。基本はO型で、A型とB型にはそれぞれ別の糖（A型はN-アセチルガラクトサミン、B型はガラクトース）が付いており、AB型の赤血球にはA型とB型両タイプの糖が共存する。

Column

　細胞がうまく働くためには、エネルギー源が必要です。細胞のエネルギー源の基本はグルコース（ブドウ糖とも呼ばれる）という糖です。細胞内で、糖が水と二酸化炭素に分解される過程で、アデノシン三リン酸（ATP）という物質がつくられます（つまり、エネルギーが生産されます）。ATPは、ヌクレオチドの1つでもあるアデノシンの糖（五炭糖）の部分にリン酸が3分子結合したものです（詳細は後述）。このATPは、生体内に広く存在し、リン酸1分子を解離したり結合したりすることで、エネルギーの放出や貯蔵を行っています。また、酵素はATPのエネルギーを使って、物質を代謝したり合成したりします。ATPは生命を維持するのに不可欠なエネルギー物質であり、「細胞の共通エネルギー通貨」とも呼ばれます。

　そして、このATPをつくりだす主要な細胞内小器官がミトコンドリアです。ミトコンドリアは、酸素を用いてATPを産生します（好気呼吸と呼ばれる；図1-12）。そのため、ミトコンドリアの機能低下や異常は細胞のエネルギー産生能力の低下に直結し、ミトコンドリアが原因の糖尿病や脳筋症などの病気も存在します[*2]。

[*2] エネルギーが必要な脳、筋肉、心臓に異常をきたすことが多い。しかし、体内のすべてのミトコンドリアが一様に異常になるわけではないので、さまざまな病状を示す。ミトコンドリアは、独自のDNAとタンパク質合成経路をもち、自らタンパク質を産生することができる。しかし、ミトコンドリア自身を作るのに必要なタンパク質の大部分は核のDNAに保存された情報をもとにつくられるので、ミトコンドリアの増殖と機能は、核による制御の支配下にある。

1章 生命の基礎的なしくみ　11

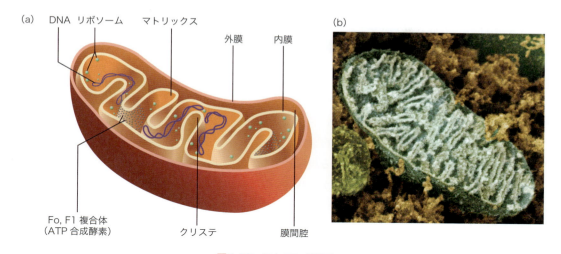

図 1-12　ミトコンドリア
（a）ミトコンドリアの内部構造、（b）電子顕微鏡写真。

細胞内の核には、タンパク質をつくるための設計図である核酸（DNA）がしまわれています。長いひも状の **DNA** は、核内ではヒストンと呼ばれるタンパク質と結合して小さく折りたたまれています（**図 1-13**；ヒストンについては2章も参照）。

> 細胞内小器官の一つであるミトコンドリアは、細胞のエネルギー生産を担う。
> **KEY POINT**

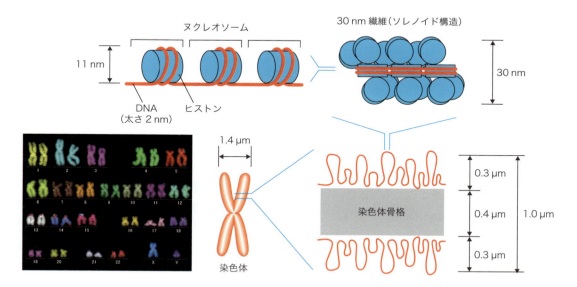

図 1-13　染色体の構造
真核生物の DNA は、ヒストンタンパク質に結合したヌクレオソーム構造として存在する。ヌクレオソームはさらに折りたたまれ、直径 30 nm の「30 nm 繊維構造（ソレノイド構造）」を形成する。そして染色体骨格と結合しながらクロマチン繊維（ループ構造）となる。繊維はさらに折りたたまれて、染色体を形成する。クロマチンには、DNA の密度の濃い部分と薄い部分がある。密度が薄い部分からは DNA 情報を取り出しやすい、つまり転写活性が高い。この部分を、ユークロマチン、逆に密度が濃く転写活性が低い部分をヘテロクロマチンという。図中のヒト染色体写真は、鳥取大学 宇野愛海博士のご厚意による。

1.3　DNAの構造とセントラルドグマ

遺伝子の正体はDNA

修道士のメンデルは、エンドウマメの種子の形や子葉の色など7種類の形質に注目し、エンドウマメの花粉を雌しべに人工的に受粉させる自家受粉（交配）実験を行いました。その結果、ある規則にそって親と同じ形質をもつエンドウマメが現れることを発見しました。つまり、親の形質が何らかの因子（遺伝子）によって子へ伝えられることを見いだしたのです。

その後、1944年にアベリーが、遺伝子の実体がDNAであることを発見[*3]。そして、その5年後の1949年にシャルガフがDNA中の塩基の組成を調べ、「四つの塩基、アデニン（A）、チミン（T）、シトシン（C）、グアニン（G）の量は一定にはならないが、AとTおよびCとGの量は常に等しい」ことを発見しました。このことは、AとT、CとGが塩基対を形成することを暗示しますが、シャルガフ自身はこのことに気づいていませんでした。ちなみにDNA中の塩基の構成比は、生物の種ごとに異なります。例えばヒトの肝細胞DNAでは、A＝30.3%、T＝30.3%、C＝19.9%、G＝19.5%ですが、大腸菌では、A＝

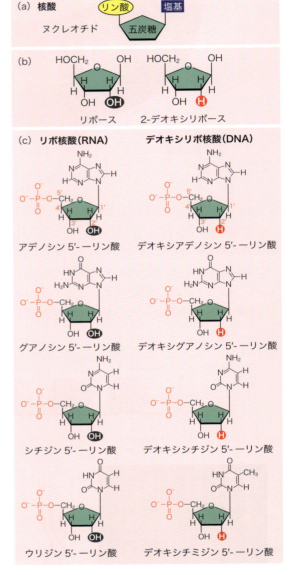

図1-14　核酸の構造と種類
(a)核酸（ヌクレオチド）の模式図。(b)五炭糖の模式図。リボースでは、五炭糖の2'の炭素に水素と水酸基が結合しているが、デオキシリボースでは、水素と水素が結合している。(c)リボ核酸（RNA）とデオキシリボ核酸（DNA）の構造。左側のリン酸基をもたないものは、リボヌクレオシド、デオキシヌクレオシドという。アデノシン、グアノシン、シチジン、ウリジン、チミジンなどが代表的なヌクレオシドである。

[*3]　アベリーは、肺炎を引き起こす病原性肺炎レンサ球菌（S型菌）の細胞構造を破壊し、その後タンパク質分解酵素で処理をした。処理した溶液を非病原性肺炎レンサ球菌（R型菌）と混ぜたところ、R型菌は、S型菌へと形質が変化した。一方、S型菌の細胞構造を破壊し、DNA分解酵素処理をしたものをR型菌と混ぜても、形質は変化しなかった。このことから、形質を変化させるものが、タンパク質ではなくDNAであることが明らかになった。

23.8%、T＝23.8%、C＝26.4%、G＝26.0%となっています。そして4年後の1953年、ワトソンとクリックが「DNA二重らせん構造モデル」を発表し、生物の遺伝情報を司る物質の正体が明らかになりました。

DNA の構造

DNAを構成する物質は、ヌクレオチドと呼ばれます。ヌクレオチドは、5個の炭素を含む糖（五炭糖）と塩基、そしてリン酸の化合物です。この五炭糖にはリボースと2-デオキシリボースの2種類が、塩基にはアデニン（A；adenine）、グアニン（G；guanine）、シトシン（C；cytosine）、チミン（T；thymine）、ウラシル（U；uracil）の5種類があります。A、G、C、Tの4種類の塩基に2-デオキシリボースとリン酸が結合したものがデオキシリボ核酸（DNA；deoxyribonucleic acid）、一方、Tの代わりにUとA、G、Cの4種の塩基にリボースとリン酸が結合したものはリボ核酸（RNA；ribonucleic acid）です（図1-14）。細胞内のエネルギー通貨であるATPや、細胞内の情報を伝える物質である環状AMP（サイクリックAMPやcAMPと呼ばれる）も、ヌクレオチドの一種です。

ヌクレオチドに結合しているリン酸基が、他のヌクレオチドの水酸基（ヒドロキシ基）とつながる

DNA 構造発見のドラマ

DNAの二重らせんモデルの提唱は、生物学界に大変な衝撃を与えた。そして、そこにはこんなドラマがあったのだ。

イギリスのロンドン大学キングスカレッジのフランクリンは、1952年頃、DNAが二重らせん構造をしていて、らせん1巻が3.4 nm、直径が2.0 nmであることを、X線回折写真から推測していた。しかし、二重らせんの内部構造、つまり二重らせんの中で核酸がどのように配置されているのかは、X線回折写真からはわからなかった。

ちょうど同じ頃、イギリスのケンブリッジ大学キャヴェンディッシュ研究所[1]では、クリックとワトソンがDNA構造の謎を解明する研究を始めたばかりだった。ワトソンとクリックは、ある会議の場でウィルキンス（フランクリンの上司）とペルーツ（クリックの当時の指導教官）[2]から、フランクリンの撮影したX線回折写真の情報を得た。ワトソンとクリックは、その写真と、それまでに得られていた証拠（シャルガフの実験結果など）を組み合わせて、「4種類の塩基、デオキシリボース、そしてリン酸基からなるDNA分子模型」を作製した。そのモデルは、GにはCが、AにはTが結合し、この規則的な結合によって2本のDNA鎖がらせん構造を取るというものである[3]。ワトソンとクリックは、DNAの分子構造を明らかにしたとして、ウィルキンスと共に1962年ノーベル生理学医学賞を受賞した。しかし、DNA構造の写真を撮ったフランクリンは、1958年に37歳の若さで卵巣がんによって亡くなっていたため、ノーベル賞受賞は叶わなかった。

1) イギリスの核物理研究のメッカとも呼ばれている。2014年時点で29名のノーベル賞受賞者を輩出している研究所。
2) ペルーツは、1962年にヘモグロビンの構造を決定した成果でノーベル化学賞を受賞した。
3) 興味をもった人は、DNAの構造解明の裏舞台について記されている「二重らせん（ワトソン著）」と、フランクリンの友人が記した「ロザリンド・フランクリンとDNA」を読んでみるとよい。

ことができます。この結合は「リン酸ジエステル（ホスホジエステル）結合」と呼ばれ、こうしてヌクレオチドが連続的につながった状態のポリヌクレオチドを核酸と呼びます。

ポリヌクレオチド鎖には方向性があり、リン酸基のある端を 5′ 末端（あるいは 5′ 方向）、ヒドロキシ基のある端を 3′ 末端（あるいは 3′ 方向）と呼びます。そして、先ほど述べた五炭糖の種類により、ポリヌクレオチドは DNA と RNA に分類されます。つまり五炭糖が、2-デオキシリボースであれば DNA、リボースであれば RNA です。

DNA は、塩基の A と T の間で 2 本の水素結合、C と G の間で 3 本の水素結合を形成して塩基対をつくり、直径約 2 nm の右巻きの二重らせんを形づくります（図 1-15）。ここで注目すべきは、塩基対を形成する 2 本の DNA 鎖の向き（5′ から 3′ への方向）が互いに逆向きであることです。こうして結合すると、どの塩基対も二重らせんの内側に安定して配置され、DNA 鎖間の距離が一定になるのです。さらに、A と T、C と G の対が決まっているため、DNA の一方の鎖の塩基配列がわかれば、他方の鎖の塩基が必然的に決まりま

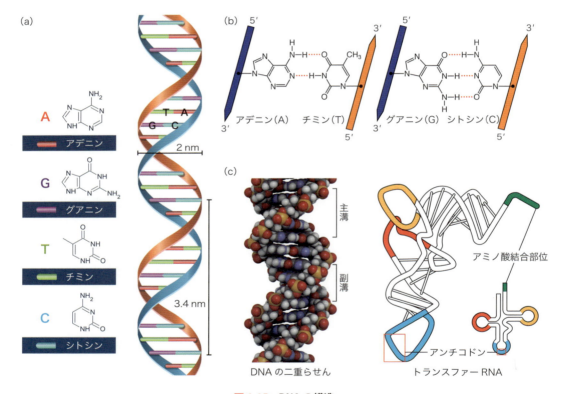

図 1-15　DNA の構造
（a）DNA の二重らせん構造（B 型；生理条件下での標準的な DNA 構造）。（b）ワトソン-クリック型の塩基対を作る水素結合の様子。T−A、C−G 間の距離は、どちらも 1.08 nm である。（c）（左）空間充填型モデルによる DNA 二重らせんの模式図。塩基によってできるらせん階段の踏板は、らせんの中央ではなく、片側に寄っているので、DNA 全体に大きな溝（主溝）と小さな溝（副溝）が現れる。この溝は、DNA の複製や転写因子が塩基配列を認識して結合するときに重要である。（右）トランスファー RNA の構造。DNA は二重らせん構造を取るのに対し、RNA は 1 本鎖として存在する。そのため RNA は、1 本鎖自身でらせん構造を形成したり、RNA 内の相補塩基間で塩基対が形成（分子内塩基対形成）されたりすることがあり、極めて複雑な三次構造を取ることがある。例えば、タンパク質合成の際にアミノ酸をリボソームに輸送する働きをするトランスファー RNA は、分子内で塩基対を形成しクローバーの葉をゆがめたような形をしている。それぞれの部位が、リボソーム、アミノ酸、コドンに結合する。

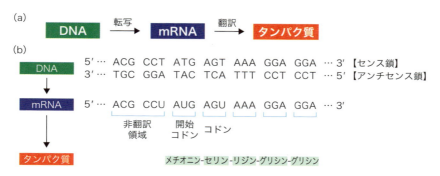

図 1-16　セントラルドグマ
DNA → RNA →タンパク質という情報の流れを教義（ドグマ）に見立てている。DNA 構造を発見したクリックが 1958 年に提唱した。

す。このような 2 本鎖のことを相補鎖と呼びます。

一方、RNA は DNA と異なり、二重らせん構造を形成しません（ウイルスを除く）。しかし RNA は、自らの鎖の間などで部分的に 2 本鎖を形成し、特別な立体構造をとることがあります（図 1-15）。

セントラルドグマ

DNA の塩基配列が表しているのは、タンパク質をつくるための情報、つまりタンパク質を構成するアミノ酸の配列情報です。細胞内で、DNA の遺伝情報は、DNA を鋳型として mRNA に転写（コピー）され、アミノ酸配列へと翻訳されます。つまり遺伝情報は、DNA → mRNA →タンパク質という一連の経路をたどります。この流れを「セントラルドグマ」といいます。「ドグマ」とは「概念・教義」という意味で、セントラルドグマは全生物に共通した基本原理です（図 1-16）。

セントラルドグマに従って、細胞でタンパク質がつくられる様子を見てみましょう。DNA の遺伝情報は、核内でメッセンジャー RNA（mRNA; messenger RNA）へ転写されて核の外へ運びだされます。細胞質に運ばれた mRNA はリボソームと結合し、タンパク質合成が始められます。リボソームの一部は小胞体に結合し、小胞体と結合しなかった mRNA とリボソームの複合体（遊離リボソームと呼ばれる）は、細胞質でタンパク質合成を行います。合成されたタンパク質は適切な立体構造をもつように折りたたまれ、必要に応じて糖鎖や脂質を修飾されて、その用途ごとに、核やミトコンドリア、ペルオキシソームなどへ輸送されます。

> **遺伝子の正体は DNA であり、遺伝情報は DNA → mRNA →タンパク質の順に伝達される。**
> KEY POINT

16　Part1　現代を生きる生命

遺伝暗号の解読

　タンパク質は、20種類のアミノ酸が鎖のようにつながってつくられている。しかし、どのアミノ酸をつなげるか指定する核酸には4種類（A, T, G, C）の文字しか存在しない。DNA（またはRNA）の塩基が、20種類のアミノ酸を指定するしくみは「遺伝暗号」と呼ばれている。遺伝暗号は、どのように解読されたのだろうか？

　ニーレンバーグは、まずUのみでできたRNAを作製し、このRNAを大腸菌の抽出液に加え、新たに産生されるタンパク質を解析した。その結果、UUUからはフェニルアラニンのみを含むタンパク質が産生されることがわかった。その後、研究を続けたコラーナ[1]は、mRNA塩基配列中の特定の三つの塩基配列（コドン）が1種類のアミノ酸と対応することを明らかにした。つまり4^3種類＝64通りの

コドンに20種類のアミノ酸が対応することを見いだした（図）。

　mRNA上のAUGは、メチオニンを指定するだけでなく、タンパク質合成の開始コドンとしても機能する。最初のアミノ酸が決定すると、そこから順に塩基3文字が次のアミノ酸を決定していく。終止コドンと呼ばれるUAA、UAG、UGAのコドンは、どのアミノ酸とも対応せず、タンパク質合成の終了を知らせる暗号である。mRNA上の開始コドンから終止コドンまでが、タンパク質のアミノ酸を指定しており、「翻訳領域」と呼ばれる。

1) コラーナは、世界で初めて人工的に核酸（オリゴヌクレオチド）をつくりだすことに成功した。この人工オリゴヌクレオチドのおかげで、現在では遺伝子解析が容易にできるようになった。

		2番目の塩基				
		U	C	A	G	
1番目の塩基	U	UUU UUC〕フェニルアラニン UUA UUG〕ロイシン	UCU UCC UCA UCG〕セリン	UAU UAC〕チロシン UAA UAG〕終止コドン	UGU UGC〕システイン UGA 終止コドン UGG トリプトファン	U C A G
	C	CUU CUC CUA CUG〕ロイシン	CCU CCC CCA CCG〕プロリン	CAU CAC〕ヒスチジン CAA CAG〕グルタミン	CGU CGC CGA CGG〕アルギニン	U C A G
	A	AUU AUC〕イソロイシン AUA 開始コドン AUG （メチオニン）	ACU ACC ACA ACG〕スレオニン	AAU AAC〕アスパラギン AAA AAG〕リジン	AGU AGC〕セリン AGA AGG〕アルギニン	U C A G
	G	GUU GUC GUA GUG〕バリン	GCU GCC GCA GCG〕アラニン	GAU GAC〕アスパラギン酸 GAA GAG〕グルタミン酸	GGU GGC GGA GGG〕グリシン	U C A G

（右端：3番目の塩基）

図　コドン表（遺伝暗号の解読表）

Column

1章　生命の基礎的なしくみ　　**17**

確認問題

1. 生命の特徴には、どのようなものがあるのか、四つあげなさい。
2. なぜウイルスは生命とはいえないか説明しなさい。
3. 原核細胞と真核細胞の違いについて、説明しなさい。
4. 動物細胞と植物細胞の違いについて、説明しなさい。

5. 動物細胞の主な細胞内小器官をあげ、その機能を簡単に説明しなさい。
6. 生物を構成する分子にはどのようなものがあるか答えなさい。
7. 生物の遺伝情報が伝達する流れについて説明しなさい。

考えてみよう！

A. あなたは科学者で、新種の微生物を発見した。どのような性質をもっていれば、この生物がウイルスの仲間であるといえるだろうか。
B. 植物細胞が細胞壁を発達させたのは、なぜだろうか。

C. なぜ巨大な（肉眼で十分に見えるほどの）単細胞生物は存在しないのだろうか。
D. 細胞の大きさを制限する要因としてどのようなものが考えられるだろうか。考えてみよう。

2章 生命の設計図「ゲノム」

- 2.1 ゲノムとそのなりたち
- 2.2 エピジェネティクス
- 2.3 遺伝子情報の利用とその倫理的課題

先の章では、生物は細胞からできており、細胞内小器官である「核」の中に遺伝情報を蓄えるDNAが格納されていることを学んだ。では、そのDNAは、全体としてどのような特徴をもつのだろう？　この章では、生命の設計図とも呼ばれる「ゲノム」DNAの特徴と、その機能がどのように制御されているかを学ぶ。また、ゲノム情報が明らかになるにつれ、さまざまな倫理的な問題も明らかになってきている。どのような課題があるのか、一緒に考えてみよう。

Topics

▶最新のゲノム操作技術「ゲノム編集」

　2011年、*Nature Methods*が、「年間技術大賞（Method of the Year）」に、「ゲノム編集」を選びました。
　ゲノム編集とは、ゲノムDNAの特定の塩基をピンポイントで改変できる遺伝子操作技術のことです。それ以前にも、ジンクフィンガー・ヌクレアーゼ（ZFN）という人工制限酵素（5章参照）を使った同様の手法がありましたが、編集できる塩基配列に制限があるなどの課題が残っていました。しかし、2010年にTALENと呼ばれる新しいヌクレアーゼが開発されたことで、ゲノム編集の汎用性は一気に拡大しました。そして、2012年にはCRISPR/Cas9システムが完成し、さらに簡便にゲノムを編集できるようになりました。ゲノム編集技術を使えば、これまではマウスやハエなどの一部の生物でしか行えなかった「遺伝子改変」をその他の多くの生物で行えるようになります。いまやゲノム編集は、生命科学研究に欠かせないツールといえるでしょう。

2011年12月28日（*Nature Methods*誌より）

2.1　ゲノムとそのなりたち

　皆さんは、「ゲノム」という言葉を知っているでしょうか？　「ゲノム」とは、個々の生物がもつすべての遺伝情報のことです。遺伝子の本体がDNAであることが明らかになってからは、その生物が核内にもっているすべてのDNAの塩基配列のことを指すようになりました。

　1章で見たように、DNAには生物のタンパク質をつくるための情報が記されています。そこで科学者は、ゲノムDNAの塩基配列をすべて知ることができれば、生物の全タンパク質の設計図が明らかになり、生物の体をつくるメカニズムがわかるのではないかと考えました。こうして、さまざまな生物のゲノム情報を解読しようという研究（ゲノムプロジェクト）が進められてきました。

ゲノムプロジェクト

　「ゲノム」と一口にいっても、生物によってそのサイズはまちまちです（図2-1）。ヒトは、細胞ひとつひとつに「約30億塩基対」を超えるサイズの

ゲノムをもっています。その膨大な塩基数のため、配列の決定を簡単に始めることはできませんでした。そこで、最初のゲノムプロジェクトでは「マイコプラズマ菌」や「インフルエンザ菌[*1]」といった、それぞれ塩基対が約60万、約180万の比較的小さなサイズのゲノムをもつ生物が対象となりました。その後、大腸菌、酵母、線虫と徐々にゲノムサイズの大きな生物のゲノム解読が成功し、ヒトゲノムに関しては、DNAの構造を明らかにしたワトソンらが中心となり、日本を含む6カ国が参加して、「国際ヒトゲノム配列コンソーシアム」と呼ばれる生命科学分野では初めての巨大な国際プロジェクトが1980年代に立ち上がり、1990年、いよいよその解読が開始されました。

---

*1　1800年代のインフルエンザ大流行時に、インフルエンザを引き起こす原因体として同定され、この名がつけられた。しかし、実際にはインフルエンザの病原体ではなく、呼吸器や中耳に感染する細菌である。インフルエンザの病原体は、インフルエンザウイルスと判明している。

(a)初期のゲノムプロジェクトでの解読対象（一部）

発表年	生物種	ゲノムサイズ (Mb)	遺伝子の数
1995	マイコプラズマ菌 *Mycoplasma genitalium*	0.6	467
1995	インフルエンザ菌 *Haemophilus influenzae*	1.8	1,717
1997	出芽酵母 *Saccharomyces cerevisiae*	12.1	6,140
1997	大腸菌 *Escherichia coli*	4.6	4,289
1998	線虫 *Caenorhabditis elegans*	97.0	19,099
2002	マウス *Mus musculus*	約3,000	約25,000
2003	ヒト *Homo sapiens*	約3,000	約25,000

（Mb＝百万塩基対）

(b)ゲノムが解読された生物（2014年4月現在）

	地球上に生息している種数（推定）	名前のついている種数（概数）	全ゲノムが解読された種数（推定）
細菌・古細菌	10万～1000万	1.2万	細菌 17,420 古細菌 362
菌類	150万	10万	356
昆虫	1000万	100万	98
植物	43.5万（陸上植物と緑藻類）	30万	150
陸生脊椎動物・魚類	80.5万（うち哺乳類は5500）	62,345（うち哺乳類は5487）	235（うち哺乳類は80）
海洋性無脊椎動物	650万	130万	60
その他の無脊椎動物	線虫類100万、ショウジョウバエ数千	線虫類23,000 ショウジョウバエ類1,300	線虫類17 ショウジョウバエ類21

図 2-1　ゲノムが解読された生物種
(b)は "Sequencing the Tree of Life (The Scientist)" April 2014 より一部改変。

そして各国の協力の結果、プロジェクト発足から13年後の2003年、ヒトゲノムの長さと、タンパク質をコードする遺伝子の数（約25,000個）が明らかになりました。

その後、DNAの塩基配列を解読する技術は飛躍的に向上し、最近はたった数日でゲノム全体を解読できるようになりました。現在では、図2-1(b)に示すように、さまざまな生物のゲノム配列が解読されており、ゲノム同士を比較して進化の道筋を考察するような研究も盛んに行われています。

ゲノム情報の活用法

このようにして明らかになったゲノム情報は、どのように役立つのでしょうか？

例えば、遺伝子変異（遺伝子の塩基配列が普通の人と異なっていること）によって起こる病気が知られていますが、現在ではわずか1塩基の違いが病気や個性の違いに結びつくことも知られており、そのような違いを一塩基多型〔Single Nucleotide Polymorphism；SNP（スニップ）〕と呼びます。よく知られている例としては、アルコールの代謝能を決める酵素であるアルデヒドデ

トランスポゾンって何だ？

トランスポゾンとは、どんなものだろうか？ トランスポゾンは、いくつかの種類に分けられる。自分自身を切りだして、他のDNA領域に入り込む"カット＆ペースト"タイプのものや、自分自身のコピーをつくる"コピー＆ペースト"タイプのものが知られている。特に後者は、レトロトランスポゾンと呼ばれており、ゲノムDNAの約40%を形成する。レトロトランスポゾンについて理解するためにはセントラル・ドグマの例外について説明しなければならない。

1章で見てきたように、DNAから転写されたRNAがさらに翻訳され、タンパク質が作成される一連の流れがセントラル・ドグマの概念だった。それに対して、テミンとボルチモアは、それぞれ独自に、RNAからDNAをつくりだせる酵素「逆転写酵素」の存在を明らかにし、その功績で1975年ノーベル生理学医学賞を受賞した。

逆転写酵素は、レトロウイルスとよばれるウイルスが細胞に感染する際に利用する酵素である。レトロウイルスは、細胞に感染すると、この逆転写酵素を使って自身のRNAをDNAに変換し、細胞のゲノムに紛れ込ませる。そして、DNAからタンパク質を合成させて、ウイルスを増産させる（図1）。

例えば、ヒトで後天性免疫不全症候群（acquired immune deficiency syndrome；AIDS）を引き起こす

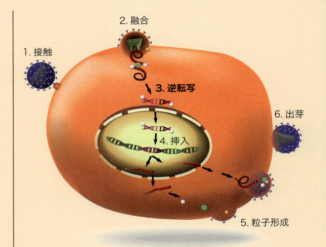

図1　HIVウイルスの生活環

ヒト免疫不全ウイルス（human immunodeficiency virus；HIV）もレトロウイルスの一種である。HIVの本体はRNAで、ヒトの免疫機能の一端を担うT細胞（リンパ球の一種、13章参照）に感染すると、逆転写酵素を使ってウイルスRNAからウイルスDNAが合成される。ウイルスDNAは、T細胞のゲノムDNAの中に入り込んだり、プラスミドのように環状になったりして、T細胞の中に身を隠す[1]。さらに、このウイルスDNAは、T細胞自身がもつ転写・翻

ヒドロゲナーゼをつくる遺伝子にあるSNPが「お酒に強いかどうか」と関係しています（図2-2）。ゲノム情報を取得することにより、SNPがどこにあってどのような病気の原因になっているかを調べる基盤ができたといえます。

また、全ゲノムが解読されたことで、ゲノム中のどの部分がタンパク質に翻訳される部分（エキソン）であるかもわかってきました[*2]。さらに、詳しく調べてみると、タンパク質に翻訳される部分は、ヒトゲノム中のわずか約1.3％にすぎないこともわかりました。大腸菌では、ゲノムの約88％がタンパク質に翻訳されるので、これは驚くべき少なさです。では、残りの約98.7％はどんな役割を果たしているのでしょうか？ 実はヒトゲノムの約半分は、トランスポゾンと呼ばれる"動く遺伝子"と、その"動けなくなった残骸"から成り立っていることがわかってきました（図2-3）。レトロトランスポゾンとその動けなくなっ

[*2] 一方、転写産物（RNA）には含まれているが、翻訳前に切りだされ（スプライシング）、タンパク質をつくるための情報から省かれる部分はイントロンという。

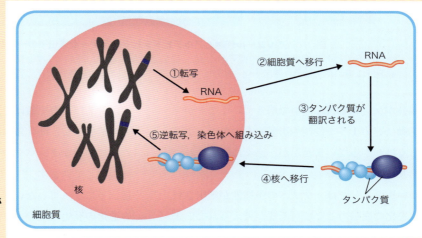

図2　レトロトランスポゾンが増えるしくみ

訳機能を利用して、ウイルスRNAや逆転写酵素を作製する。作製されたこれらのセットは、エンベロープという膜構造に包まれてT細胞から出ていき、また次のT細胞に感染し、順に多くのT細胞の機能を低下させる。これが、HIVが免疫不全を引き起こすしくみである。

さて、LINEと呼ばれるレトロトランスポゾンの一種は、レトロウイルスと同様に逆転写酵素をコードするDNA配列をもっている。ゲノムDNA中のLINE DNAが転写・翻訳されると、細胞内に逆転写酵素がつくられる。またLINEには、DNAを切断するエンドヌクレアーゼという酵素をコードするDNA配列も含まれている。つまり、細胞質中にLINE RNA、逆転写酵素、エンドヌクレアーゼが揃う。この三つは核に移動し、エンドヌクレアーゼがゲノムDNAを切断、切断した部位に逆転写酵素がつくったLINE DNAが挿入される。こうして、LINEのコピーがまた一つつくられる。レトロトランスポゾンは、体細胞だけではなく生殖細胞でもコピーをつくるため、一旦ゲノムDNA中に入ったレトロトランスポゾンは、永久に子孫に引き継がれていく（図2）。

1) この時点(HIVに感染した時点)では身体に症状は現れず、"AIDS患者"とは呼ばれない。感染から長期間経過した後、T細胞の機能低下によって、免疫不全などのAIDS指標疾患を発症した時に、AIDS発症となる。

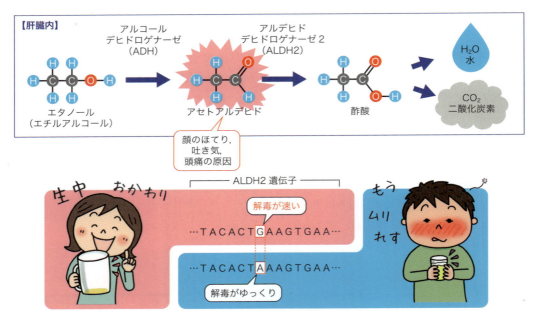

図 2-2　アルコール代謝とアルデヒドデヒドロゲナーゼ遺伝子の一塩基多型
アルデヒドデヒドロゲナーゼの一種であるALDH2の活性度により、悪酔いの原因であるアセトアルデヒドの分解速度に違いが生じる。遺伝子のわずか1塩基の違いで、ALDH2の活性が大きく異なることがわかっている。

た残骸がゲノムDNAの中で増えていくことが生命活動にどのような役割や影響をもつのか、まだ詳しくはわかっていませんが、徐々に解明されつつあります。

よい影響としては、ゲノムの多様性が創出されて、進化の原動力となる可能性が考えられています。例えば石野史敏は、レトロトランスポゾン由来の遺伝子が、哺乳類の特徴である胎盤をつくるために必要なタンパク質をつくりだしたとの仮説を提唱しています。このような仮説が正しければ、遺伝子になっていないゲノムDNA領域も、生命の進化の歴史の中で大きな役割を果たす可能性があります。

悪い影響としては、タンパク質をコードする遺伝子領域にLINE（コラム参照）のような無関係なDNA配列が挿入されることにより、遺伝子が破壊され病気の原因となることが知られています。例えば、「血液凝固因子第VIII因子」と呼ばれるタンパク質のもととなる遺伝子の中にLINEが挿入されたために、血が固まりにくくなる血友病という病気になる場合があります。また、LINE RNAは、その構造がウイルスに似ているため、免疫系が反応してしまい、慢性炎症の原因になる可能性もあります。

図 2-3　ヒトゲノムの約半分は"動く遺伝子"と、その痕跡からなる
ヒトゲノムには、自律的に染色体上を動きまわる、さまざまな種類の「転移因子」が存在する。特にレトロトランスポゾンは"コピー＆ペースト"されるため、染色体上でどんどん増殖する。

巨大なゲノムの解読方法

　ヒトゲノム計画では、具体的にはどのようにしてDNA配列を明らかにしていったのだろう？　約32億もの塩基配列を一度に調べる技術は、2015年現在も存在しない。それには、ゲノムを切断して断片化し、断片ごとに解読した配列情報をつなぎ直す、という方法が用いられた。

　まず、ゲノムを約20万塩基対程度の断片にする。その断片を「BAC（bacterial artifical chromosome）ベクター」と呼ばれるDNAに結合して、大腸菌に導入する（図）。そうすると大腸菌は、BACベクターに入った20万塩基の断片を、自身が細胞分裂するのに合わせて増幅する。このように大腸菌により増幅された断片を、さらに数百〜数千塩基対程度に短くし、それぞれの塩基配列を決定（DNAシーケンシング）していくのである（塩基配列決定法については5章を参照）。

　こうして、すべての断片の塩基配列を明らかにした後、今度は数百〜数千塩基の断片配列情報をスーパーコンピュータによってつなぎ合わせ、ようやく、ひとつながりのゲノム情報が判明する。

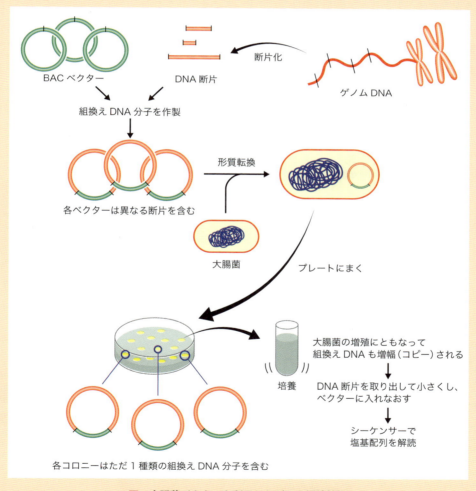

図　大腸菌ベクターを利用したゲノム解読技術

2.2 エピジェネティクス

　一卵性双生児のゲノムDNA情報は、ほぼ同一です。しかし、成長して、まったく同じヒトになるかというと、そうではありません。例えば一卵性の双子でも、指紋は同じにはならないのです。また、ヒツジやネコといった動物では、発生工学技術の進歩によりクローン動物がつくられています。このようなクローン同士も、ゲノムDNAはまったく同一であるにもかかわらず、体毛の色のパターンなど、個体ごとに異なる特徴が現れることがあります（クローン動物作出方法については、5章を参照）。ゲノム情報が生物の設計図であるはずなのに、なぜ、このような違いが現れるのでしょうか？　そのヒントになるのが「エピジェネティクス(epigenetics)」という概念です。

　「エピジェネティクス」という言葉は、イギリスの生物学者ワディントンが提唱した概念で、「後成説」(epigenesis)と「遺伝学」(genetics)を合成して作られました。「後成説」とは、生物は発生・発達の途中で徐々につくりあげられていくのだ、という概念です。つまり「エピジェネティクス」とは、遺伝子情報がどのように発生・発達環境と相互作用して体を形成するのかといったことを明らかにするための概念、研究分野、研究手法であるといえます。もう少し簡単にいうと、遺伝情報が同一のものから、異なる体の構造や行動の性質が出てくるには何らかのしくみが必要で、そのしくみはどのようなものなのかを調べる学問といえるでしょう。

　では、エピジェネティクスの具体的なしくみはどのようなものでしょうか？　ここでは現在、考えられているエピジェネティクスの代表的な三つのしくみに関して解説します。

　第一のしくみは、DNAの化学的修飾です〔図2-4の(a)〕。DNAが化学的な修飾を受けることにより、遺伝子が転写される程度が変化するのです。化学修飾の最も代表的なものが「DNAのメチル化」です。メチル化とはメチル基(CH_3)がDNAのシトシンの部分にくっつくことです。特に、転写量を調節している「プロモーター」と呼ばれるDNA領域がメチル化されると、その遺伝子の転写量が低下します。逆にメチル基が外れること（脱メチル化）で、転写量が増加することも考え

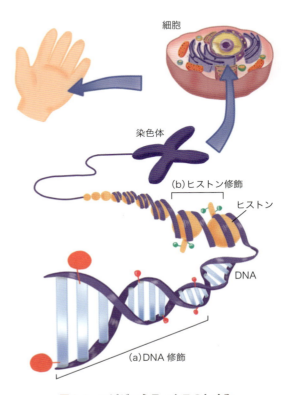

図2-4　エピジェネティクスのしくみ

られます。このようなDNAのメチル化、脱メチル化はそれぞれ、メチル基をつける酵素、メチル基をはずす酵素が役割を担っています。

第二のしくみは、ヒストン修飾です〔図2-4の(b)〕。1章で見たように、DNAは核の中ではヒストンというタンパク質に巻きついた状態で存在しています。その巻きつき方には法則性があり、ヒストン同士が一定の間隔を空けて巻きつくように制御されています。一般に、ヒストンが密に存在している領域はあまり転写されず、ヒストンの間隔が広いところは頻繁に転写されます。例えば、ヒストンがアセチル化という修飾を受けると、ヒストン間の距離が伸び、転写活性も高くなります。

第三のしくみは、ノンコーディングRNAによる遺伝子発現調節です。ノンコーディングRNAとは、タンパク質に翻訳されないRNAの一群を指す言葉で、小さいものは20塩基ほど、大きいものは1万塩基以上の長さになります。近年、このノンコーディングRNAに注目が集まっているのは、ノンコーディングRNAが転写や翻訳調節に関連することがわかってきたからです。「RNA干渉」と呼ばれる、人工的に作ったRNAを細胞に導入して、標的とするmRNAを分解し、翻訳量を調整する技術が知られていますが、ノンコーディングRNAの中には、同じようなしくみで翻訳量を調節する長さ20～25塩基程のmicro-RNA（もしくはmiRNAとも呼ばれる）があることが知られています。

エピジェネティクスは、生命のさまざまな場面に関わっていますが、その具体的なしくみが明らかになってきたのはごく最近のことです。現在、その詳細を世界の科学者が競って研究しています。その理由のひとつが、これまで治療が不可能だったさまざまな病気を、エピジェネティクスのしくみに働く薬をつくりだすことで改善することが可能になるのではないかと期待されているからなのです。

RNA干渉

2006年にノーベル生理学医学賞を受賞したファイアとメローは、線虫という約1mmほどの小さな生き物に人工RNAを注射することで「RNA干渉」を起こすことに成功した。

彼らは、目的のmRNAの一部と相補的な配列をもった21～23塩基程度の短い2本鎖RNAを合成し、それを線虫に投与することで目的のmRNAを著しく減少させることに成功した。細胞の中にももともと2本鎖RNAを切断するRNA分解酵素が存在し、そのはたらきにより短い2本鎖RNAと目的のRNAが同時に分解されることが、この現象のしくみと考えられている。この現象はRNA干渉（RNA interference; RNAi）と名づけられ、今では線虫以外にもほ乳類も含めて多くの動植物で見られる現象である。現在では短いRNAを合成する技術は一般に普及しており、それを細胞に導入するだけという簡便さが、効率よく遺伝子の機能を低下させる有用性と相まって、RNA干渉は特定の遺伝子の働きを調べるために無くてはならないツールの一つとなっている。また、RNA干渉はヒトにおいても効果を示すことから、がんを含めたさまざまな病気の治療にも効果を示す可能性を秘めている。

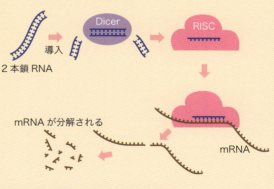

三毛猫の模様にエピジェネティクスが関与する

　ヒトや多くの哺乳類では、雌がX染色体を2本もっている（雄は1本）。もし何の補正もなければ、雌では、X染色体上の遺伝子が雄の2倍発現してしまうが、実際はそうなっていない。哺乳類には、X染色体の片方を不活性化するしくみが存在するのである。

　この影響を身近に感じられる例の一つが三毛猫の毛の模様である（図）。三毛猫の体毛の色を決める遺伝子は、白または黒の遺伝子に関しては常染色体にあり、"黒の部分を茶色にする"遺伝子がX染色体上に存在する。雌猫の場合、2本あるX染色体のうちどちらのX染色体が不活性化されるかは発生初期にランダムに決まり、それは分裂した先の細胞でも引き継がれていく。"黒を茶色にする"遺伝子を含むX染色体が不活性化された細胞を含む部分は黒色に、活性化された細胞を含む部分は茶色になって、場合によっては黒と茶の斑ができる。さらに、この猫が白斑の遺伝子を優性でもっている場合、茶や黒と比較して強く白斑が現れるので、この雌猫は3色体毛をもつ三毛猫になる。ちなみに、雄はX染色体が1本しかないため、茶と黒の斑の個体は通常現れない。もし雄の三毛猫がいれば、その猫はXXYなどの通常とは異なる性染色体のセットをもった、極めてまれな個体なのである。

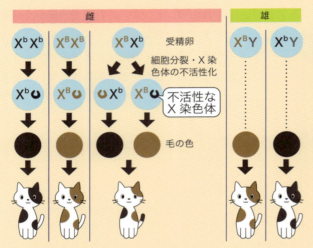

図　エピジェネティクスが三毛猫の毛色を決める
この図では白の遺伝子は考慮せず、茶と黒だけに着目して説明する。

2.3 遺伝子情報の利用とその倫理的課題

この半世紀で、生命科学の技術は長足の進歩を遂げましたが、それに伴ってさまざまな倫理的問題点も浮上してきました。その多くは、生命科学の進歩の速さに一般的な社会通念の変化が追いつけず、齟齬を来していることに起因すると考えられます。科学の進歩を現在の社会的通念の枠組みにどのように落とし込むか、また、ある程度は社会的通念を積極的に変革する必要があるのか、十分な議論が必要でしょう。この項目では、特に、(1) 遺伝子情報と人間社会の関わり、と (2) 生物の遺伝子改変に関して問題点を整理してみます。

遺伝子情報と人間社会の関わり

ゲノム DNA など遺伝子情報を得るための技術が進歩し、その精度が飛躍的に高まったことで、ヒトの健康や能力に対する予見可能性が増してきました。2013 年、米国の女優アンジェリーナ・ジョリーが、遺伝子診断の結果、自らが乳がんになる「可能性」があるとして、予防的に乳房を切除する手術を行ったことが話題になりました（下記の From the NEWS 参照）。このようにゲノム情報

を基に病気を予防するという行為は、予防措置ができるかぎりは大変有用です。一方で、現在治療法が見つかっていない病気を予見した場合、将来患者になる可能性が高い方にとっては精神的に大きな負担になるかもしれませんし、むしろ知らなかった方がよかった、という場合もあるかもしれません。このようにゲノム情報を調べたり知ったりすることには、大きな倫理的問題点が伴うことを理解しておく必要があるでしょう。

出生前遺伝子診断に関してもさまざまな問題提起がなされています（p.29 の From the NEWS 参照）。加えて「病気の発症可能性の少ない」、あるいは、もっと極端な場合には「特定の能力（知能や運動能力など）が他よりも秀でている」ゲノム DNA をもった受精卵を遺伝子診断により選んで妊娠するような行為も現実のものとなりつつあります（デザイナーベビー）。遺伝子情報の取得とその利用を社会がどこまで許容するのかに関しては、その社会がどのようにありたいのかという問題と関係しているため正解はありません。しかし、議論を十分に行って、多くの市民が共通理解を得

アンジー、がん予防のために卵巣も摘出

(2015 年 3 月 24 日)

米人気女優アンジェリーナ・ジョリー (39) が先週、卵巣と卵管の摘出手術を受けたことを、米「ニューヨーク・タイムズ」に寄稿した手記で明らかにした。

アンジーは 2013 年、遺伝子検査を受けて 87% の確率で乳がんになると診断され、予防措置として両乳房の摘出・再建手術を受けた。手術は成功して乳がんを発症する確率は 5% まで減少した。そのと

きに卵巣がんを発症する確率も 50% あり、卵巣摘出手術をすることも検討していたといわれる。

家族性乳がん・卵巣がんの原因として見つかった遺伝子に BRCA があります。BRCA 遺伝子からできたタンパク質は DNA が損傷した際の修復等、がん抑制作用を示しますが、BRCA 遺伝子配列が正常型と異なることで、乳がん・卵巣がんになる確率が上昇することが報告されています。BRCA には二つの種類があり、その両方もしくはいずれかが、がんになりやすい配列だった場合には、アンジェリーナ・ジョリーさんのような予防的な措置をとることがあります。

From the NEWS

られるように努力していく必要があるでしょう。

生物の遺伝子改変

　私たちは古来より、「育種」というかたちで家畜や農作物の形質を積極的に改変することを行ってきました。今では遺伝子組換え技術の進歩により、(人類にとって有用な)特定の形質をわずかな時間で動物や植物に導入することができます。また最近では、ゲノム DNA をまるで微小な手術でも行うように自由に切り貼りできる「ゲノム編集」(冒頭の Topics 参照)という技術も開発され、より簡単に遺伝子改変生物を開発できるようになりました。

　現在、このような遺伝子改変生物の利用の安全性や環境への影響に関してさまざまな議論がなされています。遺伝子改変作物を利用すると農薬を減らすことができたり、私たちにとって有用な成分を多く含ませることができたりと、消費者に利点がある反面、その安全性を個別に十分に確かめる必要があります。

　環境への影響から、遺伝子組換え生物の拡散も、特に問題視されています。例えば近年、主要な港の近くで、遺伝子組換えされた除草剤耐性ナタネの自生が確認されました。輸入された種がこぼれて発芽している疑いがあり、その結果、除草剤耐性遺伝子が環境中に拡散する可能性が危惧されています。

　国際的な枠組みとしては、国連で「生物の多様性に関する条約のバイオセーフティに関するカルタヘナ議定書」が採択されており、人工的につくられた遺伝子組換え作物はしっかりと管理し、自然環境中に拡散しないよう管理する義務がある、と定めています。新たな生物を創出できるのは生物の中でもヒトだけですし、生態系への長期的な影響も考慮に入れて管理できるのもヒトだけです。そのような責任を国家や企業、国民ひとりひとりが担っていかなければなりません。

確認問題

1. ゲノムの概念について、説明しなさい。
2. 一塩基多型が、ヒトのどのような性質の違いに結びつくのか、例をあげて説明しなさい。
3. レトロトランスポゾンとはどのようなものか説明しなさい。
4. エピジェネティクスのしくみに関して代表的な3点をあげて説明しなさい。

考えてみよう！

A. 遺伝子組換え技術が社会にもたらす有益な面と危惧すべき面を考えてみよう。
B. ゲノム情報を知ることの有益な面と危惧すべき面を考えてみよう。
C. 最近開発された「ゲノム編集」技術について調べ、その有用な点と倫理的な問題点について考えてみよう。

新型出生前診断に対する議論

(2015年4月11日)

　新型出生前診断を実施している病院のグループは2015年4月10日、開始から1年半の実績を発表した。1万2782人が検査を受け、うち219人が異常の可能性がある「陽性」と判定された。そのうち、羊水検査などで異常が確定したのは176人。陽性の判定後、子宮の中で胎児が死亡するなどして確定診断を受けられない人もいた。また、人工妊娠中絶をしたのは167人。妊娠を継続したのは4人だったという。

ダウン症等にみられる染色体異常（21番染色体を3本もっている等）を、母体血中に含まれるわずかな胎児のDNAから検査することが可能となっています（図）。羊水検査に比べて遥かに胎児に対する危険性が少ないため、今後広く普及する可能性が高い手法ですが、「命の選別につながるのではないか」という倫理的な側面からの批判があります。

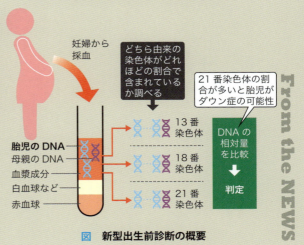

図　新型出生前診断の概要

From the NEWS

Part 2
生まれ、成長し、死ぬためのしくみ

3章 ヒトの誕生と成長

- 3.1 なぜ発生を学ぶのか
- 3.2 受精の瞬間
- 3.3 胚の領域分けとかたちづくり
- 3.4 発生を支配する遺伝子

私たちの体は、どうやってできているのだろうか。たった1個の細胞である受精卵が、60兆個の細胞をもつ体になるまでには、さまざまな過程を経る必要がある。この章では、体がつくりあげられていくしくみを理解するために、どうやって体の方向が決まるのか、どうやって胚の場所ごとに異なる組織がつくられていくのか、器官の場所や数はどうやって制御されているのかについて学ぼう。

Topics
▶体を透明にする魔法

私たちの体は、細胞が増えたり、移動したりすることによりかたちづくられていきます。したがって、私たちの体がどうやってできていくのかを理解したければ、発生過程における細胞の増殖や移動を観察する必要があります。しかしながら私たちの体は透明でないため、体の内部を簡単には観察できません。

理化学研究所の宮脇敦史らは Scale という試薬を開発し、マウスの体を透明化することに成功しました。生きたままとはいきませんが、この試薬を使うと、体がゼリーのように透明化し、内部の細胞まで観察できるようになります（下の写真）。現在はこの技術を利用して、発生過程の細胞や、神経細胞同士のネットワークを観察する研究が行われています。Scale（スケール）という名前は日本語の「透ける」からきているそうです。ネーミングも面白いですね。

2011年8月30日（*Nature Neuroscience* 誌より）

3章 ヒトの誕生と成長

3.1 なぜ発生を学ぶのか

　私たちの体は、たった1個の受精卵が分裂を繰り返して細胞数を増やし、それぞれの細胞が適切な場所に配置されることによってつくられています。このように、ヒトなどの多細胞生物が個体をつくりあげるまでの過程を「発生」といいます（図3-1）。

　私たちの体は、組織や器官ごとにそれぞれ異なる機能をもっています。例えば、目の機能は光を感じることですし、心臓の機能は血液を送りだすことです。目と心臓では組織全体としてのつくりはもちろんのこと、それぞれの細胞についても形や機能がまるで異なります。分裂により増殖した細胞は、発生が進むにつれて、移動したり、他の

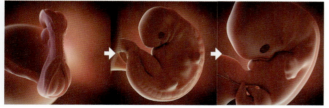
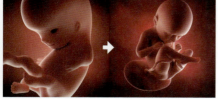

図 3-1　ヒトの発生
受精後、受精卵は細胞分裂を繰り返し、塊状の細胞の集まり（胚盤胞）を形成する。胚は受精後8週ほどでヒトらしい形になり、40週ほどで赤ちゃんとして産まれてくる。

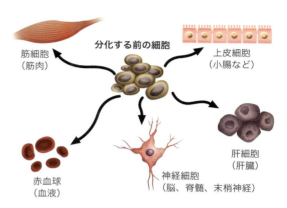

図 3-2　細胞の分化
細胞は発生の過程でさまざまな細胞へと分化し、組織や器官をつくりあげていく。

細胞や物質と相互作用したりすることで、適切な形や特徴を示すようになります。そして、細胞の形や特徴は、いったん決まってしまうと基本的には後戻りできません。その様子から、この過程を「細胞の運命が決定される」といいます。最終的には、細胞が集まって組織や器官を形成し、それぞれの組織や器官が特徴的な機能を発揮するようになります。このように細胞の運命が決定し、特徴をもつようになる過程を「分化」といいます（図3-2）。

> どんなに複雑な体も、最初は1個の細胞。それが「増殖」と「分化」を経て個体になる。その一連の過程を「発生」という。
> **KEY POINT**

　マウスの場合、受精卵から分裂した細胞は少なくとも4細胞期までは、それぞれの細胞に一つの個体を形成する能力（全能性）があるといわれています。発生が進むと、受精卵は胚盤胞となります。胚盤胞の内部細胞塊[*1]は胎盤以外のほとんどの組織になる能力（多能性）はもっていますが、一つの細胞から個体を形成することはできず、すでに全能性は失っています。さらに発生が進み、

それぞれの組織をつくりあげている細胞となってしまうと、多能性も失っています。このように細胞は、もともとあらゆる細胞になる機能をもっていますが、発生が進むにつれ細胞は分化し、この機能は失われていくと考えられていました。しかし、京都大学の山中伸弥は、分化した細胞に四つの遺伝子を導入することにより、人工的に、多能性をもつ細胞の作製に成功しました。この細胞がiPS細胞です（詳しくは5章を参照）。iPS細胞は多能性をもつため、さまざまな臓器を人工的につくりだせる可能性があり、現在、再生医療の主役として非常に注目されていますが、それ以上に「細胞の多能性は回復できる（細胞のリプログラミング*2は可能である）」ことを証明した、意義深い発見といえます。

　細胞は、発生の過程で増殖し、細胞数が十分になると増殖を停止します。しかし細胞の増殖は、胎児や成長期にある子供だけに起こるものではありません。成熟した大人の個体でも、必要なときに必要な場所でのみ細胞が増殖することで、体の恒常性が保たれています。つまり、細胞の増殖は厳密に制御されているのです。もし、なんらかの原因でこの制御が及ばなくなると、私たちは病気になります。例えば、化学物質や放射線、ウイルスなどの影響で細胞内の遺伝子が傷つくと、周囲の調節を受け入れず、自律的に増殖を続け、正常な組織に侵入したり、あるいは本来とは異なる場所で増殖するような細胞の集団が形成されることがあります。この細胞集団が「がん」です。がん細胞とは、細胞として適切に増殖の場所と時期をプログラミングされた遺伝子の一部が破壊されてしまった細胞といえます。がんは現在、日本人の死亡原因の第一位です（詳しくは4章も参照）。

　遺伝子に変異が入ると、がん以外にもさまざまな病気になります。血友病などの遺伝病はもちろんのこと、メタボリックシンドロームという一見遺伝子とは関係のなさそうな病気でさえ遺伝子の変異と関わっていることがわかっています。つま

り、正常な組織がどのようにつくられて、どのように機能を獲得していくのかということと遺伝子の変異を、切り離しては考えられないということであり、したがって、遺伝子の機能を知ることが病気の原因や治療法の解明につながるのです。現在、遺伝子の機能を調べる方法として最もよく用いられているのが、遺伝子を壊したノックアウトマウスや、遺伝子を多く発現させるトランスジェニックマウスです（詳しくは5章を参照）。これらのマウスを用いると、個々の遺伝子の異常によってどのような症状が現れるか、どのような薬が有効かなどを詳しく調べることができます。これらのマウスの作製技術は、発生生物学の研究手法が基盤になっています。

　発生を理解することは、私たちの体がどのようにしてできていくのかを理解するだけでなく、病気になった私たちの体の一部分の組織や器官の交換を可能とするような再生医療技術の発展、さらには、がんをはじめとするさまざまな病気の診断や治療にも密接につながっているのです。

> 体がどのようにかたちづくられるか理解することで、病気を治す方法がわかる。
> **KEY POINT**

---

*1 これを取りだして培養したものがES細胞である（5章参照）。iPS細胞が開発されるまで、ES細胞は再生医療の主役であった。
*2 どの細胞もほとんどすべての遺伝子情報をもっている。細胞ごとに異なる場所のDNAやヒストンが修飾されることにより、発現する遺伝子が変化する。この機構はエピジェネティクスと呼ばれている（2章参照）。このエピジェネティクスによる修飾を消去し、多能性を復活させることをリプログラミング（初期化）という。

3.2 受精の瞬間

生物個体の発生は、受精の瞬間に始まります。受精とは、父方の遺伝子をもった精子と、母方の遺伝子をもった卵細胞が融合する現象のことです。ヒトを含めた動物の発生では、受精後しばらくすると卵割が始まり、2個、4個、8個…と細胞の数を増やして、個体がつくりあげられます。

体づくりの基本、体軸

生物の体は三次元の構造をしているため、3本の体軸が存在します（図3-3）。多くの生物の場合、受精前の卵の段階では、前後軸のみが決定されています。例えばカエルの場合、卵の上半分は黒色（動物極という）、下半分は白色（植物極という）をしていて、動物極は将来前方になり、植物極は将来後方になることがすでに決まっています。受精の瞬間、精子が、動物極の頂点と植物極との境界の中間付近に融合すると、その部分で局所的にカルシウム濃度が上昇し、その上昇が波のように逆側まで伝わります（精子が融合した地点を震源として、地震の波が表面を伝っていくようなイメージ）。これをカルシウムウェーブ[*3]と呼びます。

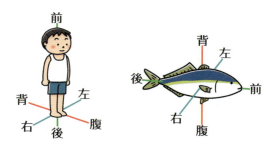

図3-3 生き物の体軸
私たちヒトで考えると、背腹軸と左右軸は理解しやすいが、前後軸を勘違いしやすい。頭の頂点が前で、足の先が後ろである。人間以外の哺乳類は四足歩行であることを考えるとわかりやすい。

そして精子が融合した場所は、その時点で、腹側になることが決定します（図3-4）。受精前にすでに前後軸が決定しているため、背腹軸が決定されると、自動的に左右軸の方向が決まり、こうして三つの体軸が決定します[*4]。

[*3] このカルシウム濃度上昇には、外液からのカルシウム流入よりは、細胞内のカルシウム貯蔵庫（滑面小胞体）からのカルシウム放出が重要な役割を果たしている。

[*4] 厳密な意味では、まだ決定されていない。このあとノード（図3-6参照）にある繊毛の一方向性の運動（時計回り）が左向きの体液の流れをつくりだし、左右非対称なシグナルをつくることで左右軸が形成される。

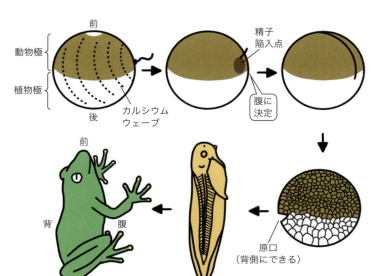

 卵割

 カルシウムウェーブ

図3-4 体軸形成のしくみ
カエルの胚発生においては、受精前にあらかじめ植物極と動物極に分かれており、この方向が前後軸になる。その後、精子が融合した側が腹側に決まる。

どの生物で発生を研究するか

いま、私たちが知りたいのは、「ヒトの発生がどのように進むか」であるが、ヒトやマウスなどの哺乳類は母親の胎内（子宮の中）で発生が進むため、発生の様子をリアルタイムで観察するのが難しく、発生のメカニズムを理解するのに適した生物とはいえない。一般的に、脊椎動物のあいだでは発生の進み方が共通していることが知られているため、発生生物学の研究では、観察しやすい魚類やカエルの卵で発生の様子を知り、その知見をもとにヒトの体がどのようにできていくかを理解することが多い。

また、脊椎動物だけでなく、ショウジョウバエも発生の研究によく使われている。実はハエのような昆虫にも、ヒトと共通した発生のしくみが働いていることがわかっている。例えば、後で述べるハエの「ホメオティック遺伝子」は、ヒトのゲノム中には

Hox 遺伝子群として存在し、ハエもヒトも、体の領域分けがその遺伝子によって制御されている。しかしその一方、ヒトではお腹をつくるはずの遺伝子（BMP）が、ハエでは背中をつくる遺伝子（Dpp）として働くという例もあり、ハエで得られた情報のすべてがヒトにあてはめられるわけではない。さまざまな生物からの情報をうまく組み合わせて活用することも、研究を進めるうえで欠かせないのである。

Column

ミトコンドリアは母親由来

受精直後に見られる劇的な現象の一つに、「精子のミトコンドリア消失」がある。精子は、頭部にDNA を収納した核を、胴体部分にミトコンドリアをもち、尾部にはモーターの役割をする鞭毛（べんもう）がある。受精時、精子は頭部内の核とミトコンドリアだけを卵細胞に送り込む。その後、精子が送り込んだ核は、卵細胞内の核と融合し、細胞分裂が始まる。しかし、精子由来のミトコンドリアは、卵細胞内ですぐさま分解されてしまう[1]。その結果、受精後の卵細胞内には卵由来のミトコンドリアだけが残る。このため、ミトコンドリアDNA は 100％母親由来となる。このような現象は母系遺伝と呼ばれる（図）。

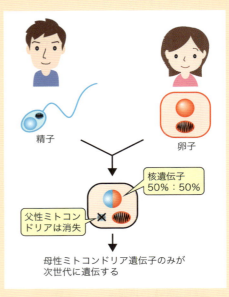

図　母系遺伝するミトコンドリア DNA

1）受精が引き金となり、自食作用（オートファジー）によって、父親由来のミトコンドリアだけが選択的に排除されてしまう。

Column

3章　ヒトの誕生と成長　37

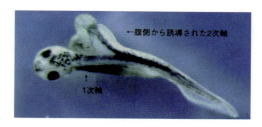

図 3-5　二次軸が形成されたカエルの胚
（東京工業大学 粂昭苑博士のご厚意により掲載）

なぜ、精子が融合した場所が腹側に決まるのでしょうか？　腹側の形成は、精子進入点を起点としたカルシウム濃度上昇がカルシウム依存性の酵素を活性化し[*5]、最終的には腹側化に必要なさまざまな遺伝子を発現させることにより、細胞が腹側の性質を獲得することで起こります。つまり、精子が進入し、カルシウム濃度がその場所で上昇することが、体軸形成の引き金となるのです。また、カルシウムウェーブを故意にブロックすると、腹側になることが抑制され、二次軸と呼ばれる新たな背側の構造が形成されます（図 3-5）。すなわち、腹側に背側が形成され、背側の構造が二つできてしまいます。細胞内のカルシウムの濃度を制御するだけで劇的な変化が現れるという点で、この現象は非常に興味深いものです。

しかしながら、カエルなどの多くの生物とは異なって、マウスやヒトなどの哺乳類は、受精の段階で体軸が決まるわけではありません。哺乳類の卵子に動物極や植物極は存在せず、精子が進入する領域も決まっていません。また、体外で発生する生物とは大きく異なり、卵巣から放出された卵子が卵管内で精子と出会って子宮で着床するという過程を経ます。現在のところ、マウスの場合は、受精から 4 ～ 6 日後の着床前後に体軸が決まっていることがわかっています。今後は、脊椎動物間において、体軸形成のメカニズムがどのように保存されているのか調べる必要があるでしょう。

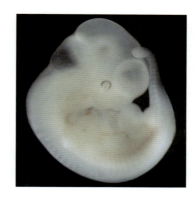

[*5]　カルシウム依存性の酵素であるカルシニューリンは転写因子 NFAT を脱リン酸化して核内に移行させ、腹側化に関わる遺伝子の転写を開始する。

3.3 胚の領域分けとかたちづくり

体軸の決まった受精卵は分裂を繰り返し、しばらくすると、内部に空間[*6]ができます。この空間は胞胚腔と呼ばれ、この状態を胞胚と呼びます。この胞胚の時期に、細胞の大まかな領域分けが行われます。

三胚葉の形成と原腸陥入

カエルの発生では、胞胚の上方は外胚葉、下方は内胚葉と呼ばれています。外胚葉からは神経、皮膚などができあがり、内胚葉からは消化管、膵臓、肝臓がつくられます。そして外胚葉と内胚葉が接する部分に中胚葉が形成されます。中胚葉は将来、心臓、血球、骨格筋などになる領域のことです。しばらくすると、背側の中胚葉は胞胚腔の中へめり込み、外胚葉に沿って移動します。これが、カエルの発生における原腸陥入 (gastrulation) です (図 3-6)。原腸とは将来消化管になる器官のことで、カエルや魚などの生物では、この細胞移動の結果として実際に「原腸」が形成されることからそう呼ばれています。中胚葉がめり込んで形成された穴は、発生の途中では「原口」と呼ばれ、将来は肛門になります。このあと、さらに発生が進むと、肛門の反対側に新たな穴（将来の口）が開口し、'ちくわ'のような構造が形成されます。胚の内部に形成された空間（ちくわの穴の部分）は、将来の消化管となります[*7]。

哺乳類の発生には胞胚期は存在せず、胚盤胞と呼ばれる時期がこれに近い段階です。胚盤胞は、内部細胞塊が栄養膜という上皮組織で囲まれた構造をもっています。栄養膜は将来、胎盤などに分化していく部分で、内部細胞塊の方が将来の体になる部分であり、体のあらゆる組織に分化する能力をもっています。胚盤胞の発生が進むと、内部細胞塊から二層の細胞層が形成され、上層は外胚葉、下層は内胚葉になります。しばらくすると、上層の細胞の一部が二層の間に入りこむことにより、三層目（中胚葉）が形成されます。哺乳類の発

[*6] この空間は液体で満たされており、その中にはさまざまな誘導因子が含まれている。
[*7] 勘違いしやすいが、消化管の中は体の外とつながっているので体の外側である。したがって、消化液の分泌は汗と同じで外分泌と呼ばれる。これに対して血中に分泌するインスリンなどのホルモンは内分泌と呼ばれる。

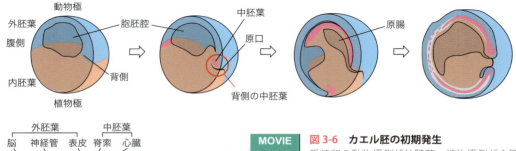

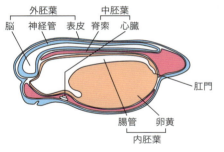

図 3-6　カエル胚の初期発生
受精卵の動物極側が外胚葉、植物極側が内胚葉になる。その後、この2種類の胚葉が接する領域に、中胚葉がリング状に形成される。次に、背側の中胚葉は胚の内側に入り込み、動物極の内側に沿って伸びながら移動する。これが原腸陥入である。腸管のもととなる原腸を形成しつつ、外胚葉の裏打ちとなった中胚葉が外胚葉に働きかけることにより、神経が誘導される。

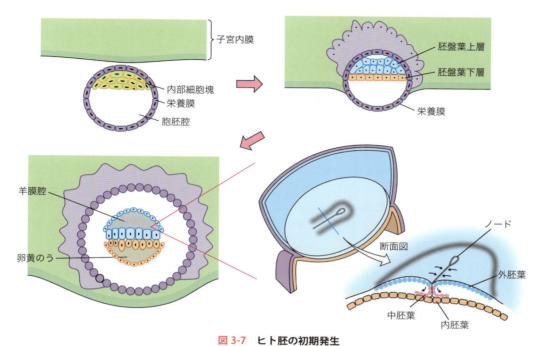

図 3-7　ヒト胚の初期発生
受精卵は細胞分裂を繰り返して、胚盤胞を形成する。胚盤胞の内部に存在する内部細胞塊から外胚葉と内胚葉ができ、外胚葉から遊離した細胞が内胚葉との間に入り込むことにより中胚葉が形成され、三胚葉の構造ができる。

生では、この「上層の細胞が入り込む」現象を原腸陥入[*8]と呼びます（図3-7）。

> **原腸陥入のポイントは、ダイナミックな細胞の移動である。**
> KEY POINT

では発生生物学においては、なぜこれら三つの胚葉（外胚葉、内胚葉、中胚葉）について詳しく学ぶのでしょうか？　カエルの場合は動物極側に外胚葉があり、植物極側に内胚葉があります。また哺乳類の場合は、羊膜腔側に外胚葉があり、卵黄嚢側に内胚葉があります。このように卵や胚の場所により、それぞれの胚葉が分類しやすいという特徴があり、また、外胚葉は神経や皮膚、中胚葉は筋肉や血液、内胚葉は消化管というように、ある程度運命が決定されていることから、発生生物学を学ぶうえで体系的に理解しやすいためです。さらに、これら胚葉の構造がつくられる過程は、無脊椎動物から脊椎動物にまで共通して見られる現象であるため、体づくりを理解するうえで重要であることも理由にあげられます。

[*8]　ヒトなどの哺乳類では細胞の移動は起こるが、原腸は形成されない。

細胞は互いに影響し合う!?

カエルの発生において、中胚葉は、外胚葉と内胚葉の接触面に形成される。しかし、「なぜ」そこに形成されるのかについてはわかっていなかった。ニューコープは、1969年、正常の発生では接することのない動物極側の外胚葉と植物極側の内胚葉をくっつけて発生させるとどのような組織になるかを検討した（図1）。通常、外胚葉のみで発生させると表皮のような組織、内胚葉のみで発生させると消化管のような組織になることが知られている。しかし、この外胚葉と内胚葉をくっつけた組織では、内胚葉の組織と中胚葉の組織が形成され、内胚葉に接した外胚葉が中胚葉へと転換したことがわかった。つまり、外胚葉と内胚葉の接する領域に中胚葉が形成されるのは、内胚葉に接していた外胚葉だけが中胚葉になるためである。

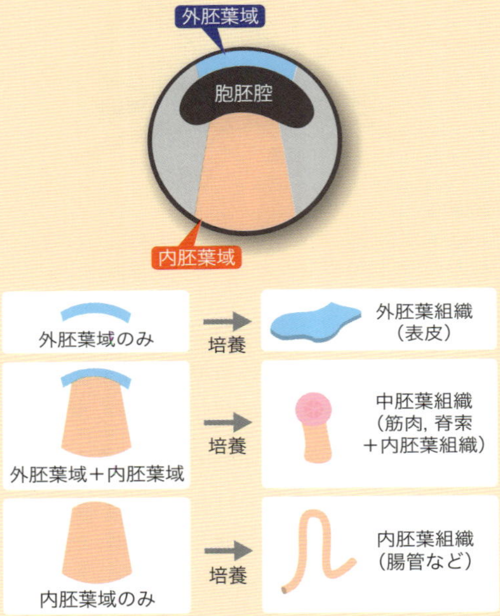

発生の過程で、細胞は増殖し、移動し、適切な場所に配置される。このニューコープの実験により、細胞は、今いる場所や移動によって互いに接触し作用しあい、さまざまな特徴を獲得し、組織や器官をつくりあげているということが想像できる。

さらに東京大学の浅島誠らによるアクチビンの研究では、アクチビンという分泌タンパク質の濃度の違いによって細胞の分化がコントロールされていることが明らかになった。動物極側の、将来外胚葉になる領域（アニマルキャップと呼ばれる[1]）をさまざまな濃度のアクチビンにさらすと、アクチビンの濃度に依存してさまざまな組織が形成されることが示されたのである（図2）。このことは、細胞同士が移動して直接接触しあう重要性のみならず、細胞から分泌される物質（液性因子）による刺激の強さの程度も重要であることを示している。つまり液性因子を分泌する細胞からの「距離」も、分化の重要な要素であるということである。

図1 ニューコープの実験

1) アニマルキャップは動物極側にあることからそう呼ばれている。哺乳類の内部細胞塊やES細胞に相当する。古典的にアニマルキャップはあらゆる細胞になる能力をもっていることから、誘導物質によりどういう組織になるのかや、分化誘導に関わる遺伝子機能は何なのかを解析するアニマルキャップアッセイに用いられてきた。

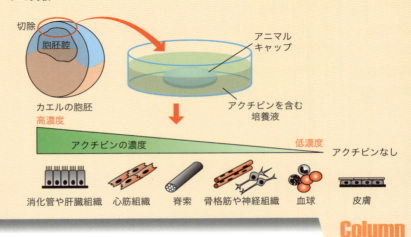

図2 アクチビンが組織や器官の発生に与える影響

組織の誘導

原腸陥入には、背側の中胚葉が陥入して原腸を形成していくというかたちづくりの重要性だけでなく、他にも重要な役割があります。それは、「誘導」です。「誘導」とはある部位が別の部位に働きかけ、もともととは異なる特徴をもつ部位へと分化させる現象のことです。シュペーマンとマンゴールドは、原腸陥入の際に陥入する部分を腹側に移植することにより、背側の組織（二次軸）が形成されることを発見し、「誘導」という現象を証明しています（1935年にノーベル生理学医学賞）（図3-8）。つまり、本来とは異なる場所（腹側）に移植された背側の中胚葉組織は、本来は腹側になるはずだった周りの細胞に働きかけ、神経管、体節、脊索などの背側の構造をつくらせているのです。この背側の中胚葉は、「シュペーマンのオーガナイザー（形成体）」と呼ばれており、オーガナイザーがもつ、「背側の構造を形成させる能力」とは、単純化するならば、「神経を誘導する能力」といえます。

神経はどのようにつくられるのか

原腸陥入で胚内部に陥入した背側の中胚葉は、外胚葉の裏側に沿って、伸びながら移動します。このとき中胚葉はノギンとコーディンというタンパク質を分泌しています。このノギンやコーディンは、腹側化に重要な役割を果たしている BMP（$\underline{B}$one $\underline{M}$orphogenetic $\underline{P}$rotein；骨形成タンパク質）シグナルを抑制することにより、細胞を背側化させます。つまり、ノギンやコーディンタンパク質が届く範囲に存在する細胞は、腹側になることが抑えられた結果、背側の組織になるのです

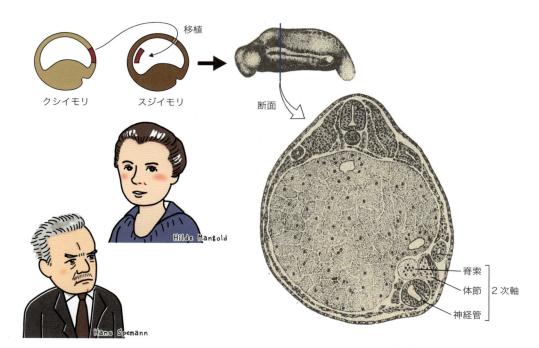

図 3-8 シュペーマンとマンゴールドによるオーガナイザー移植実験
シュペーマンとマンゴールドは、クシイモリの「背側中胚葉（胚の内部へもぐり込んでいく部分）」をスジイモリの腹側に移植することにより、スジイモリの腹側に神経など背側の組織をつくることに成功した。背側の組織はスジイモリの細胞から構成されており、移植片が成長したのではなく、移植片が周囲の細胞を背側組織へ誘導したことがわかった。この背側中胚葉領域を、シュペーマンのオーガナイザーと呼ぶ。オーガナイザーは「組織する者、編成する者」という意味である。図中のスケッチは、Hilde Mangold & Hans Spemann, "Ausschnitt aus einer Originalzeichnung（1924）"より転載。

（図 3-9）。ノギンやコーディンの遺伝子を腹側で発現させると、二次軸が形成されます。ちなみに分泌タンパク質である BMP を背側に発現させると、背側の構造があまり形成されない奇妙な形の胚ができます（図 3-10）。

中胚葉に裏打ちされた外胚葉は、「神経板」と呼ばれる構造をつくります。発生が進むと、この板のような構造の真ん中がくぼみ、端どうしが閉じて「神経管」をつくりあげます（図 3-9）。そして神経管の前方部が増殖して、肥大化し、ダイナミックに折れ曲がったりすることにより脳が形成され、後方の部分は脊髄になります。一方、陥入して伸びた中胚葉は、脊索と呼ばれる組織になります。脊索は脊椎動物の発生初期にのみ見られる棒状の構造体で、胚の形を支える役目を担っています。脊索からはソニックヘッジホッグ*9 というタンパク質が分泌されて神経管に作用し、神経管

図 3-10　腹側化因子 BMP4 を過剰発現したカエル胚
BMP4 を過剰発現した胚では神経管をはじめとする背側の構造がきちんと形成されていない。

の腹側を運動神経などへと分化させます。このあと脊索はだんだんとなくなり、脊椎骨へ置き換わっていきます。

---

*9　腹側にある縞模様の突起がハリネズミ（英語でヘッジホッグ）のように密集して生えるショウジョウバエの変異体がおり、その原因遺伝子は表現型からヘッジホッグと名付けられた。この遺伝子は分泌タンパク質をコードしていた。哺乳類ホモログは 3 種類あり、そのうちの一つはセガのゲームキャラクターにちなんでソニックヘッジホッグと名付けられている。

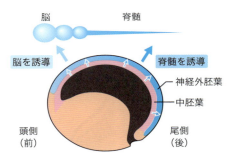

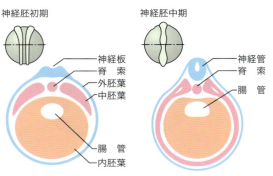
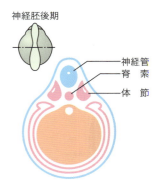

図 3-9　神経発生
外胚葉を裏打ちしている中胚葉からは、ノギンやコーディンなどのタンパク質が分泌され、これらの因子が外胚葉に働きかけて神経を誘導する。ノギンなどが作用しなかった外胚葉は、皮膚などの組織になる。続いて神経に誘導された組織は、前方から後方にかけて、別のさまざまな因子の濃度勾配にもさらされることにより、脳や脊髄などの領域が決定されていく。

第四の胚葉「神経堤細胞」

　神経管が背側で融合して閉じる頃、神経管の背側と表皮細胞の間に、神経堤細胞と呼ばれる細胞群が形成される。この細胞群も、神経管と表皮細胞の相互作用により生まれる細胞群である。

　神経堤細胞は、将来、末梢神経系の神経細胞や、支持組織の大部分、色素細胞、内分泌細胞の一部、平滑筋、頭部骨格などになる(図)。しかしこれらの組織は体のあちこちに存在するため、神経堤細胞はその場所へ移動し、配置されなければならない。同じ領域から生じた神経堤細胞であっても、複数の異なる経路を移動するにつれ、その移動経路ごとに特徴的な分化をする。すなわち、移動中にどのような細胞、分泌タンパク質、細胞外基質に遭遇したかによって、それぞれ異なった特徴的な細胞へと分化していく。このように、神経堤細胞は、その移動の様式や距離が多様であること、さまざまな細胞へ分化することから、さかんに研究されている細胞の一つである。また、さまざまな組織に分化していく様子から、神経堤細胞は外胚葉、内胚葉、中胚葉に次ぐ第四の胚葉と呼ばれている。

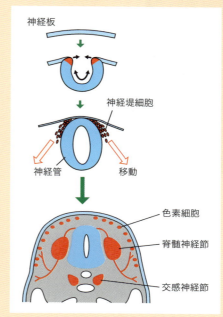

図　神経堤細胞の発生と分化

Column

3.4　発生を支配する遺伝子

　発生や分化の過程では、細胞どうしの接触や分泌因子などによる誘導作用によって細胞の運命が決まっていくことを学んできました。実はこれ以外にも生物の発生に重要な役割を担う遺伝子は多数存在します。この節では例として、動物の器官が形成される場所や数を規定するうえで重要な役割を果たしている「ホメオティック遺伝子」について見ていきましょう。

　ホメオティック遺伝子の語源である「ホメオーシス」は、体の一部がほかの器官に置き換わってしまう現象で、いろいろな生物で知られていました。例えば、触角があるべき場所に脚が生えてしまったショウジョウバエや、翅が4枚のショウジョウバエ(本来、ハエの翅は2枚)などが報告されていました(図 3-11)。その後、これらのハエ変異体の遺伝子が解析されると、ある遺伝子に変異が入ることでこれらのホメオーシスが引き起こされていることが明らかになったのです。これらの遺伝子は、ホメオーシスに関連する遺伝子ということで、ホメオティック遺伝子と呼ばれています。

　ホメオティック遺伝子は、染色体の一部分に連なって存在しており(クラスター)、ハエは8個の

と対応しています。つまり、染色体の前方にある遺伝子は頭部で、後方にある遺伝子は尾部で働いているのです。さらにおもしろいことには、この遺伝子と類似した遺伝子が、ヒトやマウスのような哺乳類を含め、多くの動物にも存在していることです[*10]。ヒトの場合は4セットの複合体がそれぞれ別々の染色体に存在し、それぞれに13個の遺伝子（ハエと類似した遺伝子がない場合もある）が含まれています。ヒトでは、これらの遺伝子は *Hox* 遺伝子と呼ばれており、ハエの場合と同様に、やはり遺伝子の位置と、働く体の部位が対応しています。つまり、このように連なって複数の遺伝子が存在することは、体の場所ごとに前後に順番に発現していることと密接に関係していると考えられています。

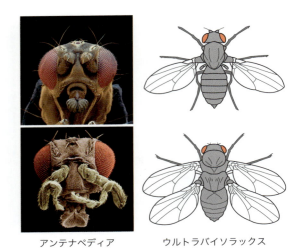

図 3-11 ハエのホメオティック突然変異
上段は野生型（正常な個体）、下段が変異型。左はアンテナペディア（*Antp*）遺伝子の異常により触角が脚に変わっている。ウルトラバイソラックス（*Ubx*）遺伝子の異常が起こると、翅が4枚になる。通常一つしかない胸部分（ソラックス）が二つ（バイ）できることにより、4枚翅となる。

ホメオティック遺伝子（HOM-C複合体）をもっています（図3-12）。おもしろいことに、この遺伝子の並んでいる順番は、各遺伝子が働く体の部位

> 体づくりのしくみは、脊椎動物同士ではもちろんのこと、無脊椎動物と脊椎動物の間でも保存されている。
> **KEY POINT**

ハエのような無脊椎動物から、ヒトやマウスな

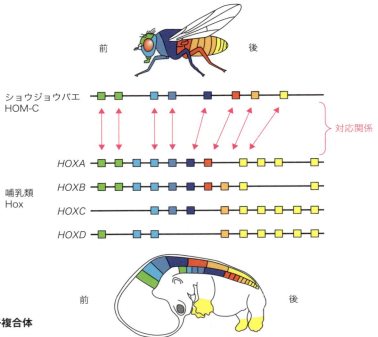

図 3-12 ホメオティック遺伝子複合体とHox複合体の比較

ホメオティック遺伝子の正体

「ホメオティック遺伝子が体づくりに重要」であることは分かったが、ではホメオティック遺伝子や *Hox* 遺伝子は具体的にはどのような機能をもったタンパク質なのだろうか？ これらの遺伝子は、DNAの特定の場所に結合し転写の過程を制御する機能をもつ「転写因子」をコードしている。すなわち、ホメオティック遺伝子や *Hox* 遺伝子は、複数の遺伝子の転写・発現をコントロールすることで、体節（体の特定場所）の特徴を決める遺伝子なのである。つまり単純に説明するならば、脚なら脚の形成に必要なすべての遺伝子、翅ならば翅の形成に必要なすべての遺伝子を発現させる能力を発動させるキー（鍵）遺伝子なのである。したがって、このキー遺伝子が異なる場所、例えば触角ができるはずの場所に、脚を形成するホメオティック遺伝子が発現すると、そこに脚ができてしまうのである。

これらホメオティック遺伝子や *Hox* 遺伝子は、お互いの相同性からホメオボックス遺伝子と呼ばれている。このホメオボックス遺伝子は、ハエ、線虫、脊椎動物などの動物だけでなく、菌類や植物にも存在し、その多くは進化の過程で保存されている。したがって、多細胞生物の形態形成に重要な役割を果たしている遺伝子であることには疑いの余地がない。

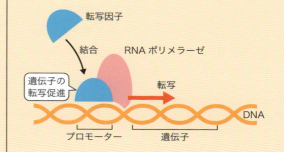

Column

どの哺乳類まで広く同じメカニズムを採用していることから、HOM-Cや Hox 複合体を使った体の構造の形成機構は非常に重要と考えられています。これらホメオティック遺伝子を含めた胚発生における遺伝子発現制御機構の発見により、ルイス、ニュスライン＝フォルハルト、ヴィーシャウスは、1995年ノーベル生理学医学賞を受賞しています。

*10 少しややこしいが、哺乳類ではこの遺伝子の変異によってホメオーシスは起こらないため、*Hox* 遺伝子をホメオティック遺伝子とは呼ばない。*Hox* 遺伝子のノックアウトマウスの多くは、その遺伝子が発現するべき体の部位に異常がでる。特に骨格の異常が多く、椎骨の異常や、手の骨の異常が報告されている。

ホメオティック変異体!?
（奈良・東大寺大仏殿にある八本脚の蝶の装飾品）

確認問題

1. 三胚葉はそれぞれどのような運命をたどるのか説明しなさい。
2. 体軸はどのように決定されるのか説明しなさい。
3. 発生における誘導とはどのような現象のことを意味するのか説明しなさい。
4. ホメオティック遺伝子に変異が入ると、どのような変化が起こるのか説明しなさい。

考えてみよう！

A. 分化した細胞は基本的に多能性がない。なぜ多能性は必要ないのであろうか。
B. ヒトとカエルや魚は見た目がかなり異なる。カエルや魚の発生を理解することで、どの程度ヒトの発生を理解することができるのだろうか。
C. 異なる種の生物でも、なぜ保存された発生のメカニズムを利用しているのだろうか。考えてみよう。

From the NEWS

iPS細胞を応用した初の移植手術実施

（2014年9月12日）

　iPS細胞を使った治療が世界に先駆けて日本で行われた。加齢黄斑変性という疾患で網膜が損傷している70代の女性患者に対して、患者自身の皮膚細胞からiPS細胞を作製して網膜細胞へ分化させたあと、患者の目に移植する手術である。

　iPS細胞を使った移植治療は有望であることは間違いありませんが、人工的に多能性を獲得させた細胞であるため、さまざまな危険性も指摘されています。自分の細胞由来であったとしても、免疫系が移植組織を攻撃する可能性は残っていること、多能性をもつ細胞が移植組織の中に残り、がん化する可能性があることなどです。今回のケースでは、今のところ合併症などは報告されていません。移植後1年後の検査によると、細胞は移植した場所にとどまっており、視力の低下が食い止められている、と報告されています。さらに経過を追っていく必要がありますが、iPS細胞を使った移植治療に対する期待は今まで以上に高まっていくでしょう。

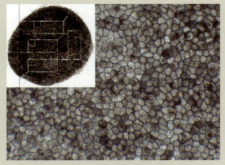

iPS細胞に由来する網膜色素上皮細胞と、臨床研究用に作成した細胞シート（左上）

4章
ヒトの寿命と死

4.1　細胞周期とがん
4.2　がんの原因
4.3　自殺する細胞
4.4　老化と寿命
4.5　遺伝と病気の関係

私たちの体は、細胞が分裂して数を増やすことでつくられていく。この章では、細胞が増えるしくみと、その制御システムが壊れたときに起こる病気である「がん」について学ぶ。さらには、不要になった細胞が自ら死んでいくしくみや、細胞の分裂回数が決まっていることと寿命の関係、遺伝と病気の関係についても学ぼう。

Topics
▶線虫はがんがお好き？

　九州大学のグループが、線虫を使った画期的ながんの診断方法を発表しました。その方法とは、被験者の尿の匂いを線虫（C. elegans）にかがせ、その匂いを好むかどうかで、がんを診断するものです。この方法は95％の確率でがんを発見でき、血液を採取する検査よりも高い精度であることから、将来的に有望ながんの診断方法と見られています。もともとは、胃に寄生したアニサキスという線虫を内視鏡で取り除く手術の際、アニサキスが未発見の胃がんの周辺に集まっていたことに注目したのが始まりです。研究グループは「線虫はがんの匂いを好むのではないか」と仮説を立て、がん患者と健康な人の尿をかがせたところ、線虫はがん患者の尿に集まり、健康な人の尿には集まらないことを見つけたのです。線虫は、本章の後半でも紹介するように、細胞の増殖、分化、細胞死の研究分野で活躍している生き物ですが、このようなまったく異なる分野での活躍には驚かされます。

2015年3月11日（PLoS One 誌より）

4.1 細胞周期とがん

3章で見てきたように、私たちの体は1個の受精卵が分裂することによりつくられます。しかし、細胞は永遠に分裂を続けるのではありません。ヒトの場合は、60兆個ほどになると細胞数を増やすことをやめ、恒常性を維持するようになります。単純に計算すると、受精卵から数えて46回分裂することで私たちの体がつくられます。

このようにヒトの体では、細胞数をほぼ一定に保つために、分裂・増殖しすぎないような制御機構がはたらいています。しかし、細胞が何らかの原因でこのコントロールを失い、無制限に増殖するようになると、がんになります。がんは、正常な組織の隙間に入り込んで増殖することにより、個体の生命維持に重大な異常をきたす病気です。

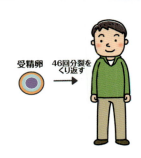

細胞周期

一つの細胞が分裂し、二つの細胞になり、再び分裂するまでの過程を「細胞周期」といいます。細胞周期は、細胞内の様子により、四つの時期に分けられます。細胞分裂が進行中であるM期（Mitosis）、M期のあとDNA合成に必要なタンパク質などを準備するG_1期（Gap1）、DNAが合

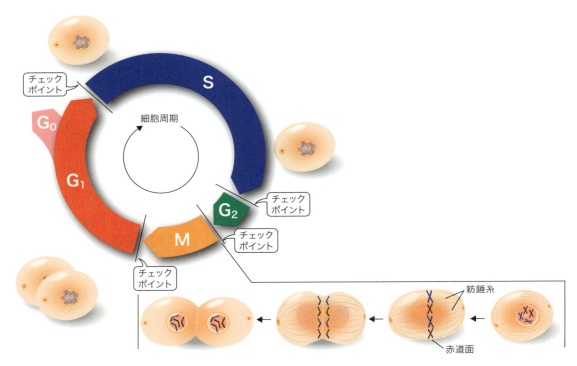

図4-1 細胞周期
細胞が増殖する過程には四つのステップがある。DNAを合成する時期（S期）と分裂する時期（M期）、そしてそれぞれの準備期間（G_1期とG_2期）である。分裂するためには細胞2個分の遺伝子（DNA）が必要なため、S期ではDNAを倍に増やす。M期になると染色体が顕微鏡で見えるようになる。染色体は、一度細胞の赤道面に並んだ後、紡錘糸にひっぱられて細胞の両極へ移動する。その後、細胞膜がくびれ、細胞は分裂する。

4章 ヒトの寿命と死　49

> ### 細胞周期の見張り番　〜サイクリンタンパク質〜
>
> 　細胞周期が進行するにつれて細胞は分裂し増殖する。その過程で、周期的に増減するタンパク質が見つかった。ウニの卵から同定されたそのタンパク質は、サイクリンと名付けられている。
> 　サイクリンは、サイクリン依存性キナーゼ（CDK）というリン酸化酵素と複合体を形成して、他のさまざまなタンパク質をリン酸化することによって、細胞周期（図4-1を参照）の進行を管理している。例えば、哺乳類は20種類のサイクリンをもっており、G_1期通過とS期への移行、G_2期通過とM期への移行など、それぞれのサイクリンが異なる機能を発揮して、複雑かつ厳密に細胞周期の進行を制御している。このサイクリンの同定を含む細胞周期に関連する主要な因子の発見で、ハント、ハートウェル、ナースの3名は2001年ノーベル生理学医学賞を受賞した。
>
> Column

成されているS期（Synthesis）、S期のあと細胞分裂に必要なタンパク質を準備するG_2期（Gap2）の4段階です（図4-1）。そして、この周期の間には、細胞周期を正しく進行しているかどうかを確認する関門（チェックポイント）があります。この関門では、DNAに損傷がないかなどがチェックされていて、異常があれば、細胞周期の進行を遅くしたり静止したりして、正常に分裂できるように細胞を修復します。そして、もし修復ができない場合にはアポトーシス（細胞死；後で詳述）を誘導することもあります。

　ではなぜ厳密に制御されているはずの細胞周期が破たんし、無限に増殖してしまうがん細胞になってしまうのでしょうか？　がんは、細胞内の「遺伝子の変異」、つまり遺伝子に傷が入ることによって引き起こされます。

がん遺伝子

　がん細胞を生みだす原因となる遺伝子は2種類に分類されます。一つは細胞を増殖させるアクセルの役割をする遺伝子である「がん原遺伝子（proto-oncogene）」、もう一つは細胞の増殖を抑制するブレーキの役割をする遺伝子である「がん抑制遺伝子（tumor suppressor gene）」です。どちらの遺伝子の機能が異常になったとしても、細胞の増殖のコントロールが難しくなります。これ

はしばしば車の運転に例えられています。

　通常は、この2種類の遺伝子群がバランスよく働くことにより、私たちの体は維持されています。がん原遺伝子は必要なときに必要な場所で活性化し、細胞を増殖させます。つまり、がんの原因になる遺伝子とはいいながら、私たちの体には必要不可欠な遺伝子なのです。ところが、何らかの原因でこのがん原遺伝子に変異が入り、常に活性化した状態になってしまうことがあります。こうなってしまった遺伝子のことを「がん遺伝子（oncogene）」といいます。このがん遺伝子が、がんの原因の一つです。また、がん抑制遺伝子に変異が入って機能しなくなることも、がんの原因となります。がん抑制遺伝子は、細胞周期のチェックポイント機能やDNA修復などの機能をもつタンパク質です。

> 細胞の数は厳密にコントロールされている。
>
> KEY POINT

滝のように伝わるリン酸化

　細胞は、さまざまな情報を受け取り細胞内に伝えている。細胞内の情報伝達には二次メッセンジャーと呼ばれるカルシウムなどの物質だけでなく、タンパク質のリン酸化も重要な役割を果たしている。タンパク質のリン酸化とは、アミノ酸の側鎖のヒドロキシ基(-OH)がリン酸化酵素（キナーゼ）によりリン酸化されることである。側鎖にヒドロキシ基をもつアミノ酸にはセリン、スレオニン、チロシンの3種類があり、タンパク質内のこれらのアミノ酸がリン酸化されることにより、そのタンパク質が活性化される。

　例えば、細胞の増殖に重要な役割を果たしている分裂促進因子活性化タンパク質キナーゼ（MAPキナーゼ）の場合は、増殖因子のシグナルがRasタンパク質（後述）を活性化すると、このRasがRafをリン酸化する。リン酸化されたRafは活性化して、MEKをリン酸化する。そしてMEKがERK（MAPキナーゼの一種）をリン酸化するといった順番で進行していく（図）。このように、次へ次へと活性化の情報を伝えていく様子が連なった小さな滝「cascade」に似ているところから、この一連の流れはMAPキナーゼカスケードと呼ばれている。カスケードは、細胞の情報伝達のさまざまな場面で活用されている。

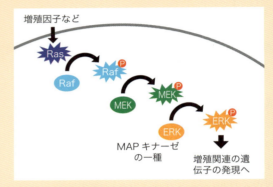

図　リン酸化酵素（MAPキナーゼ）のカスケード

Column

4.2　がんの原因

　ここまでで、遺伝子に傷が入ると細胞ががん化する、ということを学びました。つまり、遺伝子に傷が入る要因が、がんの原因といえます。そのような要因には、老化、化学物質（タバコや排気ガスなど）、ウイルス、放射線などがあります。しかし、現在の研究成果をもってしても「あなたのがんの原因は、これです」と特定することはたいへん難しいのです。それは、細胞には、先に述べたチェックポイントなど、細胞のがん化を妨げるしくみが多用意されているため、通常は1個の遺伝子に傷が入っただけではがん化せず、複数の遺伝子に傷がつくことによりがん細胞になると考えられているからです。つまり、老化や化学物質など複数の原因が絡み合って長い間に徐々に遺伝子が傷つけられた結果、ある瞬間にがん細胞へと変貌する、という考え方です。このモデルは「多段階発がんモデル」と呼ばれ、現在のがん発生メカニズムの主流となっています（図4-2）。

がん研究の歴史

　現在でこそ、がんの要因はある程度理解されていますが、昔はよくわからず、がんの原因探しは、さまざまな混乱を経て進んできました。世界で最初に有名になったのが、「寄生虫発がん説」です。1913年、フィビゲルは、ネズミにゴキブリを食べさせ、がんをつくることに成功しました。そし

て、ゴキブリに寄生する寄生虫ががんの原因であることを示し、1926年のノーベル生理学医学賞を受賞しました。しかしながら、後に寄生虫によって引き起こされた病変はがんでないことが示され、この説は否定されることになります[*1]。同じ頃（1915年）、日本でも東京帝国大学の山極勝三郎が、ウサギの耳にコールタールを塗り続けることで、がんをつくることに成功しました。これ

は「化学物質発がん説」で、現在でもがんの原因の一つであると考えられていますが、当時は「寄生虫発がん説」の方が有力であると考えられていたため、あまり注目されませんでした。さらに同じ頃（1911年）、ニワトリにがんを引き起こすウイルス（ラウス肉腫ウイルス）も発見されました。これは「ウイルス発がん説」になるのですが、この研究も長い間主流になることはありませんでした。しかし1950年代になり、細胞やウイルスの培養技術が進歩すると、この「ウイルス発がん説」が見直されることとなったのです。そして、このがんを引き起こすラウス肉腫ウイルスを発見したことで、50年以上の時を経た1966年、ラウスは、ノーベル生理学医学賞を受賞しました。

こうして「ウイルス発がん説」は広く認められることになったのですが、ヒトの場合の症例があまりなかったため、「ウイルス発がん説」はヒトには当てはまらないのではないかと考えられはじめました。そのようななか、1981年に京都大学の日沼頼夫が、成人T細胞白血病（ATL；Adult T-cell leukemia）の原因となるヒトTリンパ好性ウイルス（HTLV；Human T-lymphotropic Virus）を発見しました。その後、1983年にはハウゼンが、子宮頸がんを引き起こすヒトパピローマウイルスを発見し、ヒトでもやはりウイルスが原因となるがんがあることが証明されました。ハウゼンはこの功績により、2008年ノーベル生理学医学賞を受賞しました。

[*1] 「寄生虫発がん説」は否定されたと述べたが、その後の研究から、寄生虫が発がんに関わっている可能性が高いことも示されている。例えばビルハルツ住血吸虫による膀胱がん、タイ肝吸虫による肝がんなどは、寄生虫感染で発がんが増強されるという疫学的な結果がある。寄生虫による発がんは、細胞の傷害や炎症、そのあとの細胞増殖により遺伝子に傷が入ることが原因として考えられる。つまり、フィビゲルの研究自身は間違いであったが、「寄生虫発がん説」の概念は正しい可能性が高い。

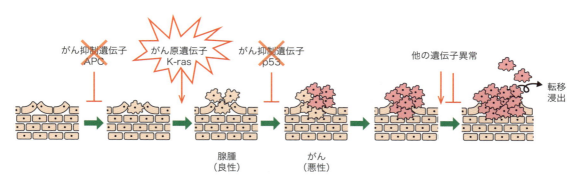

図 4-2 大腸がんの多段階発がんモデル
いくつかの遺伝子の異常が積み重なって、正常な組織ががんになる。大腸がんの場合、がん抑制遺伝子のAPCとがん原遺伝子K-rasの異常により大腸粘膜に腺腫ができる。そしてがん抑制遺伝子のp53の異常が加わると、がんが出現する。さらなる遺伝子異常が蓄積すると、転移するようになる。

ウイルスによるがん

　ラウス肉腫ウイルスは、レトロウイルス[1]と呼ばれるウイルスの仲間である。このウイルスは、自分の遺伝子を宿主細胞のゲノム上に組み込むことで、自分の複製を増やす性質をもっている。したがって、このウイルスの遺伝子の中に、細胞をがん化させる遺伝子（がん遺伝子）があるはずであり、このがん遺伝子は Sarcoma（肉腫）から src と名づけられた。そのあと驚いたことに、ウイルス由来の src 遺伝子とほぼ同じ遺伝子が正常なニワトリにも存在することが発見された。そしてウイルス由来（viral）の src は v-src、正常細胞由来（cellular）は c-src と、区別して呼ばれることになった。さらに v-src と c-src の違いが検討され、v-src は c-src のタンパク質の末端（カルボキシル末端、C 末端と呼ばれる）が異なり、また数ケ所の点変異も影響することで恒常的に活性化しているチロシンキナーゼ[2]であることがわかった（図）。つまり正常な細胞では c-src は精密にコントロールされて細胞の増殖を制御しているが、v-src が感染した細胞では、v-src がその細胞で発現し、増殖のシグナルを常にオンにするため、細胞ががん化することがわかったのである。したがって、v-src はがん遺伝子であり、c-src はがん原遺伝子である。また c-src はニワトリだけでなくヒトやマウスにも存在し、細胞増殖に関係することもわかっていった。

　これらの発見を契機に、研究者たちは、私たちの体の中にがんを引き起こす元になる遺伝子があり、その遺伝子に変異が入ることによりがんが発生することに気付いたのである。そして、がん遺伝子のクローニング[3]競争がはじまり、Ras[4]をはじめとするさまざまながん遺伝子が発見されていった。

　しかし、なぜヒトの細胞（宿主細胞）に特有の遺伝子をウイルスがもっていたのだろうか？　これは、ウイルスが感染して増殖していくうちに、宿主の遺伝子を自分に取り込み変異させたりしながら、何らかの理由で維持しているためであると考えられている。レトロウイルスのがん遺伝子が正常の細胞由来であることを発見したビショップとヴァルムスは、1989 年ノーベル生理学医学賞を受賞した。

---

1) レトロウイルスは RNA ウイルスである。詳しくは 2 章のコラムを参照。
2) タンパク質の中のチロシンにリン酸基を付加する酵素。細胞内のさまざまなシグナルや代謝の調節はリン酸化、脱リン酸化によって制御されており (p.50 のコラム参照)、チロシンだけでなくセリンやスレオニンをリン酸化する酵素もある。
3) 遺伝子を単離してくること。この場合は、私たちのゲノム DNA から、がんを引き起こす DNA を単離してくること。
4) 低分子量型 G タンパク質の一種。GTP が結合しているときは活性型、GDP が結合しているときは不活性型である。GEF（グアニジンヌクレオチド交換因子）により活性化された後、自身がもつ GTP アーゼ活性により GTP が GDP に変換され不活性化される。がん遺伝子の Ras はこの GTP アーゼ活性が欠損しているため、シグナルをオフにできない。

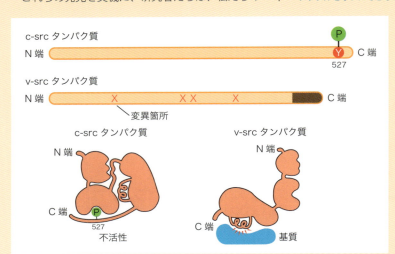

図　c-src と v-src の構造の違い
c-src ではキナーゼドメインに Y527（527 番目のチロシン残基）が結合しており、必要な時だけ活性化するようになっているが、v-src には Y527 がないためキナーゼドメインが常に露出した状態になり、制御が効かない。

4.3 自殺する細胞

私たちの体の細胞数をコントロールするには、細胞分裂で増やす、細胞分裂をとめる以外に、細胞を減らすという方法もあります。この、細胞が減る現象は古くから知られており、胎児の手の指の間の水かきが成長にともない消えていく現象（図 4-3）や、カエルのしっぽが成長とともになくなってしまう現象などが有名です。このように細胞は、自分の役目を終えると自ら積極的に死ぬ過程があり、アポトーシス（プログラム細胞死）と呼ばれています。一方、これとは異なる細胞死として、ネクローシス（壊死）があります。これは、外傷や血行不良などにより細胞が死ぬ現象で、ネクローシスした細胞は、細胞の内容物を放出し、周辺の組織に炎症反応を引き起こします。逆に、ア

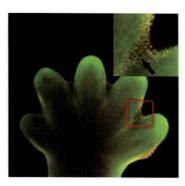

図 4-3　マウスの胎児において手がかたちづくられる様子
黄色く光っている部分でアポトーシスが起こっている。

ポトーシスした細胞は、内容物を放出する前に、マクロファージという白血球の一種に食べられたり周りの組織に吸収されるため、炎症反応が少ないのが特徴です（図 4-4）。

> 細胞を増やすしくみだけでなく、減らすしくみもある。
> **KEY POINT**

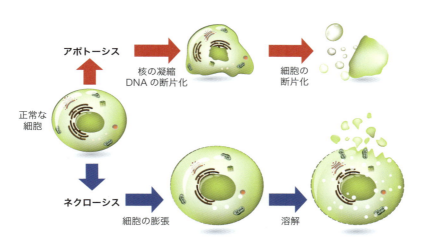

図 4-4　アポトーシスとネクローシス

小さな線虫が明かした細胞死の秘密

アポトーシスのしくみは、線虫（C. elegans）と呼ばれる土の中に棲む体長1センチメートルほどの生物を用いて解析された（写真）。線虫はたった1000個ほどの細胞で体が構成されているため、受精卵1個から、どの細胞がどのように分裂してどのような細胞になるのかという「細胞系譜」がすべての細胞において明らかになっている（図）。線虫の発生過程をつぶさに観察すると、131個の細胞が、それぞれ必ず決まった時点でアポトーシスにより失われていた。このあと、131個のすべての細胞のアポトーシスが起こらない線虫（ced-3変異体）が得られたことで、アポトーシスは遺伝子により制御されていることが推定され、研究は飛躍的に発展した。そして線虫の細胞死実行遺伝子 ced-3 が同定され、それと似た遺伝子が、哺乳類には14種類ほど存在することが発見された。その遺伝子は、カスパーゼと呼ばれるタンパク質分解酵素であり、さまざまなタンパク質を分解することで、哺乳類でもアポトーシスを誘導することがわかった。これら一連のアポトーシスの遺伝制御の解明の功績で、ブレナー、ホロビッツ、サルストンの3名は、2002年ノーベル生理学医学賞を受賞した。

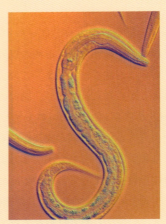

線虫（C. elegans）

カスパーゼを活性化してアポトーシスを誘導する経路は、ミトコンドリアからの刺激により活性化される経路、細胞膜表面の受容体からの刺激により活性化される経路、小胞体からの刺激により活性化される経路などが知られている。それぞれ経路は異なるが、最終的にはどれもカスパーゼの活性化へと至り、アポトーシスが引き起こされる。

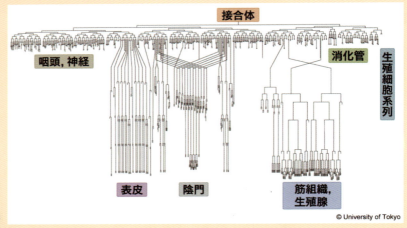

図　線虫の細胞系譜

4.4 老化と寿命

　老化とは「時間の経過に伴って生理機能が衰えること」であり、寿命とは「命のある間の長さ」のことです。私たちは受精卵1個から発生し、個体をつくりあげた後、加齢にともない生理機能が低下し（老化）、最終的には死に至ります（寿命）。このように老化と寿命は密接に関連していますが、厳密には異なる概念です。

老化

　老化は、加齢にともなって継続的に受けてきた活性酸素などによる影響、すなわち脂質、タンパク質、DNAなどの傷害の蓄積により引き起こされているというのが、現在では有力な考え方です。活性酸素とは非常に反応性の高い酸素のことで（9章コラムを参照）、細胞内ではミトコンドリアがATPを産生するときに副産物として生じます。哺乳類を含むさまざまな動物で、カロリー制限によって寿命が延長することが知られていました。これは代謝の減少により、活性酸素の産生が低下し、老化が遅れるためではないかと考えられています。また、線虫やハエでは、活性酸素を除去する酵素を強制発現させると寿命が延長するという研究もあります[*2]。こちらも同様に、老化の遅れが寿命を延ばす可能性を示す例です。

　一方、老化が通常よりも短くなる病気も知られています。例えば「早老症」という病気の一群があり、そのなかのウェルナー症候群の患者さんは、思春期を過ぎた頃から白髪、白内障、かすれ声などの老化症状が現れ、最終的には老化による動脈硬化などにより40〜50歳で亡くなってしまいます。この病気は、DNAヘリカーゼという酵素の欠損によって生じることがわかっており、DNAの修復や複製の異常、あるいは染色体の安定性が損なわれることにより、普通の人より早く老化してしまうと考えられていますが、詳細はまだわかっていません。

細胞分裂の回数と寿命

　1961年ヘイフリックは、ヒト胎児由来の細胞を培養すると、40〜60回分裂したところで分裂が停止してしまうことを発見しました。つまり細胞が分裂できる回数は決まっており、この現象は彼の名前をとって「ヘイフリック限界」と名付けられました（図 4-5）。さらに研究を進めると、年齢の高い人から採取した細胞の分裂回数は、若い人から採取した細胞より少ないこともわかり、細胞の分裂回数と寿命は密接に関わっていると考えられるようになりました。しかしながら、どういう方法で細胞の分裂回数が規定されているのかは長年、謎に包まれていました。

　その秘密は、テトラヒメナという真核微生物の研究が明らかにしました。テトラヒメナも私たちヒトも、真核生物の染色体には"端"があります。

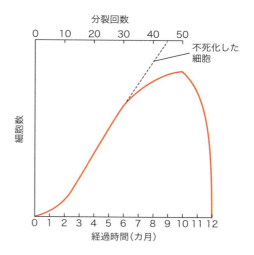

図 4-5　ヘイフリック限界

[*2] マウスでも、SOD（活性酸素を除去する酵素）を強制発現して寿命が長くなるかを検討した研究があるが、寿命延長があるという結果と、ないという結果の両方があり、まだ確定していない。

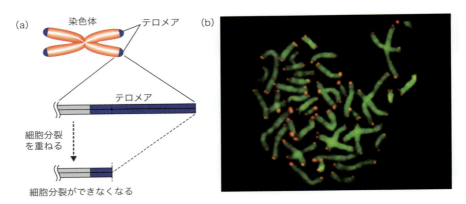

図 4-6　テロメアと染色体
(a) 細胞分裂を重ねるとテロメアは徐々に短くなり、ある程度の長さになると細胞は分裂できなくなる。(b)ヒトの染色体の蛍光染色像。テロメアを赤色の蛍光色素で染色している。鳥取大学久郷裕之博士の厚意により掲載。

染色体の両端には、染色体の安定性に関わる領域が存在することが古くより知られており、テロメアと呼ばれていました。1978年にテトラヒメナのテロメアの塩基配列がブラックバーンらにより決定され、テロメアには、「TTGGGG」という塩基配列が反復して並んでいることが明らかにされたのです。このテロメアの塩基配列は生物によって少し異なるもののとても似ており、哺乳類の場合は「TTAGGG」の繰り返しになっています。

実は、細胞分裂を繰り返すごとにこのテロメアが短くなり、テロメアがある程度の長さに達すると細胞は分裂できなくなるのです。すなわち、テロメアは分裂回数を決定している回数券のような役割をしているのです。ヒトの場合は、染色体の両端にある10,000塩基対程度の長さのテロメアが、細胞分裂をくりかえすごとにどんどん短くなり、5000塩基対程度の長さになるとその細胞は分裂ができなくなります（図 4-6）。細胞分裂を1回行うと、100塩基対程度(TTAGGGの約20回反復分）が短くなります。こうして見ると、テロメアが5000塩基になるまでの分裂回数と、ヘイフリック限界で見られる分裂回数、40〜60回がちょうど一致します。

ちなみに、早老症のウェルナー症候群で欠損しているDNAヘリカーゼは、このテロメアの構造を安定化させていて、DNAヘリカーゼが欠損するとテロメアが急速に短縮してしまうことが知られています。先に述べたとおり、テロメアは分裂回数と関係しており、ウェルナー症候群による老化現象がどのように細胞の分裂回数と関係しているのかさらなる研究が待たれています[*3]。

また、実は細胞には、テロメラーゼという、テロメアを伸ばす酵素も存在しています。がん細胞、生殖細胞、幹細胞ではこの酵素が発現しているため、寿命の制限なく（分裂回数の制限なく）分裂しつづけることができます。これら一連のテロメアに関する研究により、ブラックバーン、グライダー、スゾスタックは、2009年にノーベル生理学医学賞を受賞しました。

> 多くの細胞には寿命がある。
> KEY POINT

[*3] ウェルナー症候群の患者の細胞は分裂できる回数が少ないので、寿命が短いことの関係は説明できる。しかし、早い老化現象がなぜ起こるのかを説明することは難しい。

寿命の意味

では、何のために、私たちの細胞は分裂回数を決めてしまっているのでしょうか？　私たちの体は環境からさまざまな影響を受けています。外界からの紫外線や化学物質、細胞内での代謝によって発生する活性酸素によって受けるDNAの損傷は、分裂を経るごとに蓄積していきます。変異の蓄積（老化）は細胞に異常をもたらすため、それを防ぐために分裂回数を制限している（すなわち寿命を迎える）のではないかと考えられています。

このように、老化と寿命は非常に密接に関連した現象ですが、将来には研究が進み、この二つの現象を別べつに考えることができるようになれば、老化せずに寿命をまっとうできるようになる（変異の蓄積を防ぐことができる）かもしれません。はたまた、老化はするが、寿命を延ばすことができるようになる（変異が蓄積しても細胞の分裂が停止しないようにできる）かもしれません。

若返りと不老不死の夢は実現するか

(1996年6月1日)

イタリアのレッチェ大学のグループは、ベニクラゲが寿命を迎えると若返り、再び新しい寿命をまっとうすることを発見し、報告した。

ベニクラゲは、かさの直径が1センチメートルほどの小さなクラゲで、半透明の釣り鐘の中心にある消化管が赤い玉のように見えるところから、こう呼ばれています。この若返り現象は、ベニクラゲの研究をしていたこのグループが、水槽のクラゲの世話をするのを長期間忘れ、放っておいた際に、偶然発見したものです。このあとの研究で、若返りは何度でも可能であることが示されたため、ベニクラゲ

ベニクラゲ

は不老不死ではないかといわれています。このメカニズムを明らかにするために、ベニクラゲのテロメアも研究されており、今後の展開が期待されています。将来的には私たちのアンチエイジングや不老不死の実現へとつながっていくのかもしれません。

From the NEWS

4.5 遺伝と病気の関係

私たちの体は父親からの精子と母親からの卵子が融合した受精卵が、細胞分裂を繰り返すことによりつくられています。すなわち、精子がもっていた遺伝子と卵子がもっていた遺伝子の両方が私たちの体の中に存在しています。私たちの体の細胞は、23対（計46本）の染色体をもっており、それぞれの対は父親からの染色体と母親からの染色体からなります。私たちの遺伝子は、もともと何らかの傷をもっている場合があります。しかし、父親と母親からそれぞれ対の一つずつの染色体をもらうため、片方の染色体の遺伝子に異常があったとしても、もう片方の遺伝子がバックアッ

プをすることができ、遺伝子の異常のすべてが病気（遺伝病）につながるわけではありません。しかし、このしくみがあてはまらない遺伝病も存在します（図4-6）。

常染色体劣性遺伝[*4]は、常染色体上の1対の遺伝子の両方に異常がなければ発症しません。つまり、バックアップの遺伝子があれば発症しないタイプの遺伝病です。新生児マススクリーニング[*5]で行うフェニルケトン尿症やメイプルシロップ尿症などがこれに当たります（表4-1）。逆に、片方の親の遺伝子に異常があるだけで発症するタイプは常染色体優性遺伝と呼ばれます。このタイ

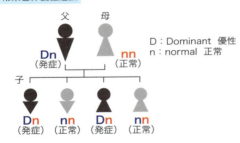

片方の親が患者の場合、子が発症する可能性は、男女を問わず50%。

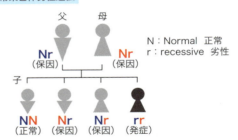

両親が保因者同士の場合、子が発症する確率は25%。患者と正常者の場合、子は発症しない。

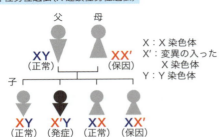

父親が正常と母親が保因者の間の場合、子が女子の場合は発症しない（保因者になる確率は50%）。男子の場合は50%の確率で発症する。

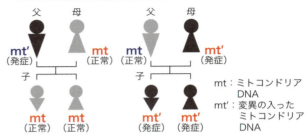

父親が患者の場合、子は発症せず、母親が患者の場合、子は発症する。

図4-6　さまざまな遺伝様式
母親由来の遺伝子を赤色、父親由来の遺伝子を青色で示した。シルエットが濃くなっているのは「発症」を表す。

4章　ヒトの寿命と死　59

表 4-1　代表的な遺伝病

病気の名前	おもな症状	遺伝様式
フェニルケトン尿症	フェニルアラニン水酸化酵素の活性低下によりフェニルアラニンが蓄積し、精神遅滞などの症状がでる。	常染色体劣性遺伝
メイプルシロップ尿症	α-ケト酸脱水素酵素複合体の活性低下によりロイシン、バリンなどのアミノ酸が蓄積し、けいれんや昏睡などの症状がでる。尿や汗からメイプルシロップのような匂いがする。	常染色体劣性遺伝
ハンチントン病	神経が変性することにより、意識とは関係なく体が踊っているかのように動いてしまう。	常染色体優性遺伝
デュシャンヌ型筋ジストロフィー	筋線維が破壊や変性を受けて、筋力低下が進行する。	伴性劣性遺伝
血友病	血液の凝固に異常がある。	伴性劣性遺伝
ミトコンドリア病	筋力低下やてんかんなどの症状がでる。	母系遺伝、孤発性

プの遺伝病は遺伝子が欠損していることが原因ではなく、変異遺伝子がつくりだす異常タンパク質が原因になっていることが多いようです。このタイプの遺伝病であるハンチントン病の場合は、グルタミンが長く連続したハンチントンタンパク質ができてしまい、このタンパク質が凝集することによって神経細胞の変性・脱落を引き起こし、ハンチントン病を発症すると考えられています。また、男性に多く発症する遺伝病の形式に、伴性劣性遺伝(X 連鎖性劣性遺伝)があります。私たちヒトの性染色体は、女性が XX、男性が XY となっています。X 染色体に存在する遺伝子に異常があ

る場合、女性の場合はもう片方の X 染色体がバックアップできますが、男性の場合はバックアップがないため発症してしまうのです。この形式の遺伝病には、デュシャンヌ型筋ジストロフィーや血友病があります。さらに、母親からの遺伝で発症するタイプの遺伝様式に、母系遺伝（ミトコンドリア DNA の遺伝；3 章のコラムも参照）があります。

*4　ヘテロ接合体で、形質の現れる性質を優性、現れない性質を劣性という。
*5　新生児に対して行われる先天性の代謝異常 6 疾患の検査。実施率は 99.5% 以上なので、読者のみなさんもほぼ検査済みであろう。

ミトコンドリア病

　ミトコンドリア病は、細胞内にあるミトコンドリアの機能不全によって引き起こされる病気で、筋力低下やてんかんなどの症状が見られる。細胞内のDNA のほとんどは核に納められているが、実はミトコンドリアも DNA をもっており、その DNA にはミトコンドリアが使う酵素などの遺伝子が含まれている。

　私たちの体にあるミトコンドリアはすべて母親由来（3 章のコラム参照）のため、ミトコンドリアDNA の異常は母系遺伝で伝わる。細胞の核はたいてい 1 細胞につき 1 個であるのに対して、ミトコンドリアは 1 個の細胞中に数百から数千個も存在し、

1 個のミトコンドリアは内部に数個のミトコンドリア DNA をもつ。そのためミトコンドリア病の患者の細胞には、変異の入ったミトコンドリア DNA と、変異の入っていないミトコンドリア DNA が混在することが多い。細胞や組織による違いや細胞分裂によって変異 DNA の割合が変わることも知られており、ミトコンドリア病の症状は非常に多様である。また、遺伝様式も一定でない。そして、ミトコンドリアは活性酸素を発生させるため、核の DNA よりも高確率で遺伝子異常が起こる。そのため、母系遺伝でない、孤発性のミトコンドリア病もよく見られる。

Column

60　Part2　生まれ、成長し、死ぬためのしくみ

確認問題

1. 細胞の分裂回数はどのような機構で調節されているか説明しなさい。
2. アポトーシスとはどのような現象のことをいうのか、ネクローシスと対比して説明しなさい。
3. 多段階発がんモデルとはどのような概念か説明しなさい。
4. がん遺伝子とがん抑制遺伝子について、その役割を説明しなさい。
5. 遺伝様式を四つあげて、それぞれの特徴を説明しなさい。

考えてみよう！

A. がんは遺伝子の傷によって起こることがわかってきた。では、がんにならなくすることは可能だろうか。
B. テロメアを伸ばすことができれば、人間の寿命は長くなるだろうか。
C. 細胞内に基本的に染色体は2本ある。なぜY染色体は1本しかないのだろうか。考えてみよう。

5章
生命を理解するための科学技術

5.1	クローン技術
5.2	ES細胞とiPS細胞
5.3	遺伝子組換え技術
5.4	蛍光可視化技術

生命科学の発展は科学技術の進歩によって成し遂げられたといっても過言ではない。特に遺伝子の本体であるDNAが二重らせん構造であることが発見されて以来のバイオテクノロジーの進歩には、目を見張るものがある。本章では、どのように遺伝子を操作するのか、遺伝子操作マウスやクローンマウスをどのように作製するのかなどについて学ぶ。さらに、細胞やタンパク質の様子を蛍光を使って観察する方法についても学ぼう。

Topics
▶クローン動物は何世代続けられるのか

絶滅しそうな動物や優良な家畜を維持する方法の一つとして、クローン作製技術に期待が寄せられています。しかし、つくられたクローン動物の生殖能力が低い場合や、クローン動物の雌雄が揃わない場合には、何世代も続けてクローン動物をつくり続ける必要があります。

理化学研究所の若山照彦は、この「何世代までクローンは続けられるか」という疑問に挑み、クローン動物から再びクローン動物を作製する連続核移植（再クローン）を行いました。その結果、マウスの場合は現在までに、25世代以上にわたってクローン継代を続けることに成功しています（図）。核移植によるクローンには、遺伝子変異の蓄積やゲノムの老化などの問題があります。このマウスクローンはこれらの問題をどのように克服しているのか、また他の哺乳類ではどの程度可能なのかなど、興味はつきません。

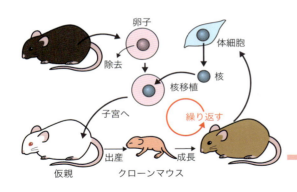

2013年3月8日（*Cell Stem Cell*誌より）

5.1　クローン技術

　クローンとは、遺伝的に同一な個体や細胞のことです。クローンというと特殊なものと考えがちですが、私たちの身の周りにもクローンは存在します。例えば、一卵性双生児は互いにクローンですし、園芸で行う挿し木もクローンです。

　最初に人為的に作製された動物のクローンは、1891年にドリーシュによってつくられたウニの幼生のクローンです（図5-1）。ドリーシュは、ウニの受精卵を分割し、それぞれからウニの幼生が正常に発生することを示しました。また、核を抜いた未受精卵に、他の胚の核を移植することにより作られた最初のクローンは、ブリッグズとキングによるヒョウガエルです（1952年）。この手法は、核移植によるクローン作製への道を拓くこととなった重要な発見でした。しかしながら、この研究で移植された核は初期胚のものであり、体細胞（分化した細胞；3章参照）の核移植によるクローン作製は不可能であると当時は考えられていました。ところが、その後1962年に、その説を覆す発見がなされました。おたまじゃくしの小腸から取った核を未受精卵に移植してカエルをつくることに、ガードンが成功したのです[*1]。これらの発見を受けて、哺乳類でも核移植によるクローン作製が試みられました。しかし成功例はなかなか報告されず、「哺乳類でのクローン作製は不可能なのではないか」とさえ考えられはじめていました。

図5-2　クローン羊「ドリー」

　そのようななか、ウィラッドセンは、8～16細胞期の胚から取り出した核を未受精卵に移植することにより、クローンの羊を作製することに成功します（1986年）。しかし、この核も初期胚由来であり、哺乳類でも体細胞の核からクローンがつくれるのか、つまり体細胞の核がすべての細胞になれる能力をもつのかどうかについては、わからないままでした。そして1997年、ガードンの発見から35年の歳月を経て、ついに体細胞由来の核移植により、羊のクローンが作製されたのです。ウィルムットは、6歳の雌羊の乳腺細胞の核を、核を抜いた未受精卵に移植し、クローン羊を作製することに成功しました。この羊はドリーと呼ばれ、一躍有名になりました（図5-2）。ただこの技術の成功率は低く、核移植した277個の卵のうち細胞分裂をしたのは29個だけ、そして無事に誕生したのはたった1個だけでした。

　このようにして産まれたクローン羊のドリーは、普通の羊と同様に2歳程度で繁殖できるよ

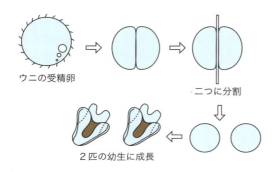

図5-1　受精卵の分割によるウニのクローン作製

[*1]　この功績によりガードンは、2013年にノーベル生理学医学賞を受賞した（山中伸弥と同時受賞）。

不老不死は可能になるか

　iPS細胞などを使った再生医療が実現し、ヒトの病気の克服に近づくことはたいへん喜ばしいことである。しかしその一方で、身勝手に自分自身のクローンや臓器をつくって不老不死を得ようとする人が現れる可能性も危惧される。生命科学技術を駆使すれば、不老不死は実現可能なのだろうか。

　残念ながら、クローン技術を使ってまったく同じゲノムDNAをもった個体を作製しても、エピジェネティクス（2章参照）の影響があるために、まったく同一の個体にはならない。また、ヒトの自己意識は脳の機能から生じるものであるため、クローン人間は「自分」とは異なる個体になると考えられる。そこで"自分が"不老不死になる唯一の可能性は、クローンの体に自身の脳を移植することであろう。これはSFでよく扱われるテーマで、最近では、オーストラリア人作家のイーガンが短編集の一編で、大金持ちの男が若いクローンの肉体に自分の脳を移植する話を書いている（ちなみに、この話は悲劇に終わる）。

　脳の移植というと難しいようだが、トリの発生初期の胚では比較的容易に行うことができる（図）。一方、成長した後では、トリであれ他の高等動物であれ、神経回路の再生の問題により脳移植は困難である。ヒトの場合、脳の一部を部分的に移植した例はあるが、脳全体の入れ替えに成功した例はない。ま

た仮に移植が成功したとしても、脳の老化を止めることは困難である。というわけで、「クローン技術で不老不死」という話は、当面実現できないであろう。

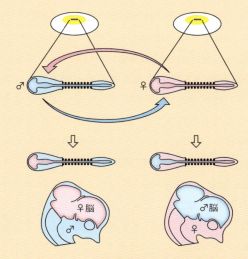

図　ニワトリ初期胚における脳の移植例
孵卵開始1.5日後程度の胚の神経管を、顕微鏡下で微小なナイフを用いて切り出し、他個体に移植する。この例では、オスのニワトリとメスのニワトリの神経管を相互に入れ替えることで、身体はオスで脳はメス、身体はメスで脳はオスの個体をつくりだすことに成功した。

うになりました。そして、無事に子どもを産み、クローンにも生殖能力があることを証明することになります。しかし、通常羊の寿命は10年程度ですが、ドリーは6歳で亡くなってしまいました。いろいろ調べたところ、ドリーはテロメア（4章参照）が短く、年を取った羊のみがかかる関節炎を発症していました。これらの知見から、ドリーは生まれながらにして老いていたのかもしれないと考えられています。実際、乳腺細胞を提供した羊の年齢は6歳で、ドリーが生きた6年を足すとちょうど羊の一般的な寿命となるのです。このようにクローン技術は、成功率の低さ以外にも遺伝子の異常や老化の問題など、まだまだ課題が多く残る未熟な技術なのです。

> **クローン技術はクリアすべき課題が多い。**
> KEY POINT

5.2 ES細胞とiPS細胞

胞胚期のカエルの動物極側の組織（アニマルキャップ；3章を参照）は、さまざまな細胞になる可能性を保持する多能性細胞です。一方、マウス胚では内部細胞塊の細胞が多能性幹細胞であり、これを外部へ取りだして培養したものがES細胞（embryonic stem cell）です（図5-3）。

ES細胞は、無限の増殖能をもった未分化な細胞で、1981年にエヴァンズらによってマウスで初めて樹立されました（2007年ノーベル生理学医学賞）。そのあと、ヒトのES細胞はトムソンらにより、1998年に樹立されます。

ES細胞は受精卵とは異なり、単独で個体をつくりだす（全能性）ことはできませんが、アニマルキャップと同様に、さまざまな処理に応じて血液細胞や筋肉細胞などに分化することができます。したがって、機能しなくなった臓器を交換するなどの再生医療での応用が期待されています。しかし、ES細胞を樹立するには受精卵が必要です。ES細胞をつくるために内部細胞塊を取りだすと

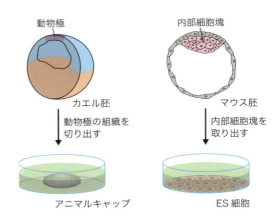

図5-3 アニマルキャップとES細胞

受精卵は死んでしまうため、ES細胞の樹立や利用には倫理的な高いハードルがあります。一般的にマウスのES細胞は研究試料として頻繁に使用されますが、ヒトES細胞の利用には厳しい規制が設けられています。

そのハードルを下げる技術として期待されているのが、2006年に京都大学の山中伸弥らが開

iPS細胞誕生物語

山中らは「4個の遺伝子を導入することで細胞が初期化する」と発表した。では、いったいどのような方法で、無数の候補遺伝子の中から4個の遺伝子を選んだのであろうか？　山中は、ES細胞に豊富に発現している遺伝子の中に多能性を維持するのに必要な遺伝子があり、その遺伝子を導入することによって細胞は多能性を回復するという大胆な仮説のもと24個の遺伝子を選択した。そして遺伝子を一つずつ線維芽細胞に導入したが、多能性をもつ細胞をつくりだすことはできなかった。しかし、そこで山中はあきらめず、24個全部の遺伝子を導入することを試みたところ、多能性幹細胞をつくりだすこ

とに成功したのである。すなわち、24個の遺伝子の中の複数の遺伝子が必要であることがわかった。そこで24個から1個ずつ遺伝子を減らしていくことで4個の遺伝子を最終的に同定し、iPS細胞を誕生させたのである。

発した iPS 細胞です。山中は、マウスの線維芽細胞[*2]に 4 個の遺伝子（Oct3/4、Sox2、c-Myc、Klf4）を導入することで分化多能性をもつ細胞株を樹立することに成功し、iPS 細胞（induced pluripotent stem cell；人工多能性幹細胞）と名付けました（図 5-4）。その後、山中は、ヒトの iPS 細胞を樹立することにも成功しています。iPS 細胞も ES 細胞と同様、処理に応じてさまざまな細胞に分化することがわかっており、再生医療での実用化に向けて研究が活発に進められています。しかしその一方で、より優れた方法で iPS 細胞をつくれないかという研究競争が激化しています。

iPS 細胞が樹立された当時は、その作成効率の低さ（0.1％程度）やがん化のリスクなどが懸念されていました。しかし現在は徐々にその欠点も克服されつつあります。また、iPS 細胞を経ることなしに、体細胞を異なる種類の細胞に転換する技術も発展しており、それぞれの利点を生かした再生医療研究が進められています。

[*2] 結合組織の中にある細胞で、体のさまざまな部分を結び付けている。コラーゲンなどを分泌する。

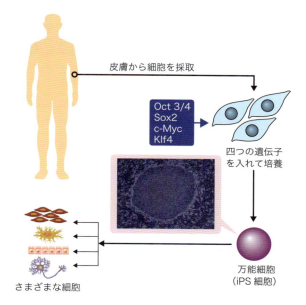

図 5-4　ヒト iPS 細胞の作製方法
図中の写真は、線維芽細胞から樹立したヒト iPS 細胞のコロニー（集合）。

ES 細胞の作製には受精卵を必要とするが、iPS 細胞は必要としない。
KEY POINT

5.3 遺伝子組換え技術

大腸菌の中には、ゲノム DNA とは別に、「プラスミド」と呼ばれる小さな環状の DNA が存在します（図 5-5）。大腸菌が分裂し増殖する際にプラスミドも一緒に増えるという現象が、遺伝子組換え技術に応用されています。自分が増やしたい DNA をプラスミドの中に人工的に挿入した後、できあがったプラスミドを大腸菌に入れてやり、大腸菌を増殖させることでプラスミドに挿入した目的の DNA を大量に得るというものです。さながら DNA の増幅工場です。

制限酵素

では、プラスミドに目的の DNA を挿入する方法とはどのようなものでしょうか？ プラスミドは環状の DNA で、輪ゴムのようなものを想像してください。一方、そこへ挿入する DNA 断片は紐状のものを想像してください。輪ゴムの中に、紐を組み込む工作を考えると「まず輪ゴムをはさみで切り、輪ゴムの切れ端と紐をのりでくっつける」方法が思い浮かぶでしょう。

実は生命科学技術でも、「はさみ」と「のり」を使うのです（図 5-6）。DNA を切るはさみは、制限酵素というタンパク質です。これを発見し、1978 年にノーベル生理学医学賞を受賞したのが、ネイサンズ、スミス、アーベルです。制限酵素にはさまざまな種類があり、酵素の種類によって、DNA を切断する場所が変わります。例えば、*Hind*III という名前の制限酵素は、「AAGCTT」という塩基配列を、*Eco*RI という制限酵素は「GAATTC」という塩基配列を認識して、その部分の DNA を切断します（図 5-7）。同じ制限酵素

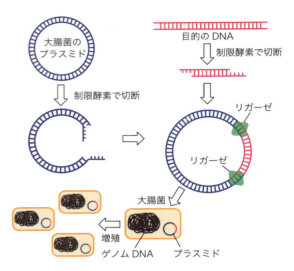

図 5-6 プラスミドを用いた遺伝子組換え技術

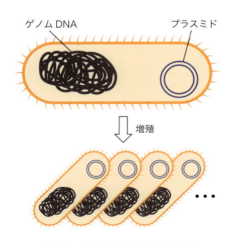

図 5-5 細菌細胞中のプラスミド

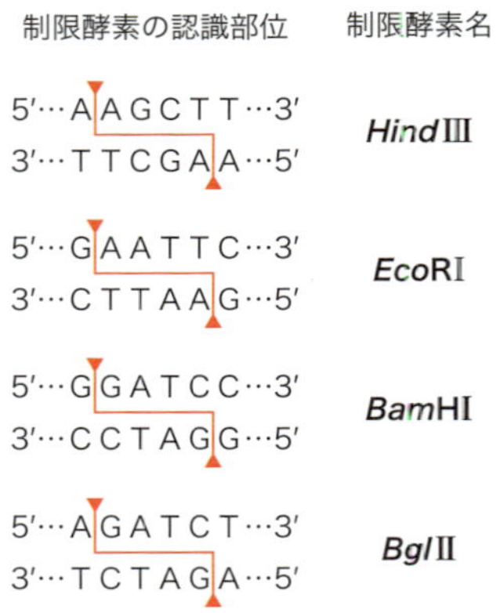

図 5-7 よく用いられる制限酵素の例

PCR

　生命科学にたずさわる多くの研究者が使っているポリメラーゼ連鎖反応（PCR；polymerase chain reaction）技術について解説したい。PCRは、大腸菌を使わずに、特定の遺伝子配列を爆発的に増やすことができる技術で、これを開発したマリスは1993年にノーベル化学賞を受賞した。

　PCRを行うためには、増やしたいDNA（鋳型と呼ばれる）に加えて、(1) 増やしたいDNA配列の両端に相当する短いDNA断片（DNAプライマー）、(2) DNA鎖の合成に必要な原料であるデオキシヌクレオチド、(3) DNAを複製するDNAポリメラーゼと呼ばれる酵素[1]、(4) 反応に適した溶液（緩衝液）、(5) 温度を急速に上げ下げするための機械（サーマルサイクラー；図1）の5点が必要である。鋳型となるDNAに、1～4の試薬を混ぜ、5の機械にセットする。最初に温度を94～95℃近くにまで上昇させることで、DNAは2本鎖から1本鎖に解離する。その後、温度を急速に40～60℃近くにまで下げると、その1本鎖DNAにDNAプライマーが結合する。このプライマーが結合することが引き金となってDNAポリメラーゼがDNAを複製し、増やしたい部分のDNAは2倍になる。これだけではDNAが2倍に増えるだけだが、PCRが連鎖反応といわれる理由は、ここからの反応にある。増えた2倍量のDNAに対して、もう一度温度変化を与えると2倍の鋳型が2倍に複製されるため、DNAは元の4倍に増える（図2）。このようなサイクルを通常30～40回程度繰り返すことで理論的には2の30乗（約10億倍）以上までDNAを増幅することができる。

---

[1] 高温にさらしても壊れない、特別なDNAポリメラーゼを用いる。この耐熱性DNAポリメラーゼ（Taqポリメラーゼと呼ばれる）は、アメリカのイエローストーン国立公園の温泉中に生息する好熱性真正細菌から単離された。

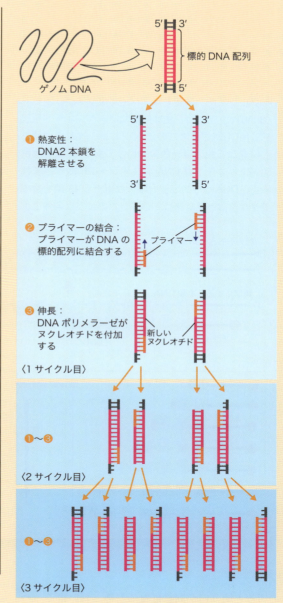

図2　PCRの原理

図1　サーマルサイクラー

DNAの塩基配列決定法

　配列決定にはいろいろな手法があるが、ここでは近年よく使われているサイクルシーケンス法という、サーマルサイクラーを利用した配列決定法を解説する。通常のPCRには、DNA鎖の原料として「デオキシヌクレオチド（dNTP）」を用いるが、サイクルシーケンス法では「ジデオキシヌクレオチド（ddNTP）」という、生体にはないヌクレオチドを混ぜて用いる（さらにこのddNTPには、塩基の種類ごとに異なる色の蛍光色素を付けておく）。ジデオキシヌクレオチドがDNAポリメラーゼに取り込まれると、DNAポリメラーゼはそれ以上DNA鎖を合成できなくなってしまう。さて、このような条件でポリメラーゼ反応を行うと、結果としてDNAの末端にジデオキシヌクレオチドが付いた、さまざまな長さのDNA断片が大量にできあがる。最後に、この反応物を「キャピラリー電気泳動」という方法で、DNAの長さの順に整列させる。すると、ジデオキシヌクレオチドについている蛍光標識の色から、末端の塩基を読み取ることができる。このようにして、DNA中に塩基がどのような順番で並んでいるかを解読する（図）。DNAの塩基配列決定法の基本原理を開発したサンガーとギルバートは、1980年にノーベル化学賞を受賞した。

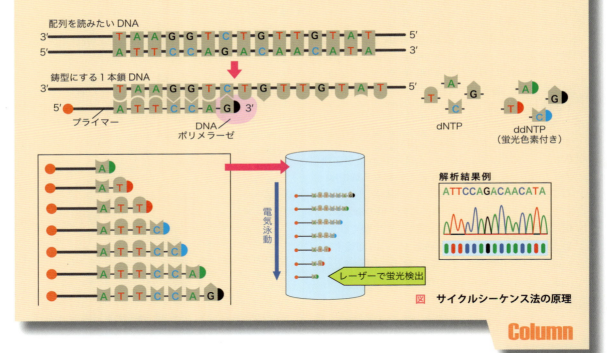

図　サイクルシーケンス法の原理

で切ると切り口が同じになるため、互いにくっつきやすくなります。制限酵素を上手に使うことで、プラスミドのどこにDNAを挿入するかを制御できるのです。さて、次はのりです。遺伝子組換え技術では、DNAリガーゼという酵素がのりの役割を果たします。こうして、目的のDNAをプラスミドの中に挿入することができます。

　遺伝子組換え技術がよく利用されている分野の一つが、新たな治療薬の開発、つまり創薬です。ここではインスリンというホルモンの例をあげましょう。糖尿病は、体内のエネルギー源である血糖（グルコース）を細胞内に上手に取り込めなくなる病気（9章参照）で、インスリンの分泌が少ない患者にはインスリン注射が行われます。インスリンが発見されたのは1921年で、当初はウシやブタの膵臓から抽出したものを利用していました

が、抽出物に含まれる不純物や、本来は外来分子である他種のインスリンに対して抗体ができ、アレルギー反応が起こるなどの問題がたびたび報告されていました。しかし遺伝子組換え技術が完成すると、ヒトインスリンを人工的に合成できるようになり、そのような問題は解決しました。インスリンに限らず、今日では数多くの医薬品が遺伝子組換え技術を用いてつくられています。

遺伝子組換えマウス

「バイオテクノロジー」と聞くと、実験動物を使った実験や研究を思い浮かべる人も多いでしょう。実際、世界のバイオ研究室では、生命のしくみを解き明かすために、実験動物を使った実験が行われています。その代表的な種類が、マウス（ハツカネズミ）やラット（ドブネズミ）などの小型哺乳類です。特に、マウスはねずみ算といわれるように、比較的短期間に多数の次世代の個体を得やすく、飼育が容易で、また遺伝的な背景が同じ純系マウスもいて、遺伝子を操作する技術（遺伝子組換え技術）が適用しやすく、長い歴史があります。

遺伝子組換えマウスは大きく2種類、トランスジェニックマウスとノックアウトマウスに分けられます。トランスジェニックマウスは、細いガラス針で受精卵の核に注入した遺伝子が染色体の中に取り込まれ、安定的に全身の細胞に保持され

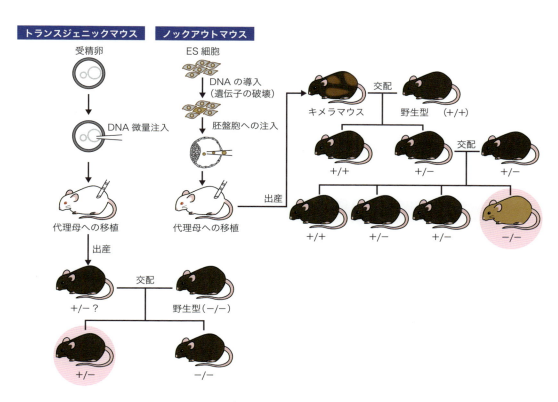

図 5-8　トランスジェニックマウスとノックアウトマウス
トランスジェニックマウスは受精卵に外来遺伝子を注入することによって作製する。うまく生殖細胞に外来遺伝子をもったマウスに子を産ませることで、全身に外来遺伝子をもったトランスジェニックマウスを得ることができる。ノックアウトマウスは、特定の遺伝子を破壊したES細胞を胚盤胞に注入することによって作製する。産まれてくるキメラマウスは胚盤胞由来の細胞とES細胞由来の細胞の両方をもつ。ES細胞由来の生殖細胞をもったキメラマウスに子を産ませると、次世代は染色体の片方だけで目的遺伝子が破壊されたヘテロマウスとなる。ヘテロマウス同士を交配し、染色体の両方で目的遺伝子が破壊されたホモのノックアウトマウスを得る。

たマウスのことです。一方のノックアウトマウスは、狙った遺伝子が全身の細胞で破壊されたマウスのことです（図5-8）。一般的に、トランスジェニックマウスは、解析したい遺伝子の量を増やすことでどのような症状が表れるのかを解析し、ノックアウトマウスは遺伝子が失われることによりどのような症状が表れるのかを解析します。遺伝子操作の結果は親から子へ受け継がれるため、マウスを交配しつづけることにより、遺伝子操作したマウスの子孫を維持したり、受精卵を残しておくことで、後の研究に活用できるようにします。現在では数千種類のノックアウトマウスの系統が存在します。

トランスジェニックマウスでは外来の遺伝子を発現させることができますが、実はそれだけでは遺伝子の機能を解析するには不十分です。なぜなら、そのマウス個体がもともともっている遺伝子（内在性の遺伝子）の機能が、外来遺伝子の効果を打ち消したり覆い隠したりすることがあるからです。そこで、マウス個体がもともともっている遺伝子を破壊し、その遺伝子がなくなることにより、どのような影響が出るのかを解析する方法が開発されました。これが「ノックアウト法」です。まず、マウスのES細胞に外来DNAを導入し、相同組換えにより内在性の遺伝子を破壊します。このES細胞をマウス受精卵の胚盤胞に注入して仮親の子宮に戻すと、受精卵が成長してキメラマウスが産まれてきます。例えば、ES細胞を茶色のマウス由来で作製し、胚盤胞は黒色のマウス、仮親には白色のマウスを用いると、実験が成功すれば、黒色にところどころ茶色が入っているようなキメラマウスが産まれることになります[*3]。この後、キメラマウスを普通のマウスと掛け合わせると、通常のマウスか、染色体の片方の遺伝子が破壊さ

---

*3 移植したES細胞の数や増殖速度により、黒色と茶色の比率は変わる。

世界初のトランスジェニックマウスは？

外来の遺伝子をマウスに組み込むことを目指した研究の最初は、1974年のジャニッシュによって行われた。外来のDNAをマウスの初期胚に注入すると、大人のマウスの臓器にその外来DNAが維持されていたのである。この研究により、外来のDNAも、もし胚の初期の段階で染色体に組み込まれたならば、大人になっても維持されるのではないかという考えが誕生した。1980年になるとゴードンは、外来DNAを受精卵の核に注入し、その外来DNAが次の世代にも引き継がれていることを示した（最初のトランスジェニックマウス）。しかしながら、導入された外来DNAが機能しているかどうかわからず、DNAが受け継がれているだけという可能性が高かった。1981年ブリンスターらはプロモータ領域を結合させたチミジンキナーゼという遺伝子を含むDNAを注射し、トランスジェニックマウスの作製に成功する。このマウスの肝臓のチミジンキナーゼの活性を測定すると、有意に活性が高く、

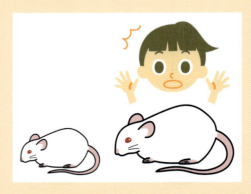

外来DNAも通常の遺伝子と同様にタンパク質となり、活性をもつことが明らかにされた。このあと、1982年に同じフィラデルフィアのグループのパルミッターがラットの成長因子をマウスに発現させ、世界中を驚かせた。それは、このトランスジェニックマウスが2倍の大きさにまで成長したからであった。このマウスはその表現型（遺伝子導入がもたらした変化）が顕著なことから、最初のトランスジェニックマウスといわれることもある。

Column

れているヘテロマウスが生まれてきます。そして
ヘテロマウス同士を掛け合わせることにより、染
色体の両方の遺伝子が破壊されたホモマウスを得
ることができるのです[*4]。ホモのノックアウトマ
ウスは、注目している遺伝子が個体中にまったく
存在しないマウスであり、遺伝子がマウス個体で
どのような役割を果たしているのかを解析するの
に大きく貢献します[*5]。

　ノックアウトマウスを用いた研究の初期では、
遺伝子ノックアウトにより細胞や組織にどのよう
な形態や機能異常が起こるかという研究が集中的
になされていましたが、最近はマウスの行動にど
のような影響が現れるかという研究もなされてお
り、脳の高次機能の解析にも用いられるように

なってきました。現在は、ある組織だけで狙った
遺伝子を破壊する技術や、薬剤を投与した時だけ
に狙った遺伝子が破壊される技術も開発されてお
り、時空間的な遺伝子ノックアウトが可能になっ
ています。

> 遺伝子を切ったり、貼ったり、増やした
> り、減らしたりして、生命を理解する。
> **KEY POINT**

[*4]　ホモノックアウトは重篤な異常を示すことがあり、子孫を残せ
ないこともある。その場合はヘテロマウスを飼い続けて、必要に応
じて掛け合わせ、ホモマウスを得る。その場合は4匹に1匹の割合
でホモマウスが得られる。母胎内でホモマウスが死亡する場合もあ
る。
[*5]　この手法を確立したカペッキとスミシーズは、2007年にノー
ベル生理学医学賞を受賞した。

5.4　蛍光可視化技術

　生命科学は、細胞内で機能する遺伝子を同定し、
その塩基配列を解読し、その遺伝子から合成され
るタンパク質の構造や機能を解析することで発展
してきました。しかし、生命現象はそれほど単純
ではありません。それは、タンパク質が単独で機
能するのではなく、他の多数のタンパク質と複雑
に相互作用し、タンパク質の構造変化が次つぎ起
こることで生命現象が制御されているからです。
つまり、複雑な生命現象を解明するためには、一
つのタンパク質の機能を解析するだけでなく、細
胞内の種々のタンパク質がどのように機能し、ど
のように他のタンパク質と相互作用するのか、そ
の動きを直接「見る」こと、つまり「可視化」するこ
とが大切です。

　では、どのようにすれば、生きた細胞内のタン
パク質の様子を見ることができるのでしょうか?
細胞内のタンパク質には色がついていないため、
通常の光学顕微鏡でその姿を見ることはできませ
ん。そこで、蛍光物質で標識した抗体を細胞に作

用させることで、タンパク質の細胞内での位置を
観察することができます。しかし、この方法は、
生きた細胞に用いることができません。また、タ
ンパク質の大きさが数十ナノメートルの大きさで
あるため、一つ一つのタンパク質を区別して観察
することはできません。これは、通常の光学顕微
鏡が0.2マイクロメートル程度[*6]の大きさの物

[*6]　可視光を使って細胞を観察するため、可視光の波長の半分の小
さなものまでしか観察できない。現在では、この限界を超える超解
像顕微鏡が開発されている。

表 5-1　光学顕微鏡と電子顕微鏡の比較

	光学顕微鏡	電子顕微鏡
光源	光	電子線
環境	大気	高真空
レンズ	ガラス	磁場
分解能	$200 \sim 1000\,nm$	$1 \sim 0.1\,nm$
焦点深度	浅い	深い
色	カラー	白黒
倍率	$\sim \times 1000$	$\sim \times 80$ 万

体までしか区別して観察できないためです。一方、電子顕微鏡を用いれば、細胞内のタンパク質を見ることはできます。しかし、電子顕微鏡は対象を真空中に置く必要があるため、生きたまま細胞を観察することができません（表 5-1）。

そのようななか現れたのが、革命的な、緑色蛍光タンパク質（green fluorescent protein；GFP）でした。GFP が生命科学に革命をもたらしたのは、GFP を使えば簡便に、目的のタンパク質だけを標識することができるようになったからです。遺伝子改変技術を使って、観察したいタンパク質の遺伝子と GFP 遺伝子を人工的につなぎ合わせ、作成した人工遺伝子を細胞に導入すると、GFP で標識されたタンパク質が細胞内でつくられ、生きた細胞内でのタンパク質の動きや場所を同定できます。また、異なる色の蛍光タンパ

下村博士とクラゲの物語

下村脩は GFP の発見者であるが、その興味の対象は「オワンクラゲがなぜ緑色に光るのかの謎」であった。

下村は研究試料を得るために、アメリカのフライデーハーバー臨海実験所の海岸で、家族総出でオワンクラゲを採取し、数十万匹のクラゲの傘の部分を回収してすりつぶし、光る懸濁液を作成した。この懸濁液は、カルシウムイオンを加えると青白く光った。そこでこの物質を、「オワンクラゲ（学名 *Aequorea*）がもっている光るタンパク質」ということで、「イクオリン（Aequorin）」と名付け、1962 年に発表した。また下村は同時に、この懸濁液を太陽光に当てると緑色に、白熱灯の下では黄色、紫外線に当てると明るい緑色に光ること、つまり GFP の

オワンクラゲ

基本的な性質も発見していたが、イクオリンと GFP の関係はわからなかった。

1970 年代に入り、オワンクラゲの体内で上昇したカルシウムイオンがイクオリンを青色に発光させ、その青色の光が GFP に当たると、GFP が緑色の光をだすことが明らかになった。また、GFP が緑色に光るのに酵素反応は不要で、「発色団」と呼ばれる 3 個のアミノ酸配列があればよいということもわかった。

1992 年には GFP の遺伝子配列が決定され、1994 年にチャルフィーがオワンクラゲの GFP 遺伝子を大腸菌や線虫で発現させることに成功した。そして、チェンは、GFP の遺伝子を人工的に改変することで、緑色以外のさまざまな色をだす蛍光タンパク質の創出に成功した。これらの GFP にまつわる研究成果から、下村、チャルフィー、チェンは、2008 年にノーベル化学賞を受賞している。

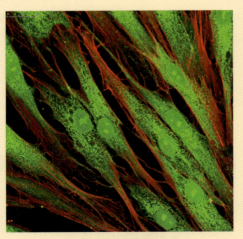

GFP を利用した細胞観察例

Column

5章 生命を理解するための科学技術 73

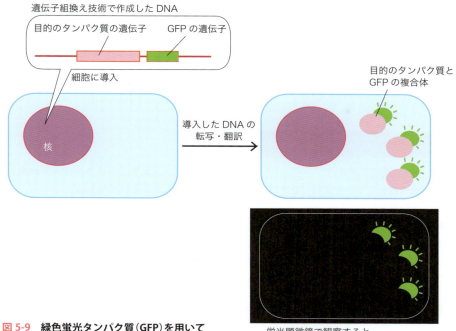

図 5-9 緑色蛍光タンパク質（GFP）を用いて目的のタンパク質を可視化するしくみ

ク質を用いることで、細胞内で複数のタンパク質を同時に可視化することもできます（図 5-9）。

実は、山中伸弥によって開発された iPS 細胞の選別にも、この GFP 可視化技術が用いられています。iPS 細胞の作製成功率は、皮膚細胞 1,000 個に対して 1 個程度と非常に低いため、iPS 細胞を多数のなかから見つけ出す方法が必要です。山中らは、万能性をもつ細胞で特異的に発現する Nanog というタンパク質を発見しました。そこで、Nanog の発現を調節するプロモーター*7 に

GFP 遺伝子を付けておき、細胞が多能性を獲得すると光るようにしました。こうして、iPS 細胞の選別は効率よく行われています（図 5-10）。

このように、GFP 可視化技術は、生命科学研究や医学研究などの分野で広く用いられています。がん細胞の増殖や、がんが転移する様子、アルツハイマー病で神経細胞が死ぬ様子などもこの

---

*7 プロモーターとは遺伝子の上流に存在する領域で、転写開始に関与する。プロモーターに転写因子（3 章を参照）が結合して転写が開始される。

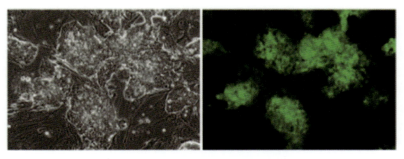

図 5-10 iPS 細胞選別のための可視化技術
未分化な状態である iPS 細胞を GFP で光るようにすることで、iPS 細胞と分化している細胞を簡便に区別することに成功した。

74   Part2　生まれ、成長し、死ぬためのしくみ

技術で観察できるようになりました。このような観察は病気の原因究明や発症メカニズムの解明に役に立つだけでなく、手術の際に腫瘍細胞だけを光らせて取り残しを防ぐなど、臨床への応用も期待されています。

> 蛍光可視化技術を用いると、これまで分からなかった生命現象を解明できる。
> **KEY POINT**

確認問題

1. PCR の原理について説明しなさい。
2. 受精卵と ES 細胞の違いについて説明しなさい。
3. ES 細胞と iPS 細胞の違いについて説明しなさい。
4. なぜ体細胞由来の核ではクローン動物がつくれないと考えられていたのだろうか。
5. トランスジェニックマウスとノックアウトマウスの違いについて説明しなさい。
6. なぜノックアウトマウスはヘテロ変異体で維持することがあるのだろうか。
7. 生命科学における GFP の利用例について説明しなさい。
8. 蛍光タンパク質を用いて観察したいタンパク質を光らせるには、どのようにすればよいか。

考えてみよう！

A. 世の中がクローン生物ばかりになったらどうなってしまうだろうか。
B. 蛍光物質を用いずに細胞やタンパク質の動きや増減を知る方法はあるだろうか。
C. 受精卵を使わずに体細胞のみでクローン動物をつくることは可能になるだろうか。
D. iPS 細胞の作製効率が低いのはなぜなのか、考えてみよう。
E. どのようにすれば、神経細胞だけが光るマウスを作成できるか、考えてみよう。
F. さらなる生命科学の発展にはどのような科学技術が必要だろうか。

From the NEWS

絶滅動物の復活は可能か？

（2009 年 1 月 8 日）

岐阜県畜産研究所は、全国の黒毛和牛の三割以上のルーツとされている種雄牛「安福号」のクローン牛を、死後 13 年の後に復活させることに成功したと発表した。

「安福号」は飛騨牛ブランドの確立に多大なる貢献をしたことから「飛騨牛の父」といわれている伝説の牛です。安福号が死亡した 1993 年に、その精巣がアルミホイルに包まれて冷凍庫に保存されまし

た。特別な保存処理は施されなかったため、精細胞は死滅していると考えられていましたが、この研究グループは精巣から少数の生きた細胞を取り出し、培養した後、核移植によりクローン牛をつくりだすことに成功しました。この成果は、遡ること 1 年前、理化学研究所の若山照彦らが、16 年間冷凍保存されていたマウスの脳組織からクローンマウスを作製した成果を参考にしています。

この技術を応用すれば、シベリアの永久凍土に眠る死体から、（ゾウを代理母として）マンモスを復活させられるかもしれません。クローン技術は、絶滅しそうな動物の維持だけでなく、絶滅した動物の復活さえも可能とする技術なのです。

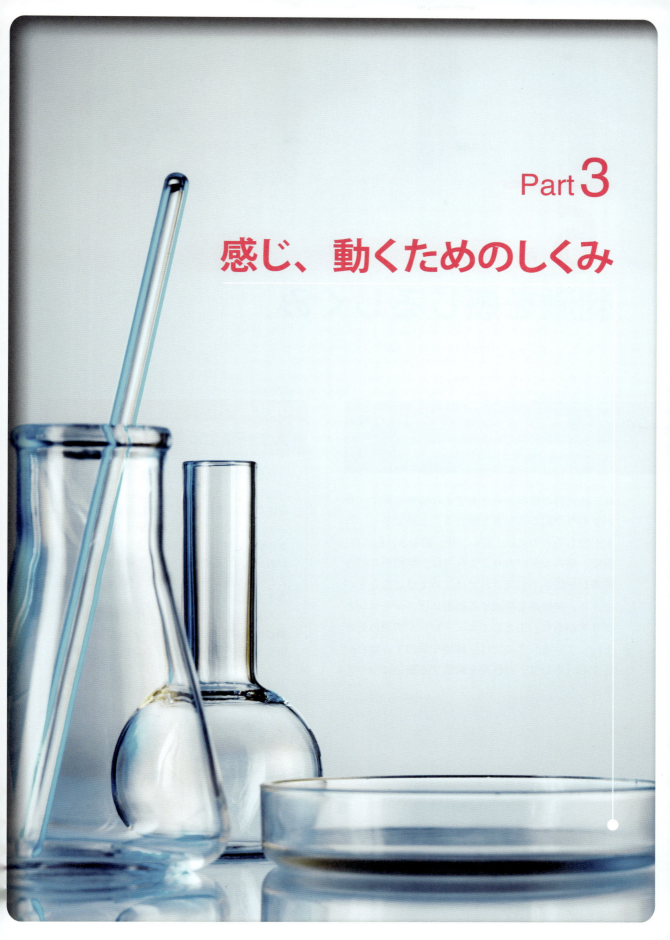

Part 3

感じ、動くためのしくみ

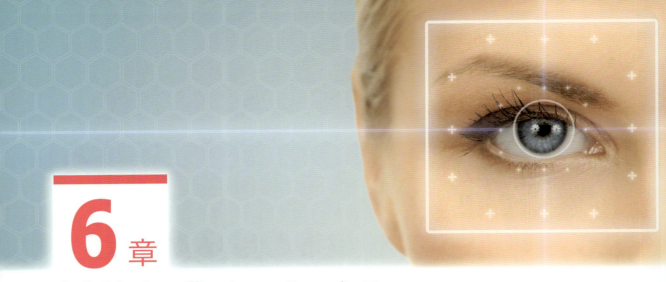

6章
刺激を感じるしくみ

6.1 ヒトの感覚
6.2 神経系を構成する細胞

ヒトは外界の環境からさまざまな情報を得て、身のまわりで起こる物事を感じることができる。ヒトが感じるものには、匂い、味、明るさ、色、音、温度、痛みなどがあり、これらは、環境から得た情報が神経系で処理されてはじめて感じることができる。神経系を構成する細胞にはニューロンとグリアがあり、主としてニューロンが情報の処理を行っている。ここでは、感覚を受容する器官やしくみ、そして、神経系を構成する細胞について学ぶ。

Topics
▶人工網膜による視力回復に成功

2015年2月、アメリカの医療機器メーカーが開発した人工網膜システムが、アメリカの食品医薬品局（FDA）の認可を受けました。このシステムは、患者の網膜に電極チップ（人工網膜）を移植し、サングラス部分に取り付けたカメラが取り込んだ画像データを人工網膜へ転送することにより映像情報が脳へ送られて、視力を回復するというものです。

人工網膜の移植後1年および3年を経過した患者の臨床試験成績が発表され、移植後3年後も30例中29例でシステムが機能しており、システム使用時に有意に視力が向上していることが示されました。このシステムは現在、アメリカおよびヨーロッパでしか認可されていませんが、治療法がなかった網膜色素変性症などの患者の視力を回復できると期待が高まっています。

2015年7月7日（*Ophthalmology* 誌より）

6章 刺激を感じるしくみ

6.1 ヒトの感覚

嗅覚と味覚

　食べ物を味わう時に重要な感覚として特に、嗅覚と味覚があげられます。どちらも食品に含まれる化学物質を感じることができる機能ですが、異なったしくみで物質を感知しています。

　嗅覚は、鼻の穴の奥にある嗅上皮に存在する嗅細胞が、匂いのもととなる化学物質を感知して生じます。その情報は嗅神経と呼ばれる、嗅細胞から伸びる神経線維を介して脳の嗅覚中枢・嗅球に伝えられ、脳が匂い情報の入力を受け取ります（図6-1）。では、嗅細胞は匂いの元となる無数の空気中の物質をどのように感知しているのでしょう？アメリカの神経科学者であるバックとアクセルは1991年、嗅細胞の繊毛に非常に多くの異なった匂いに反応する受容体が発現していることを発見し（最終的には1000種類以上あることが判明）、この多様な受容体が非常に多くの種類の匂いを嗅ぎ分ける能力の基盤となっていることを明らかにしました。この発見から、彼らはノーベル生理学医学賞を2004年に受賞しています。

　一方、味覚は主に舌で感じ取ります。まず舌の味蕾にある味細胞が化学物質を感知し、その量に応じた神経伝達物質を放出します。神経伝達物質は味覚求心性線維を興奮させ、その線維を介して味覚情報が延髄へ入力されることで、脳に味覚情報が伝わります（図6-2）。無数の化学物質を感知する嗅覚と異なり、味覚は、塩味・酸味・苦味・甘味・うま味という5種類の基本情報から成り立っています。塩味と酸味は、それぞれナトリウムイオン（Na^+）と水素イオン（H^+）を通す輸送体を介して、味細胞がイオンを取り込むことによって感知されます。苦味、甘味、うま味に関しては、味細胞の細胞膜上にそれぞれの味を感知する受容体が存在しています。

　通説として、舌には領域によって基本味を感じる機能が局在していると信じられてきましたが、現在では、そのように明確な「味覚地図」は存在しないと考えられています。

視　覚

　視覚は、眼球の奥にある視細胞が、水晶体や硝子体を通ってきた光を感知することによって生じます。視細胞は光を受け取ると、その刺激を網膜内にある水平細胞や双極細胞に伝達し、最終的には神経節細胞から伸びる軸索である視神経が脳に視覚情報を入力します（図6-3）。視細胞には杆体と錐体の2種類が存在し、それぞれ暗所と明所での視覚を担っています。特に錐体は、色の識別

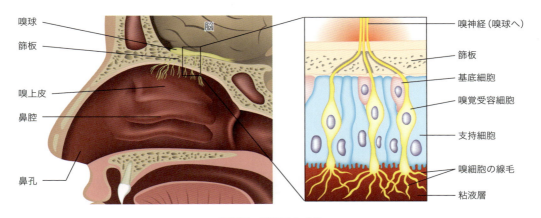

図6-1　嗅覚のしくみ

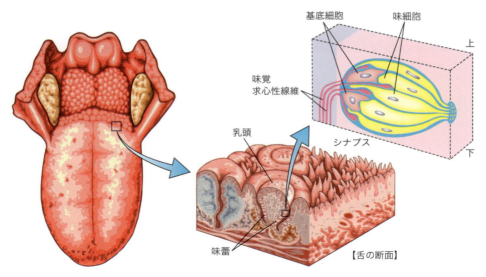

図 6-2　味覚のしくみ

に重要な働きをしています[*1]。

　最近のデジタルカメラは1000万画素を超える解像度をもつものもありますが、ヒトの視神経は100万本ほどしかありません。このような数の入力で正確に視覚情報を脳に伝えることができるのでしょうか？　実は、網膜はカメラのように、写像を直接脳に転送するだけの装置ではありません。網膜は捉えた視覚情報を情報処理して"圧縮"する機能を備えているため、この数の視神経でも脳に十分な情報量を伝えることができると考えられています。

[*1]　ヒトの網膜には、反応する光の波長が異なる3種類の錐体細胞（赤色光に反応・青色光に反応・緑色光に反応）があり、反応する錐体細胞の組み合わせによって色覚が形成される。錐体の種類は動物種によって異なり（げっ歯類の多くは2種類、鳥類は4種類など）、世界がどのような色に見えているかは、動物種によって大きく異なる可能性がある。

聴覚と平衡感覚

　音は耳から入り、その情報は脳で処理されます。聴覚に関わる部分は、体の表面に見られる耳介（いわゆる耳）と外耳道（いわゆる耳の穴）に加えて、

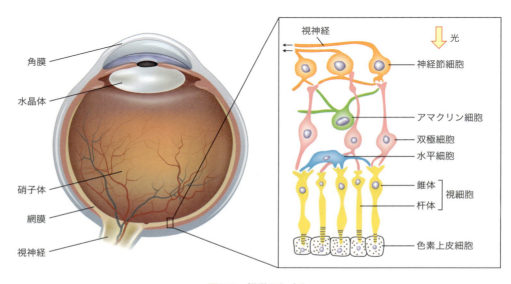

図 6-3　視覚のしくみ

6章 刺激を感じるしくみ　79

体の中にある中耳と内耳があります（図6-4）。中耳には、ツチ骨、キヌタ骨、アブミ骨という、とても小さな骨（耳小骨）があります。三つの耳小骨は連結しており、その一端は鼓膜につながっています。鼓膜は外耳道の奥にあり、中耳と外耳の境界になります。耳小骨のもう片方の端は、内耳にある蝸牛という器官に接しています。外から入ってきた音は鼓膜を振動させ、その振動は耳小骨に伝わります。耳小骨は、音による振動を増幅する装置であり、増幅された音は、蝸牛の中にある有毛細胞に伝わります。振動を感知した有毛細胞は、聴神経を刺激し、脳幹にある蝸牛神経核に情報を伝えます。その後、音の情報は、上位の脳領域に伝えられ、処理されるのです。

内耳には、聴覚受容器である蝸牛に加えて、平衡感覚の受容器である前庭器官もあります（図6-4）。平衡感覚とは、重力に対して傾いた状態や体の移動を感じることであり、内耳にある前庭器官は、三つの半規管と二つの耳石器からなります。半規管は頭部の回転運動を検出し、耳石器は頭部の直線運動を検出します。半規管と耳石器の中にある平衡感覚を受容する細胞は、聴覚系と同じ有毛細胞です。頭部の動きを感知した有毛細胞は、前庭神経を刺激して、脳幹の前庭神経核に情報を伝えます。その後、前庭神経核から脳のさまざまな部位に情報が伝えられ、平衡感覚が生じます。

体性感覚

体性感覚は単一の感覚ではなく、少なくとも四つの感覚から構成されていると考えられています。四つの感覚とは、触覚、温度覚、痛覚、身体の位置感覚です。味覚、嗅覚、視覚、聴覚、平衡

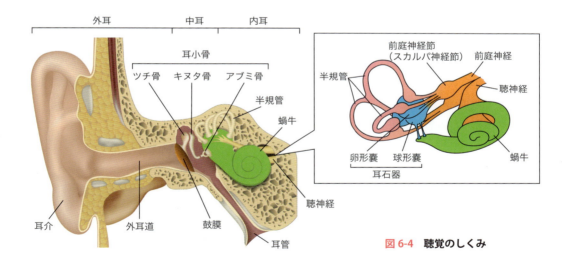

図6-4　聴覚のしくみ

眼球がブレないのはなぜか

平衡感覚は、他の感覚に比べて意識されにくいが、私たちの日常生活を陰で助けている。例えば、手のひらを広げて指を見ながら、手のひらを左右に揺らしてみる。指の像はブレて、よく見えなくなるだろう。一方、手を揺らさないで、頭の方を左右に振ると、どうだろうか？　指は鮮明に見えることに気付く。これは、頭が回転するという感覚の情報が、前庭神経核を経由して、反射的に眼を動かす運動ニューロンに伝えられ、頭の回転と同じ速度で逆方向に両眼が動き、視野のブレが軽減されるためである。

Column

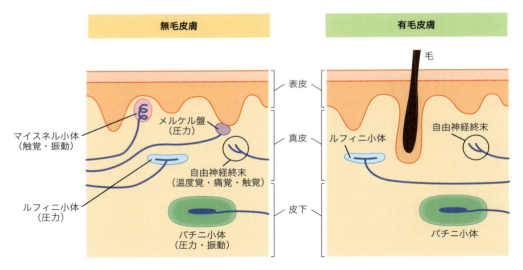

図 6-5　皮膚にある体性感覚の受容器

　感覚の受容器は、体の限定的な部分に備わっていますが、体性感覚の受容器は全身に分布しています（図 6-5）。体性感覚の情報は、最終的に、大脳の一次体性感覚野に伝えられます。感覚情報が伝わる一次体性感覚野の場所は、体の部位によって違います。これは、体部位局在地図（図 14-1 を参照）で表されます。この地図を見てみると、手指と顔の情報を処理する場所が広くなっています。手指と顔から伝えられる感覚情報は、私たちの生活にとても重要ですが、脳も手指と顔の感覚情報を多く処理しているのです。

> 感覚には、嗅覚、味覚、視覚、聴覚、平衡感覚、体性感覚がある。体性感覚の受容器は全身に、それ以外は頭部に受容器がある。受容器で受け取った情報が脳に伝えられて、感覚が生じる。
>
> KEY POINT

6.2　神経系を構成する細胞

　感覚受容器で受け取られた刺激は、末梢神経系を経由して中枢神経系へ伝えられます。中枢神経系は、思考、言語、認知、学習などの高次機能や、運動、呼吸、摂食など動物にとって欠かすことのできない生理機能を支配・調節する重要なシステムでもあり、その構造と機能の解明に大きな注目が集まっています。

　神経系は、ニューロン（神経細胞）とグリア（神経膠細胞）という 2 種類の細胞から構成されています。ニューロンは神経系の主機能を担う重要な細胞で、神経突起とよばれる細長い足を伸ばして互いに接触し、複雑なネットワークを構成しています。グリアは、ニューロンの生存や働きを支える、補助的な細胞であると長らく考えられてきました（ニューロンの周りを取り巻き、ニューロンを寄せ集めているような印象を受けるため、「膠（接着剤）」という意味のギリシャ語から名前がつけられたほどです）。しかし、グリアは、ニューロンよりも数が非常に多く、現在では、神経機能に対しても積極的に関与すると考えられるように

神経研究の歴史

神経系の細胞研究は、機能が向上した顕微鏡が登場した17世紀後半に端を発する。しかし、当時はまだ顕微鏡を用いて神経系を観察することは極めて困難であった。細胞を顕微鏡で観察するには、組織の構造を破壊することなく、非常に薄い切片[1]を作製しなければならない。しかし、脳や脊髄は柔らかく、薄く切断するのは容易ではない。19世紀初頭、組織から薄い切片を作製する技術が発案された。ホルムアルデヒドという化学物質を溶かした溶液に浸すと、組織が硬化することが発見されたのである。さらに、硬化した組織から非常に薄い切片を作製する装置(ミクロトーム)が開発された。しかし、神経組織を顕微鏡で観察するには、問題がまだ残されていた。神経組織の切片は均一な薄い灰色を呈しており、複雑な組織構造を観察することが難しかったのである。19世紀後半、ドイツの科学者であるニッスルは、ある種の染料を用いて、ニューロンとグリアを染色する方法を考案した。この手法はニッスル染色法と呼ばれ、現在でも用いられる。ニッスル染色を施すと、ニューロンとグリアを含むすべての細胞の核と、ニューロンの核を取り囲む細胞質の塊が染まる(図1)。そしてニッスル染色した脳切片の全体を観察すると、染色されたニューロンの細胞体が多く集まる部分と細胞が少なく染色性の乏しい部分を見分けることができる。前者は灰白質と呼ばれ、ニューロンの細胞体が密集した領域である。後者は白質と呼ばれ、ニッスル染色では染まらない、軸索の集合した部分である。

ニッスルが考案した染色法は研究に大きく貢献した。しかし、ニッスル染色で明らかになったニューロンの形は、細胞の一部分でしかない。イタリアの科学者であるゴルジは、脳組織を二クロム酸カリウムと硝酸銀を溶かした液体に浸すと細胞内でクロム酸銀が結晶化し、これによりニューロンの全体が黒く可視化されることを示した。この手法は、ゴルジ染色法とよばれている。ゴルジ染色したニューロンには、丸く膨らんだ細胞体の他に、細胞体から伸びた多数の神経突起[2]が観察される(図2)。

神経突起は複雑な形状をしており、ゴルジ染色したニューロンを光学顕微鏡で観察すると神経突起が他のニューロンの神経突起と繋がって見えることがある。ゴルジは、神経突起の融合により、複数のニューロンが連続した網目構造を形成するのだと考えた(網状説)。一方、ゴルジと同年代のスペイン人の科学者カハールは、ニューロンの神経突起は繋がっているのではなく、神経突起同士が近接しているのだと主張した。当時の技術ではこのどちらが正しいのか証明することは不可能であったが、1950年代、電子顕微鏡が開発され、光学顕微鏡よりもより細かな構造の観察が可能になった結果、ニューロンの神経突起は融合していないことが証明された。カハールの主張が正しかったのである。ゴルジとカハールはこの功績が認められ、1906年に共にノーベル生理学医学賞を受賞した。

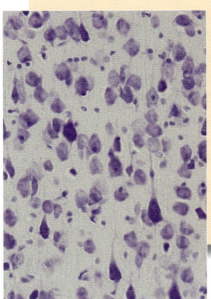

図1
ニッスル染色した脳切片
ニッスル染色で染まる「ニッスル小体」は粗面小胞体の集まりである。

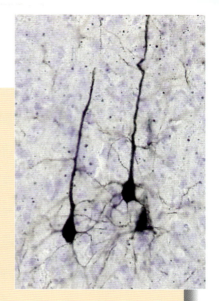

図2
ゴルジ染色した脳切片

---
1) 理想的には細胞の直径である数十〜数百ミクロンの厚さにする。
2) 神経突起とは、軸索と樹状突起の総称である。詳しくは本文を参照。

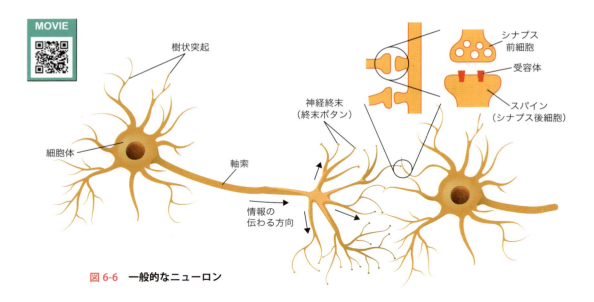

図 6-6　一般的なニューロン

なりました。それでは、それぞれの細胞をもう少し詳しく見ていきましょう。

ニューロン

　ニューロンは互いに独立した、神経系の機能単位となる細胞です。ニューロンは、その構造的および機能的性質からいくつかの部位に分けられます。すなわち、細胞体、樹状突起、軸索、神経終末（軸索終末、終末ボタンともいう）です（図6-6）。

　ニューロンの細胞体には、他の細胞と同様に細胞小器官が含まれており、これらはニューロンの生存維持や機能発現に働いています。細胞体から細長く伸びる突起は総じて「神経突起」とよばれ、神経突起には「軸索」と「樹状突起」の2種類があります。一般的に軸索は細胞に1本しかなく、それ以外は樹状突起です。軸索は、全長を通して均一な太さをもち、樹状突起よりも長いのが特徴です。詳しくは後述しますが、軸索は活動電位が伝導する場所です（7章参照）。一方の樹状突起はたくさんの分岐をもち、軸索よりも複雑な形をしています[*2]。しかし、その長さは軸索よりも短く、細胞体から先に向かうにつれて次第に細くなります。樹状突起の表面には、スパイン（棘突起）と呼ばれる特殊化した微細な突起物があり、スパインと他のニューロンの神経終末が接触して、「シナプス」という構造が形成されます[*3]。1本の樹状突起には多数のシナプスが形成され、そこから刺激が入力されます。そして個々の入力によって生じる微弱な膜電位の変化は統合され、出力信号としての活動電位が生み出されます。つまり、多数のニューロンからシナプス入力を受け取る樹状突起は「情報入力」装置であり、活動電位を起こして次のニューロンへ刺激を伝える軸索と神経終末は「情報出力」装置であるといえます。

　ニューロンの軸索は、神経情報である電気信号（活動電位）を生みだし、それを他の場所に伝える"電線"として働いています（7章に詳述）。この働きを維持するには、活動電位を発生・伝導するための特別なタンパク質が必要です。また、活動電位が到達した神経終末では、次のニューロンに情報を伝えるために、神経伝達物質が放出されます。神経伝達物質の種類にはペプチド、アミン、アミノ酸があります。ペプチドはタンパク質と同じようにつくられる物質で、アミンとアミノ酸は

[*2]　樹上突起の語源は、ギリシャ語の"木"を意味し、幹から枝が複雑に伸びてゆく様子に似ている。
[*3]　シナプスはスパインだけでなく、樹状突起の本体や細胞体でもつくられる。

細胞の形を決める細胞骨格

ニューロンの細胞膜は厚さ約5nmととても薄く、強固な形を維持することは困難である。しかし、実際のニューロンには複雑な形状の神経突起が保持されている（図1）。これは、細胞骨格がニューロンの細胞膜の内側に存在して形を保持しているためである。

ニューロンには、微小管、ニューロフィラメント、マイクロフィラメントという3種類の細胞骨格がある（図2）。微小管は、神経突起の中を縦走する管状の構造物で、最も太い細胞骨格である。微小管は、チューブリンという小さなタンパク質からなり、これが重合して微小管が形成される[1]。チューブリンの重合体は、細胞内シグナルによって脱重合することがあり、これにより微小管の長さが変化してニューロンの形も変化する。ニューロフィラメントは体内のすべての細胞に存在する中間径フィラメントの一種であり、微小管よりも細く、マイクロフィラメントよりも太い。ニューロフィラメントを構成するタンパク質分子は、他の細胞骨格の構成分子よりも長くて大きく、物理的な強さがある。マイクロフィラメントは最も細い細胞骨格で、その太さは細胞膜の厚さと同じである。マイクロフィラメントはニューロン全体に分布しているが、特に神経突起に多く存在する。マイクロフィラメントはアクチンと呼ばれるタンパク質分子の重合により形成され、チューブリンと同様、重合と脱重合によってその形状を変化させる。また、アクチンはスパインの形も決めており、細胞骨格の形状が変化することでスパインの形態が変化する。スパインはシナプスの入力を受ける場所である。スパインの構造は、シナプス入力の種類や強さに影響を受けやすい。スパインの形態と構成タンパク質の変化は、記憶学習などの高次機能に重要であり、認知機能の障害があるヒトの脳では、スパインの異常な形態変化があることが知られている。

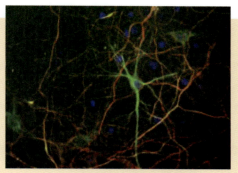

図1　神経細胞の蛍光顕微鏡像
ニューロフィラメントを緑色に染めている。

---

1) 微小管の形成と機能に関わるタンパク質の一つに、微小管関連タンパク質（MAP：microtubule-associated protein）がある。MAPには、微小管同士あるいは微小管とニューロン内側の部分とを結びつける働きがある。アルツハイマー病患者ではMAPの一種であるタウが変性して、この変性に伴うニューロンの変化がアルツハイマー病患者の認知症発症に関係することが分かっている（8.4節を参照）。

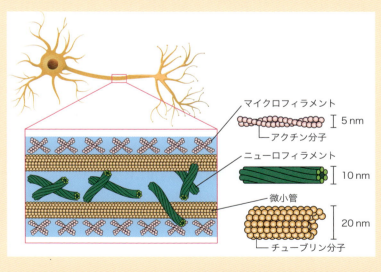

図2　ニューロンにおける細胞骨格
微小管、ニューロフィラメント、マイクロフィラメントの長さや配置により、ニューロンの複雑な形が維持される。

タンパク質ではありませんが、その合成には酵素タンパク質が必要です。しかし、軸索にはタンパク質をつくる細胞内小器官が分布しないため、軸索や神経終末で必要なタンパク質は、細胞体で合成されて軸索に運ばれなければなりません。このような軸索の中を通る物質移動は、「軸索輸送」と呼ばれます。細胞体から神経終末方向への物質輸送は順行性軸索輸送と呼ばれ、キネシンというタンパク質が担っています。キネシンは、物質（積荷）を閉じ込めた小胞を担ぎ、ATPのエネルギーを使って微小管の上を歩きます（図6-7）。この移動は一方通行で、キネシンが後ろ向きに歩くことはできません。しかし、神経終末から細胞体方向へ物質を移動させたい場合もあります。この移動は「逆行性軸索輸送」と呼ばれ、キネシン同様にATPのエネルギーを使って微小管の上を歩く別のタンパク質であるダイニンが担っています。

ニューロンの軸索は時に1m近くの長さになる場合もありますが、このしくみによって、細胞の隅々まで必要なタンパク質を届けることができます。

グリア

神経系を構成する細胞のもう一群がグリアです。脳や脊髄など中枢神経系には複数種類のグリアが存在し、それぞれが異なる働きを担っています。なかでも主な4種の細胞が、アストロサイト（星状膠細胞）、オリゴデンドロサイト（希突起膠細胞）、ミクログリア（小膠細胞）、上衣細胞です（図6-8）。

アストロサイトは最も数が多いグリアで、その名の通り星形をしています。放射状に伸びる突起は終足と呼ばれ、ニューロンや脳内の毛細血管の周りを取り囲み、それらをがっちりと保持しています。アストロサイトの働きの一つに、細胞外間隙に存在する物質量の調節があります。ニューロンのシナプスを取り囲むアストロサイトは、神経終末から細胞外に放出された神経伝達物質を能動

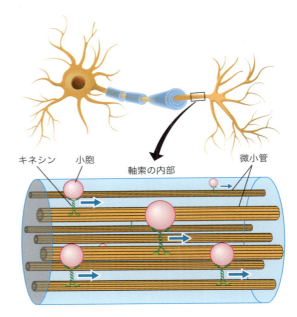

図6-7　神経細胞における物質の輸送
物質を含む小胞は、キネシンというタンパク質に担がれて、細胞体から神経終末へと運ばれる。キネシンはATPのエネルギーを利用して、微小管の上を移動する。その様子は、2本の足を使って「歩いて」いる様子にそっくりである。

的に取り込んで周りの細胞に不必要な情報が伝わらないようにしています。またアストロサイトは、細胞外のカリウムイオン濃度を低濃度に調節して正常なニューロンの働きを維持する役目や、血液脳関門[*4]の機能維持の役割も担っています。

オリゴデンドロサイトの主な役割は、髄鞘を形成してニューロンの軸索を電気的に絶縁することです。髄鞘とは、ミエリンと呼ばれるオリゴデンドロサイトの膜が軸索の周りを何重にも取り巻いた構造で、脂質を多く含むミエリンは電気を通しにくく、あたかも「電線カバー」のように機能します（図6-8）。髄鞘と髄鞘の隙間には、1−2ミクロン幅で軸索が剥き出しになっていて、この部分は発見者の名にちなんで「ランビエ絞輪」と呼ばれています。髄鞘をもつ軸索の活動電流[*5]は、ラン

[*4]　毛細血管を形成する内皮細胞がタイトジャンクション（細胞膜間の接着構造の一種）により互いに隙間なく密着し、循環血液中に含まれる物質の透過を制限するバリアー機構のこと（次ページのコラムも参照）。
[*5]　活動電位が発生した時、ナトリウムイオンが細胞内に流入する。このナトリウムイオンが細胞内で移動することで起こる電流のこと。

6章 刺激を感じるしくみ　85

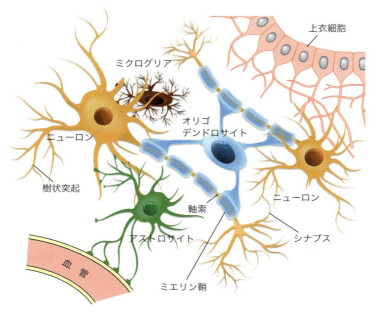

図 6-8　中枢神経系を構成する細胞

血液から脳へのエネルギー供給

　血液脳関門の存在により、脳と循環血液との間の物質移動は制限され、特に水溶性物質は能動輸送が可能なものだけが血液脳関門を免れて移動する。血液脳関門は、脳の内部環境の恒常性を維持し、適切に脳を働かせるために非常に重要なものだが、物質のやり取りを制限し過ぎると、脳が働くための栄養源であるグルコースさえも脳に届かなくなってしまう。そこでグルコースなどの脳が働くために必須の物質は特別に、内皮細胞に発現する輸送体（トランスポーター）によって脳内に運ばれるしくみが存在する。脳内に取り込まれたグルコースはニューロンに直接取り込まれることもあるが、アストロサイトに一旦取り込まれ、乳酸に分解されて、エネルギーとして脳の各所で利用される。乳酸はアストロサイトにより細胞外に放出され、ニューロンはそれを取り込み、エネルギーの産生に用いる。また、アストロサイトはグルコースからグリコーゲンを合成して少量を蓄えている。ニューロンのエネルギー要求が高くなると（つまり神経活動が活発になると）、アストロサイトはグリコーゲンからグルコースを、さらには乳酸をつくり、ニューロンに供給している。

　脳内における大部分の毛細血管は血液脳関門を形成しているが例外もあり、物質の透過性が比較的高くなっている部分もある。その部分では、末梢器官からの物質の移動により、脳との情報交換がなされる。

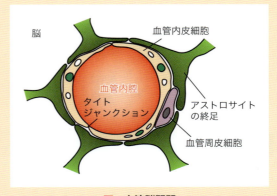

図　血液脳関門

Column

ビエ絞輪の部分だけで飛び飛びに活動電位を引き起こしていきます（跳躍伝導；7章参照）。跳躍伝導によって、活動電流は通常よりも速く伝わるようになります。一方、末梢神経系では、オリゴデンドロサイトの代わりにシュワン細胞が髄鞘を形成しています。オリゴデンドロサイトは1個の細胞が複数の髄鞘を形成しますが、シュワン細胞の場合はそれぞれの分節が1個のシュワン細胞からできているという違いがあります（図6-9）。

3種類目のミクログリアは、その名の通り、他の細胞より小さなグリアで、細胞体から細長く枝分かれした突起を伸ばしています（図6-8）。ミクログリアは、死んだニューロンや変性したニューロンを貪食[*6]によって取り除きます。また、脳内の免疫機能を担当する細胞でもあり、侵入してくる微生物から脳を守っています。

そして最後の上衣細胞は、脳や脊髄内部の中腔[*7]を囲む細胞で、脳実質に向かって突起を伸ばして他のグリアと接触しています。上衣細胞の機能には不明な点が多いのですが、脳脊髄液の流

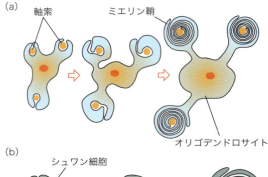

図6-9　髄鞘のなりたち
(a) オリゴデンドロサイトの髄鞘形成、(b) シュワン細胞の髄鞘形成。

れを制御したり、組成を監視する受容器として働いているのでは、と考えられています。

> 神経系には、ニューロンとグリアという2種類の細胞がある。ニューロンは情報伝達のネットワークを形成し、グリアはニューロンがうまく働ける環境を整える。
> **KEY POINT**

[*6] 膜で取り囲んで自らの細胞内に取り込み、消化すること。
[*7] 中腔は、脳では脳室、脊髄では中心管と呼ばれる。脳室と中心管は脳脊髄液と呼ばれる液体で満たされている。

確認問題

1. 嗅覚と味覚の受容と情報処理のしくみを説明しなさい。
2. 聴覚と平衡感覚の受容と情報処理のしくみを説明しなさい。
3. 神経細胞の細胞骨格について説明しなさい。
4. 中枢神経系に存在するグリア細胞について、それぞれ説明しなさい。
5. 軸索輸送のしくみを説明しなさい。
6. 神経細胞の絵を描き、各部位の名称を記しなさい。
7. 神経細胞とグリア細胞の違いを説明しなさい。
8. 脳にどのようにエネルギーが供給されるか説明しなさい。

考えてみよう！

A. 乗り物酔いをするのはなぜか、本章で学んだ知識を使って考えてみよう。
B. 舌は5種類の基本味しか感じないにもかかわらず、私たちは多様な味を感じることができる。そのしくみはどのようなものだろうか。
C. 血液脳関門はグルコース以外にアルコール、カフェイン、ニコチンなども通過させる。これらの物質が脳に与える良い影響と悪い影響について調べてみよう。

7章
情報を伝えるしくみ・動くしくみ

- 7.1 ニューロンが生みだす電気信号
- 7.2 刺激の伝達
- 7.3 筋肉を動かす

ヒトの体の細胞は、細胞の間でコミュニケーションを取ることによって、生命維持を行う。その中でもニューロンは、細胞間のコミュニケーションを特に素早く行うことができる。実は、ニューロンには、受け取った刺激の情報を電気信号に変換し、その情報を周囲のニューロンへ伝える特殊なしくみがある。そして、次のニューロンには、その情報を受け取るための特殊なしくみがある。また、筋肉にはニューロンからの情報を受け取り、収縮するための特殊なしくみがある。

Topics
▶痛みを感じないマウス？

アメリカ・アリゾナ州などに生息するサソリは毒針をもち、刺されると激痛をともないます。しかしミナミバッタマウスという野ネズミの一種は、このサソリの毒針の痛みを感じず、サソリを食料にしています。ミシガン州立大学のグループは、普通のマウスとこのマウスの電位依存性ナトリウムチャネル（Nav1.8）を比較することで、その理由の一部を明らかにしました。

Nav1.8 ナトリウムチャネルは痛み情報を脳に伝えるのに必要なものですが、ミナミバッタマウスのこのチャネルには変異があり、サソリ毒でチャネルの機能が抑制されるように変化していました。つまり、サソリ毒自体がミナミバッタマウスには鎮痛剤のように働くのです。ただ、この研究ではミナミバッタマウスが痛みを感じない理由はわかりましたが、なぜ致死性のサソリ毒で死なないかまでは解明されていません。このしくみの解明は、新しい鎮痛薬の開発につながる可能性があります。

2013年10月25日（*Science*誌より）

7.1 ニューロンが生みだす電気信号

6章で見てきたような、「ニューロン（神経細胞）がうみだす電気信号」とは、いったいどのようなものなのでしょうか？　これについて考えるためには、まず細胞の内外に存在するイオンについて述べなければなりません。

私たちの細胞は、リン脂質二重膜からなる細胞膜で覆われています（1章参照）。細胞膜は細胞の内外を仕切るバリアでもあり、タンパク質やグルコースなどの大きな分子やイオンは、リン脂質二重膜を自由に透過できません。そのため細胞内外でイオンの組成は異なっており、細胞内液は、細胞外液に比べカリウムイオン（K^+）濃度が高く、ナトリウムイオン（Na^+）濃度が低い状態になっています。こうして、細胞膜の内外で数十 mV の電位差（細胞内がマイナス）が発生しています。この電位を静止膜電位といいます（図 7-1）。

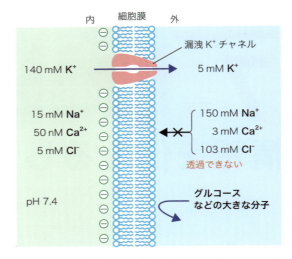

図 7-1　細胞内外のイオン濃度と静止膜電位の発生機構
静止膜電位はおもに漏洩 K^+ チャネルによって形成される。イオンの濃度差（K^+ が細胞内から細胞外へ拡散し均一になろうとする力）と電位差（細胞内のマイナス電位が細胞外の K^+ を引っ張る力）が平衡に達した状態の電位である。

イオンチャネルと生物の毒

細胞膜には、特殊な機能をもつタンパク質、つまり特定の分子やイオンの出入りを調節するイオンチャネル、ポンプ、そして受容体が数多く組み込まれている。フグのもつ毒である「テトロドトキシン[1]」は、電位依存性 Na^+ チャネルの活動を阻害する（テトロドトキシンが Na^+ チャネルを外側からふさいで阻害する）。テトロドトキシンを含むフグの卵巣や肝臓を摂取すると、活動電位の発生と伝導がうまくいかなくなり、麻痺が起こる[2]。一方、日本に自生する植物トリカブトの根や花に含まれるアコニチンは、電位依存性 Na^+ チャネルを活性化し（細胞膜を透過して、細胞の内側から Na^+ チャネルに結合し、Na^+ チャネルが開いている時間を長くする）、膜電位を脱分極させるため、けいれんや心臓発作が引き起こされる（図）。

Na^+ チャネル阻害

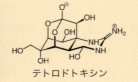
テトロドトキシン

Na^+ チャネル活性化

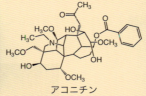
アコニチン

図　神経細胞のイオンチャネルに作用する生物毒

1) フグ毒は、1909 年田原良純によって単離された。フグの餌であるヒトデ類や貝類に蓄積されているテトロドトキシンが、フグの体内に蓄積されると考えられている。ちなみに、養殖のフグは、毒をもたない。

2) テトロドトキシンを保有するフグは、自分自身の毒で中毒死することはない。これは、フグのもつ電位依存性 Na^+ チャネルの構造がヒトのそれと若干異なるからである。

Column

7章 情報を伝えるしくみ・動くしくみ

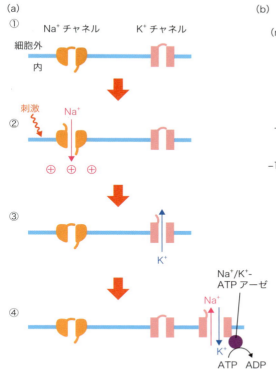
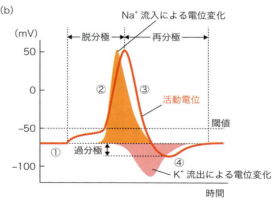

図 7-2 活動電位の発生機構
細胞の興奮は、細胞膜にある膜電位依存性のNa⁺チャネルとK⁺チャネルによって起こる。(a) 活動電位発生の一連の流れ。①細胞が静止状態では、Na⁺チャネルとK⁺チャネルは閉じている。②細胞が刺激を受けると、まずNa⁺チャネルが開き、Na⁺が細胞内に流入して膜電位が上昇する(脱分極)。③その後、電位上昇によりK⁺チャネルが開いてK⁺が細胞外へ流出し、膜電位が下がる(再分極)。④興奮によって変化した細胞内のイオン濃度は、Na⁺/K⁺-ATPアーゼ(Na⁺/K⁺ポンプ)によって、元の状態に戻される。(b) 活動電位を赤線のグラフで示す。①〜④は(a)と対応している。

神経細胞が刺激[*1]を受けると、その周辺の細胞膜にある「電位依存性Na⁺チャネル」が一斉に開き、細胞外のNa⁺が一気に細胞内へ流入してきます。そのため、膜電位が急激にプラスに変化します。このようなプラス側への膜電位の変化は「脱分極」と呼ばれています(図7-2)。開いたNa⁺チャネルはすぐに不活性化し、Na⁺の流入は止まります。膜電位の上昇に応答して電位依存性K⁺チャネルが開くため、K⁺が細胞外に流出します。その結果、上昇した膜電位が元の状態に戻ります。このような一過性の膜電位変化を「活動電位」と呼びます。そして、細胞内に流入したNa⁺や細胞外へ流出したK⁺は、Na⁺/K⁺-ATPアーゼと呼ばれるポンプによってATPのエネルギーを使って移動されて、細胞内のイオン濃度が元の状態に戻されます。そして漏洩K⁺チャネルのみが開いた状態となり、静止膜電位に戻ります。

ニューロン内での電気信号の伝導

神経細胞が感じた刺激は、電気信号、つまり活動電位に変換され、神経細胞の軸索にそって伝導されます〔図7-3 (a)〕。神経細胞の軸索には、絶縁性のリン脂質でできた髄鞘(ミエリン鞘と呼ばれる)が巻き付いている有髄神経細胞と、髄鞘をもたない無髄神経細胞の2種類があります(6章も参照)。

無髄神経細胞の軸索の細胞膜には、多数の電位依存性Na⁺チャネルと電位依存性K⁺チャネルが存在していて、いったん電位依存性Na⁺チャネルが開くと、近傍の電位依存性Na⁺チャネルが将棋倒しのように次々と開き、膜電位が伝導していきます。電位依存性Na⁺チャネルは、いったん開くと、その後しばらくの間(1ミリ秒程度)反応できない、「不応期」と呼ばれる状態になります。

[*1] 細胞には閾値があり、閾値以下の弱い刺激では活動電位は発生しない。一方、閾値を越す強さの刺激があると、活動電位が発生する。閾刺激以上の刺激を与えても、活動電位の値は一定である。このように、活動電位は発生するかしないかのどちらかであり、発生すればその大きさは一定である。これを「全か無かの法則」という。

そのため活動電位は、一方向のみに伝導されていきます〔図7-3 (b)〕。

一方、有髄神経細胞は軸索にミエリン鞘が巻き付いています。しかし、所々は軸索がむき出しになった部分が存在し、ここをランビエ絞輪と呼びます。このランビエ絞輪の軸索には、電位依存性Na^+チャネルと電位依存性K^+チャネルが存在します。そのため、活動電位はランビエ絞輪でしか発生せず、ランビエ絞輪間を飛ぶように活動電位が伝導する「跳躍伝導」[*2]が起こります〔図7-3 (c)〕。そのため有髄神経細胞の伝導速度は、無髄神経細胞よりも速いのです。直径15 μmのヒトの有髄神経線維の伝導速度は、時速約400 kmにも達しますが、同じ直径の無髄神経細胞の伝導速度は時速約2 km程度です[*3]。ちなみに、無脊椎動物であるクルマエビには、ヒトとは異なる形の絞輪があり、さらに素早い伝導速度（時速約720 km）を示します。

> **KEY POINT**
> 神経細胞の興奮は、電位依存性Na^+チャネルとK^+チャネルによって引き起こされる。

[*2] 慶應義塾大学医学部（当時）の田崎一二によって1939年にニホンヒキガエルの坐骨神経細胞を用いた実験で発見された。
[*3] ミエリン鞘がなくなる（脱髄と呼ばれる）病気に、多発性硬化症やギラン・バレー症候群という難病がある。活動電位の伝導速度が遅くなるため、さまざまな神経症状が表れる。

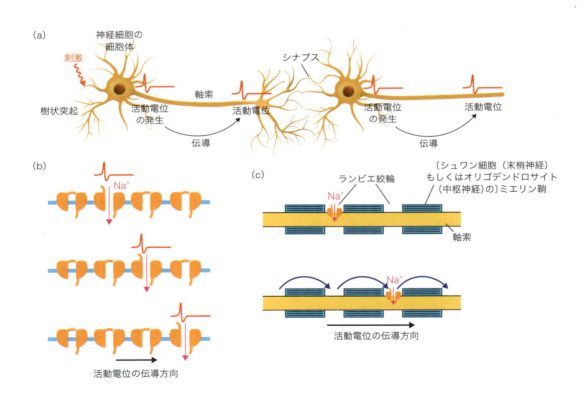

図7-3　神経細胞における活動電位の伝導
(a) 神経細胞における活動電位の発生とその伝導。(b) 無髄神経細胞における活動電位の伝導の様子（K^+チャネルは省略）。Na^+チャネルは膜電位変化に応じて連鎖的に開口する。一度開いたNa^+チャネルはしばらく不応期になるため、活動電位は一方向に伝導していく。(c) 有髄神経細胞における活動電位の伝導の様子。有髄神経では、ミエリン鞘が巻き付いていないランビエ絞輪にのみ活動電位が発生し、不連続的に活動電位が伝導される「跳躍伝導」が起こる。

7.2　刺激の伝達

　軸索の末端には、他の神経細胞と接続し、情報を伝達するための特殊な構造があり、シナプス（シナプス前終末）と呼ばれています。シナプスは次の神経細胞と接触しておらず、その間には20 nmほどの隙間（シナプス間隙）があります〔図7-4 (a)〕。

　シナプス前終末には、次の神経細胞に情報を伝えるための化学物質（神経伝達物質）を蓄えた小胞（シナプス小胞）が多数存在しています。この神経情報伝達物質がシナプス間隙に放たれて、次の細胞へ情報が伝えられます（伝達）。

　シナプス間隙へ放出される神経伝達物質には、アミノ酸、ペプチド、モノアミン、核酸、気体分子などがあります（表7-1）。

情報の受容

　シナプス間隙に開口放出された神経伝達物質は、次の神経細胞（シナプス後細胞）の樹状突起上

表7-1　神経伝達物質

アミノ酸	グルタミン酸、グリシン、γアミノ酪酸（GABA）など
ペプチド	オキシトシン（母性に関係） バゾプレッシン（抗利尿作用）
モノアミン	ドーパミン（意欲に関与） ノルアドレナリン（注意・衝動性に関与） アセチルコリン
核酸	ATP
その他の分子	一酸化窒素（NO）や一酸化炭素（CO）など

にある受容体に結合して情報を伝達します[*4]。このように神経伝達物質を用いて情報が伝えられるシナプスのことを「化学シナプス」といいます。化学シナプスには、次の神経細胞に興奮の情報を伝える興奮性シナプスと、次の神経細胞の活動を押

[*4] 神経細胞に活動電位が発生し、その神経細胞内で活動電位が伝播する状態を、伝導という。一方、活動電位がシナプス前終末まで到達した後、次の神経細胞の活動電位を発生させた場合は、伝達と呼ぶ。

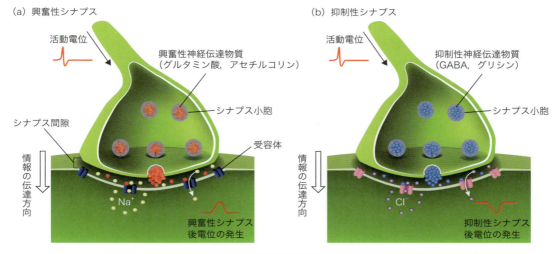

図7-4　イオンチャネル共役型受容体と興奮性シナプス、抑制性シナプス
（a）興奮性シナプスに存在するグルタミン酸受容体やアセチルコリン受容体はシナプス後細胞にNa⁺の流入を引き起こす。その結果、興奮性シナプス後電位が発生する。（b）抑制性シナプスに存在するGABA受容体やグリシン受容体は、シナプス後細胞にCl⁻の流入を引き起こす。その結果、抑制性シナプス後電位が発生する。

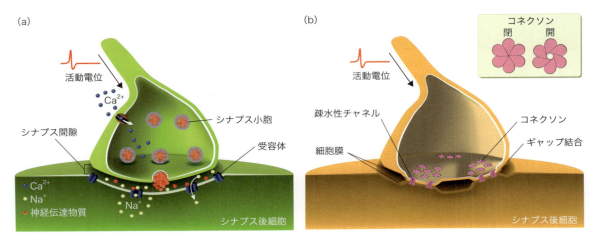

図 7-5　化学シナプスと電気シナプスによる情報の伝達
シナプスには、シナプス間隙に放出された化学物質を介して情報を伝える化学シナプス（a）と、ギャップ結合というイオンチャネル内をイオンが出入りすることで情報を伝える電気シナプス（b）との2種類がある。

さえる情報を伝える抑制性シナプスがあります〔図 7-4（b）〕。一方、次の神経細胞との間にコネキシンというタンパク質でできたギャップ結合というトンネルのような特殊なチャネル構造をもち、そのチャネルにイオンを流すことで情報を伝えるシナプスも存在します。このようなシナプスは「電気シナプス」と呼ばれ、網膜の神経細胞間や心筋細胞間での情報伝達に用いられています。電気シナプスは、化学シナプスと違って方向性をもたない代わりに、非常に速い情報伝達を行えます〔図 7-5（b）〕。

化学シナプス〔図 7-5（a）〕のシナプス後細胞には、神経伝達物質が結合することでさまざまなイオンを透過させるイオンチャネル型受容体や、Gタンパク質共役型受容体などが存在していて、神経伝達物質の受容という刺激を、膜電位の変化に変換します。例えば興奮性シナプスのシナプス後細胞にはイオンチャネル型受容体のグルタミン酸受容体やアセチルコリン受容体などが存在していて、グルタミン酸やアセチルコリンを感受することで細胞内に Na^+ を流入させ、シナプス後細胞に興奮性シナプス後電位を発生させます。一方、抑制性シナプスのシナプス後細胞にはイオンチャネル型受容体の GABA 受容体やグリシン受容体があり、GABA やグリシンを感受することで細胞内に塩化物イオン（Cl^-）を流入させ、抑制性シナプス後電位を発生させて神経活動を抑制します〔図 7-4（b）〕。

すばやい神経伝達を可能にするメカニズム　～SNARE仮説～

シナプス小胞膜上とシナプス前終末には、SNARE（Soluble N-ethylmaleimide sensitive fusion protein attachment protein receptor）というタンパク質[1]が存在し、かすがいのような機能を果たしている。シナプス小胞膜上には、小胞SNARE（vesicular-SNARE; v-SNARE）タンパク質であるシナプトブレビンが、シナプス前終末には、標的SNARE（target-SNARE; t-SNARE）タンパク質であるSNAP-25とシンタキシンが存在する。このv-SNAREとt-SNAREが特異的に結合することによって、シナプス小胞はシナプス前終末に運ばれてその場につなぎとめられ、神経伝達物質をすぐに放出（開口放出と呼ばれる）できるように準備される。このしくみは、SNARE仮説と呼ばれ（図1）、このしくみのおかげで神経細胞は素早い情報伝達を行えると考えられている。

活動電位がシナプス前終末に到着すると、その電位変化を察知して、終末の電位依存性Ca^{2+}チャネルが開き、細胞外からカルシウムイオン（Ca^{2+}）が流入する。シナプス小胞膜上には、このCa^{2+}に反応してシナプス小胞膜をシナプス前終末に融合させるタンパク質、シナプトタグミンが存在し、このタンパク質の働きによって神経伝達物質はシナプス間隙へ放出される（図2）。このシナプトタグミンが、シナプス小胞の素早い情報伝達を可能にしていること

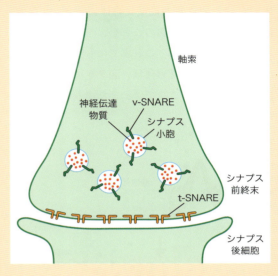

図1　SNARE仮説

を証明したスドホフは、SNARE仮説を提唱したロスマンとシェックマンと共に2013年ノーベル生理学医学賞を受賞した。

1）シナプス小胞だけでなく、小胞体やゴルジ体から産生された輸送小胞にも異なる種類のv-SNAREが存在する。それぞれのv-SNAREに対応するt-SNAREが細胞膜上に存在することで、さまざまなタンパク質を間違うことなく目的地へ輸送できる。

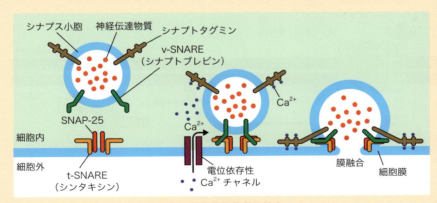

図2　神経伝達物質の放出

シナプス小胞は、シナプス前終末の細胞膜に、SNAREタンパク質同士の結合により、密着する。刺激によりシナプス小胞近傍のCa^{2+}濃度が上昇すると、シナプトタグミンの立体構造が変化し、シナプス小胞膜とシナプス前終末の細胞膜との間で膜融合が起こる。その結果、神経伝達物質がシナプス間隙へと放出される。

リガンドと受容体

　神経伝達物質のように、イオンチャネル型受容体やGタンパク質共役型受容体に結合して受容体を活性化させる物質のことを、一般的には「リガンド」と呼びます。これまでにも登場したイオンチャネル共役型受容体は、図7-6に示したように機能しますが、ここでは、また別のしくみで機能する、Gタンパク質共役型受容体について述べます。

　Gタンパク質共役型受容体には、ドーパミン受容体やセロトニン受容体などがあります。これらの受容体にドーパミンやセロトニンが結合すると、受容体自身に構造変化が起こり、細胞内に存在するα、β、γと呼ばれる三つのサブユニットからなる三量体Gタンパク質が受容体に結合します。すると、αサブユニットにGTPが結合してβとγサブユニットから外れ、自由になったαサブユニットは、情報を伝えるために標的タンパク質のもとへ移動していきます（図7-7）。この三量体Gタンパク質が活性化するタンパク質には、細胞内のcAMP濃度を変動させるものや細胞内カルシウムイオン濃度を上昇させるもの、細胞を変形させるものなどがあります。

> シナプス後細胞膜上に存在するイオンチャネル型受容体やGタンパク質共役型受容体によって情報の伝達が行われる。
> **KEY POINT**

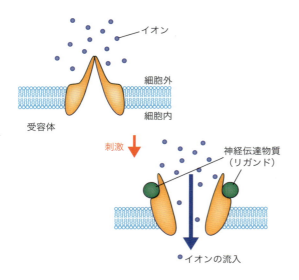

図7-6　イオンチャネル型受容体の構造と機能

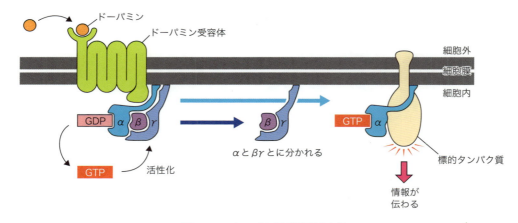

図7-7　Gタンパク質共役型受容体
受容体に神経伝達物質が結合すると、3量体Gタンパク質が構造変化し、受容体から外れる。さらに、αサブユニットとβ＋γサブユニットの二つに分かれる。αサブユニットは、情報を伝えるために標的タンパク質結合する。

神経に作用する化学物質

　リガンドの性質を利用すると、本来のリガンド以外の物質を用いて受容体の機能を操作することができる。つまり、受容体を"騙す"ことができる。受容体を活性化する物質はアゴニスト（作動薬）、逆に受容体に作用してリガンドの作用を阻害する物質はアンタゴニスト（拮抗薬）と呼ばれる（図）。

　ヒトの脳には、快感を与えるドーパミン神経細胞があり、この神経細胞は、ニコチン性アセチルコリン受容体をもつ。この受容体の本来のリガンドはアセチルコリンだが、ニコチンがアゴニストとして機能し得る。タバコにはニコチンが含まれている。タバコを吸うとニコチンが血中に取り込まれ、ニコチン性アセチルコリン受容体をもつドーパミン神経細胞が興奮し、ドーパミンが放出される。そのため、タバコを吸うと快感が得られる。しかし、ニコチンを摂取し続けると、ドーパミン神経細胞のニコチン性アセチルコリン受容体の数が減ってしまう。そのため、より多くのニコチンを摂取しなければ、ドーパミンの放出が起こらなくなってしまう。禁煙すると不安感やイライラ感など不愉快な気分が生じるのは、ドーパミンが不足するからである。

　南米の先住民族は、ツヅラフジ科の植物に含まれるツボクラリンという毒を矢の先に塗り、狩猟を行っていた。このツボクラリンは、末梢神経細胞と筋肉との接続部（神経筋接合部と呼ばれる）に存在するニコチン性アセチルコリン受容体のアンタゴニストとして作用する。そのため矢が刺さった動物は、中枢神経からの興奮情報が筋肉へ伝わらず、筋収縮が出来なくなり、呼吸困難となり窒息死する[1]。

　このように、神経細胞の受容体に作用するアゴニストやアンタゴニストには、ヒトの行動を劇的に変化させてしまうほどの効果をもつものが多い。このような物質は、さまざまな神経疾患の新しい治療薬になる可能性も秘めており、少ない量で受容体に特異的に作用する物質を見つけ出す研究が日夜、進められている。

---

1) ツボクラリンは、血液中に入ることで毒性を発揮する。一方、口から摂取しても速やかに体外に排出されるため、毒性を発揮しない。そのためツボクラリンを用いて狩られた動物を食べても窒息死することはない。

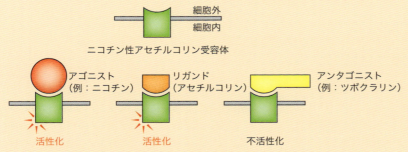

図　リガンド、アゴニスト、アンタゴニスト
神経伝達物質のことをリガンド、神経伝達物質と同じ作用を引き起こす物質をアゴニスト、逆に神経伝達物質は逆の作用を引き起こす物質をアンタゴニストという。

情報伝達物質の回収

シナプス間隙に開口放出された神経伝達物質は、速やかに回収または分解されて、シナプス間隙から取り除かれます[*5]（図 7-8）。

例えばシナプス間隙に放出されたアセチルコリンは、シナプス後細胞膜上にあるアセチルコリンエステラーゼという酵素の作用で、素早くコリンと酢酸に分解されます。また、神経伝達物質を回収するには、トランスポーターという特別なタン

[*5] 近年の研究から、アストロサイトは、神経伝達物質を回収するだけでなく、神経伝達物質（グルタミン酸、D-セリン、ATP 等）を開口放出することも明らかになってきている。

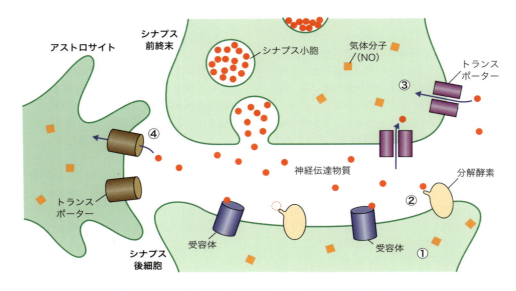

図 7-8　シナプス間隙に開口放出された情報伝達物質の回収
①シナプス後細胞膜を透過し拡散する（気体分子の NO など）、②シナプス後細胞膜上に存在する分解酵素によってシナプス間隙で分解される、③シナプス前終末のトランスポーターによって回収される、④シナプス間隙の周囲を取り巻くように存在するグリア細胞の一種であるアストロサイトの細胞膜上に存在するトランスポーターによって回収されるかのいずれかの過程を経る。

「顔のしわ取り」に毒が活躍!?

ソーセージを食べて起こる食中毒の原因菌として 19 世紀に発見されたボツリヌス菌は、ボツリヌス毒素をだす。最近、「顔のしわ取り」などの美容整形目的で、非常に微量のボツリヌス毒素（商品名：ボトックス）を顔のしわ部分に注射する施術が行われている。

顔のしわは、表情筋が収縮することで起こる。この表情筋の動きは、アセチルコリンを放出する運動ニューロンによって調節されている。顔に注射したボツリヌス毒素は、運動ニューロンに取り込まれた後、アセチルコリンの入ったシナプス小胞がシナプス前膜へ融合する際に用いるタンパク質（SNARE タンパク質）を切断し、アセチルコリンの放出を阻害する。それにより筋肉を弛緩させて、顔のしわを軽減するのである。ちなみに、毒素の作用を受けた運動ニューロンの機能は時間とともに徐々に回復するため、しわ取りの効果は数か月しか持続しない。

この毒素は、その他にも、まぶたや顔面のけいれん、多汗症の治療にも用いられている。使いようによっては、毒は薬にもなる。

パク質が必要で、シナプス前終末やアストロサイトには、それぞれの神経伝達物質に特化したトランスポーターが存在します。トランスポーターは、シナプス前終末から開口放出された神経伝達物質を細胞内へと取り込んで情報伝達を遮断させ、シナプス間隙の神経伝達物質の濃度を低く保ち、次の情報伝達に備えます。このおかげで、神経細胞は絶えず情報を次の神経細胞へ伝えることができるのです。

> シナプス間隙の神経伝達物質が、速やかに回収または分解されるしくみがある。
> **KEY POINT**

神経伝達物質を回収するしくみと脳機能のかかわり

近年、シナプス間隙の神経伝達物質を分解または回収するしくみに変調が起こると、脳機能にさまざまな影響が現れることが分かってきた。脳内のアセチルコリン量が低下[1]するとアルツハイマー病を発症するといわれている。そこでアルツハイマー病の治療では、アセチルコリンエステラーゼの阻害剤〔ドネペジル（商品名アリセプト）〕を用いてアセチルコリンの分解を抑え、アセチルコリンの量を増やすことで症状の改善が図られている。

ドーパミンを回収するドーパミントランスポーターは、ドーパミンを分泌する神経細胞にだけ存在する輸送体である。1970年代アメリカで、自家製のヘロインを注射した若者にパーキンソン病に似た病状が現れた。その後、この人工合成ヘロインにはMPTP（1-メチル-4-フェニル-1,2,3,6-テトラヒドロピリジン）という不純物が含まれており、このMPTPがドーパミントランスポーターによって神経細胞内に取り込まれ、神経細胞が死んでしまうことで、パーキンソン病に似た症状がでることが分かった。

脳内のセロトニン、ドーパミン、ノルアドレナリンの濃度が低下すると「うつ病」を発症するといわれている。そこで、セロトニン、ドーパミン、ノルアドレナリンのシナプス前終末への回収を阻害、つまりこれらのトランスポーターを阻害する薬がつくられた。現在この薬は、うつ病の治療薬として用いられ、治療効果を上げている。

その他には、アストロサイトにあるグルタミン酸トランスポーターが機能しないと、てんかんが起こることが知られている。

---

[1] 脳内のアセチルコリン量の増加とパーキンソン病は関連があるとされている。しかし、なぜアルツハイマー病やパーキンソン病に罹患すると脳内のアセチルコリン量が変動するのか、その詳細なメカニズムは分かっていない。

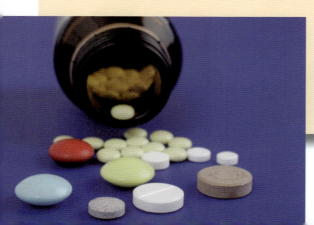

Column

7.3　筋肉を動かす

　呼吸をする、言葉を話す、走るなどの運動は、筋細胞の収縮によって行われます。この筋細胞はニューロンと同様に、化学的、電気的、機械的刺激によって興奮し、活動電位を発生します。ただ、ニューロンとは異なり、筋細胞内には収縮装置であるアクチンとミオシンが多量に存在し、活動電位の発生によってアクチンとミオシンが相互作用し、細胞が収縮します。実は、このアクチンとミオシンの相互作用は、筋収縮だけで見られる現象ではなく、細胞の分裂や移動など筋細胞以外の細胞の運動でも重要な役割を果たしています。

　ヒトを含む脊椎動物には、3種類の筋細胞があります。一つは、意思によって動かすことのできる骨格筋。二つ目は、心臓の拍動を制御する心筋、そして三つ目は、消化管や血管などの運動を調節する平滑筋です。この節では、ヒトの筋細胞の大部分を構成している骨格筋について、脳からの命令がどのように骨格筋を収縮させるのか、一連の流れについて見ていきましょう。

骨格筋

　骨格筋は、筋線維とよばれる多数の細胞が融合した多数の核をもつ巨大な細胞で、哺乳類では直径40〜100 μm、長さ数cmにもなります。筋線維は、直径約1 μmの筋原線維が束になったもので、その筋原線維のなかには、ミオシンの太いフィラメント（直径約15 nm）とアクチンの細いフィラメント（直径約5〜9 nm）が規則正しく配列され、その周囲を筋小胞体が取り囲んでいます（図 7-9）。

　筋線維は、このような規則正しい構造をもつので、筋線維の部位によって光の透過度が異なり、明暗の規則的な横紋が見られます（図 7-10）。電子顕微鏡で骨格筋を観察すると、明るく見えるI帯と暗く見えるA帯が見えます。I帯には、アクチンフィラメントしかありませんが、A帯にはアクチンフィラメントとミオシンフィラメントが存在します。I帯の中央には、暗いZ帯が、A帯の中央には、やや明るく見えるH帯があります。さらにH帯の中央には、M線があります。このH帯にはミオシンフィラメントだけがあり、中央にあるM線で反対側のミオシンフィラメントに結合しています。アクチンフィラメントは、Z帯から両側に伸び、Z帯とZ帯の間を、収縮単位「サルコメア（筋節）」といい、その繰り返しによって、横紋が形成されています。

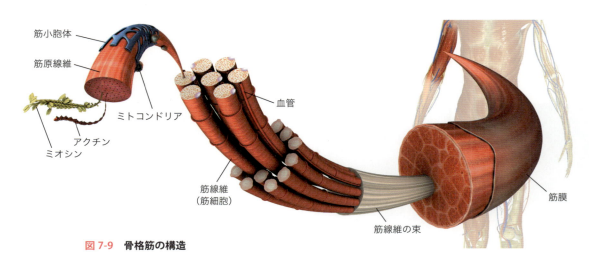

図 7-9　骨格筋の構造

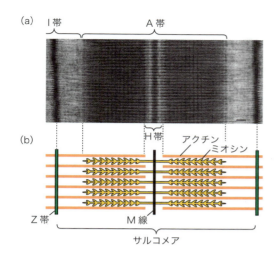

図 7-10 筋繊維の構造
(a) サルコメア（筋節）の電子顕微鏡写真。(b) サルコメア内のアクチンフィラメント（細いフィラメント）とミオシンフィラメント（太いフィラメント）の配置を示す模式図。

　では、筋収縮の際、サルコメアではどのような変化が起こるのでしょうか？　筋肉が収縮する際、実はサルコメアの距離が縮まり、Z帯どうしが近づきます。このとき、A帯の長さは変化しませんが、H帯はほとんど消失します。この変化は、アクチンとミオシンフィラメントがお互いに滑り込み、アクチンフィラメントがA帯やH帯に入り込むと考えることで説明できると考えられています。この「滑り説」[*6]は1954年にアンドリュー・ハクスレーとヒュー・ハクスレー[*7]がそれぞれ独自に提唱しました。つまり、アクチンとミオシンフィラメントが相互作用しながら相対的に動くことで筋収縮が起こるのです（図7-11 a）。

　アクチンフィラメントは、Gアクチンと呼ばれる球状のタンパク質がらせん状に重合してできたものです。アクチンフィラメントの構造は動的に変化、つまり繊維の構築（重合）と崩壊（脱重合）が常に行われています。Gアクチンは方向を揃えて重合するため、形成された繊維には極性があ

[*6] 平滑筋の収縮は、骨格筋の収縮のしくみと異なるため、滑り説では説明できない。
[*7] アンドリュー・ハクスレーとヒュー・ハクスレーは、血縁関係にない。

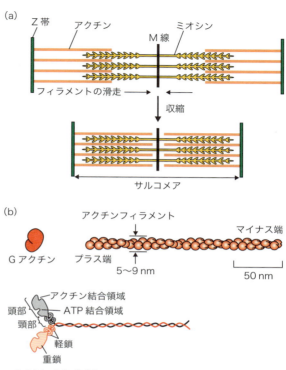

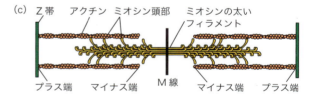

図 7-11　骨格筋が収縮するしくみ
(a) アクチンフィラメントがサルコメアの中心に向かってミオシンフィラメントの上を滑走する。その結果、各フィラメント自体の長さは変化せずに、サルコメアの長さが短くなる。(b) Gアクチンが同じ向きにらせん状に並ぶため、極性をもったアクチンフィラメントができる。ミオシンは、2本の重鎖といくつかの軽鎖からできている。頭部には、ATPを加水分解する部位とアクチンに結合する部位がある。(c) アクチンおよびミオシンフィラメントの方向は、M線を中心に反転しているので、ミオシンとアクチンの相対的な方向性は、サルコメアの両側で同じになる。

り、アクチンフィラメントの両端は、プラス端、マイナス端と呼ばれます。プラス端では重合が、マイナス端では脱重合がそれぞれ盛んになっています。

一方、太いフィラメントであるミオシンフィラメントは、ミオシンのタイプⅡ（以下、ミオシンⅡ）と呼ばれる分子が何百も集合することによって形成されています。ミオシンⅡは、球状の頭部と長い尾部をもつ重鎖と、頭部と尾部の間の頸部に結合する軽鎖からなり、2本の尾部がより合わさった構造をしています。骨格筋細胞では、このミオシン分子がさらに多数尾部で重合して、両極性をもったミオシンフィラメントを形成します（図 7-11 b）。

筋細胞の収縮装置の基本単位であるサルコメアの中では、アクチンフィラメントとミオシンフィラメントが規則正しい構造をとり（図 7-11 c）、ミオシン分子の球状の頭部がアクチンフィラメントと固く結合し、架橋（クロスブリッジ）を形成しています。また、ミオシン頭部はアクチンと結合するだけでなく、ATPにも結合し、ATPを加水分解することでアクチンフィラメントを動かす（たぐりよせる）エネルギーを生みだします（図 7-12）。ATPが存在しないと、ミオシン頭部はアクチンフィラメントに固く結合したままになります。死後硬直とは、この状態のことです。

筋収縮をコントロールするしくみ

筋繊維は、運動単位（モーター単位）と呼ばれるグループをつくっています。運動単位に含まれる筋繊維は、同一の運動ニューロンに支配されていて、神経からの情報を受け取り、同時に収縮します。筋肉を収縮させるための活動電位は、大脳から発せられ、運動ニューロンを介して、運動ニューロンの終末と筋肉との接合部である「神経筋接合部」に伝達されます。運動神経細胞の終末、

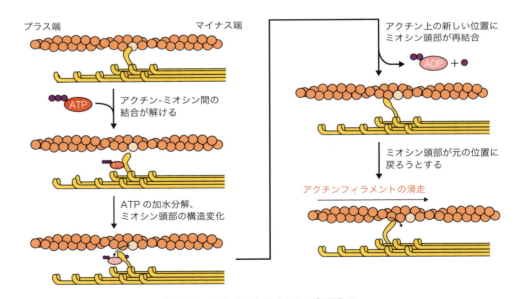

図7-12　アクチンとミオシンの相互作用
ATPの結合していないミオシンはアクチンと固く結合する。続いてATPがミオシンに結合すると、このミオシンとアクチンの結合が解かれ、ATPが加水分解され、ミオシン頸部が、レバーアームのように動いてミオシン頭部が約5 nm動くような構造変化が起こる。この状態では、加水分解産物（ADPとリン酸）は、ミオシン頭部に結合したままである。次にミオシン頭部は、アクチンフィラメントの新しい位置で再結合する。その際、ADPとリン酸を放出する。その結果、頸振り運動（パワーストローク）が起こり、ミオシン頭部が元の位置に戻ろうとするため、アクチンフィラメントがプラス端からマイナス端（つまりM線）に向かって滑り運動をすると考えられている。

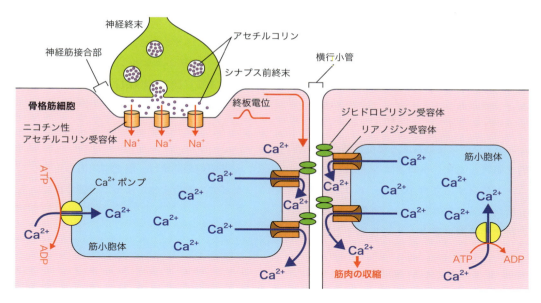

図 7-13 骨格筋の収縮調節機構
神経細胞から開口放出されるアセチルコリンは、骨格筋細胞膜の膜電位を変化させ、終板電位を発生させる。終板電位は、横行小管へ伝導する。横行小管にあるジヒドロピリジン受容体は、筋小胞体膜上に存在するリアノジン受容体と結合しており、膜電位変化により、その構造が変化する。その結果、筋小胞体から Ca^{2+} が筋細胞内へ放出され、骨格筋は収縮状態となる。その後、筋細胞質内へ流出した Ca^{2+} は、筋小胞体膜上に存在する Ca^{2+} ポンプ（Ca^{2+}-ATP アーゼとも呼ばれる）によって、筋小胞体内へ再び取り込まれ、筋細胞質内の Ca^{2+} 濃度が低下して、骨格筋は弛緩状態に戻る。

つまりシナプス前終末に活動電位が到達すると、電位依存性 Ca^{2+} チャネルが開き、アセチルコリンが開口放出されます。神経筋接合部（終板とも呼ばれる）に放出されたアセチルコリンは、筋細胞膜上に存在するニコチン性アセチルコリン受容体に結合し、その結果 Na^+ が筋細胞内に流入し、膜電位変化（終板電位と呼ばれる）が生じます（図7-13）。

終板付近で発生した活動電位は、筋細胞全体に伝わります。筋肉内部には電位依存性 Ca^{2+} チャネルがあり、活動電位が伝わると活性化し、小胞体上のカルシウムチャネルを開きます。その結果、筋小胞体に貯蔵されていた Ca^{2+} が大量に筋細胞内に放出され、筋収縮を起こすのです。なお、筋細胞内に放出された Ca^{2+} は、筋小胞体膜上にある Ca^{2+} ポンプによって素早く筋小胞体へ回収されます。

なぜ Ca^{2+} が大量に筋細胞内に放出されると筋

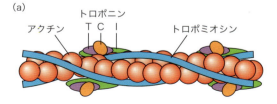

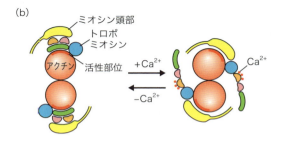

図 7-14 筋収縮の分子機構
筋細胞内の Ca^{2+} 濃度がある値まで上昇すると、トロポニンCに Ca^{2+} が結合する。その結果、トロポニンとトロポミオシンの立体構造が変化する。そして、トロポミオシンにより覆われていたアクチンのミオシン結合部位（活性部位）が表れ、アクチンがミオシンと結合し、収縮が起こる。

収縮が起るのでしょうか？ 実は、アクチン線維には、カルシウムに結合するタンパク質であるトロポニン C と呼ばれるタンパク質が結合しています。また、トロポニン C 以外にも、トロポミオシンとトロポニン I とトロポニン T が結合しています〔図 7-14 (a)〕。一方、トロポニン I は、ミオシンがアクチンと結合する部位に結合し、滑り運動を阻害します。トロポニン T は、他のトロポニンと結合するだけでなく、トロポミオシンにも結合し、これらのタンパク質をアクチン線維の特定の位置に繋ぎとめる役割をしています[8]。通常の筋細胞内の Ca^{2+} 濃度は、nM（ナノモーラー）以下の非常に低い濃度に保たれているので、トロポニン C に Ca^{2+} は結合しません。一方、筋小胞体から Ca^{2+} が放出されると、筋細胞内の Ca^{2+} 濃度は、急激に μM（マイクロモーラー）程度まで上昇します。すると、トロポニン C に Ca^{2+} が結合し、トロポニン I の構造が変化します。その結果、ミオシンがアクチンと結合できるようになり、ATP のエネルギーによって、滑り運動が起きます〔図 7-14 (b)〕。もしトロポニン遺伝子に変異があると、Ca^{2+} の感受性を変化させてしまうので、筋収縮に異常が起きます。

> 筋収縮の開始は、筋細胞内のカルシウムイオン濃度変化によって制御されている。
> **KEY POINT**

[8] ノーベル生理学医学賞受賞者であるセント=ジェルジによって、筋収縮は、ATP のエネルギーで起こることが 1938 年に報告された。しかし、江橋節郎は、ATP を取り除くと筋肉は弛緩しないことを発見し、ATP は筋肉の収縮弛緩を制御する分子でないことに気付いた。1962 年に江橋は、筋肉がカルシウムイオンによって収縮弛緩するカルシウム説を唱えたが、世界中から猛反発された。3 年後の 1965 年にカルシウムと結合するトロポニンを発見したことで、カルシウム説の正しさが証明され、認知された。

確認問題

1. 神経細胞間の情報伝達の機構について説明しなさい。
2. 神経伝達物質には、どのような物質があり、どのような作用をするのか三つほど例をあげて説明しなさい。
3. リガンド、アゴニスト、アンタゴニストの意味を説明しなさい。
4. 神経筋接合部での情報伝達機構について説明しなさい。
5. 活動電位の発生機序について説明しなさい。
6. 跳躍伝導のしくみについて説明しなさい。
7. 骨格筋の構造について説明しなさい。
8. 滑り説について説明しなさい。
9. 筋収縮のしくみについて説明しなさい。

考えてみよう！

A. なぜ神経細胞には、イオンチャネル共役型受容体と G タンパク質共役型受容体が存在するのだろうか？

B. なぜヒトを含む脊椎動物には、3 種類の筋細胞（骨格筋、心筋、平滑筋）があるのだろうか？

筋肉隆々の牛と
スーパーベビーの共通点

(2004年6月24日)

　2004年、生まれながらにして隆々とした筋肉をもつ"スーパーベビー"が誕生した。この赤ん坊は、ミオスタチンという、筋細胞の増殖分化を抑制する物質をつくる遺伝子に異常があり、筋細胞の増殖が抑制されないことがわかった。

　ミオスタチンはもともと、筋肉量が異常に多いベルジアンブルー牛（写真）の遺伝子を解析する過程で発見されたものです。ベルジアンブルー牛は、第二次大戦後のヨーロッパの食糧需要増大に応えるため、乳牛のホルスタインと体格のがっしりしたイギリスのショートホーンを交配させてつくられた品種で、1997年にアメリカ・ジョンズホプキンス大学のグループが解析した結果、ミオスタチン遺伝子（GDF-8遺伝子）に11塩基の欠損があることがわかりました。ベルジアンブルー牛もスーパーベビーも、ミオスタチン遺伝子に変異があるために筋細胞の増殖が抑制されず、隆々とした筋肉をもつようになったと考えられます。この発見は、ミオスタチンの機能を阻害すれば筋肉量を増やせるという可能性を示唆しています。将来的には、筋肉量が減ることで起こる病気、例えば筋ジストロフィーやサルコペニア（加齢に伴う筋肉量減少症）の治療のために、ミオスタチンの機能を阻害する薬が利用されるようになるかもしれません。

From the NEWS

8章 神経系の構造

- 8.1 神経系の全体像
- 8.2 中枢神経系
- 8.3 末梢神経系
- 8.4 脳・神経系の病気

ここまで、神経系を構成する細胞について述べてきたが、神経系を理解するには、ニューロンやグリアという個々の細胞の構造と機能を知るだけでなく、これらの細胞によって構築される神経系（システム）全体の構造と機能を知る必要がある。また、神経系の機能の破綻は、私たちの日常生活に影響を及ぼす病気を引き起こすが、病気を治療するにも神経系の深い理解が必要不可欠である。

Topics

▶ 右脳派・左脳派は存在するか

クリエイティブで感受性豊かな人は「右脳派」、論理的思考が得意で分析力に優れた人は「左脳派」…、このような話を聞いたことがあるかもしれません。しかし、左右どちらの脳をよく使うかということとヒトの性格には、関係がないと考える専門家もいます。

アメリカの研究グループが、7歳から29歳の被験者1000名以上のMRIデータを再解析した結果を学術雑誌に発表しました。この研究を行った研究者は、「言語機能などの脳機能の一部が左右どちらかの大脳半球だけで生じることは疑いない事実だ。しかし個人により、どちらかの半球だけが優位という結果は得られなかった」と述べています。

2013年8月14日（*PLoS ONE* 誌より）

8.1 神経系の全体像

哺乳動物の神経系は二つに大別されます。一つは中枢神経系（CNS；central nervous system）、もう一つは末梢神経系（PNS：peripheral nervous system）です（図 8-1）。

中枢神経系は脳と脊髄からなり、脳は頭蓋骨の中に、脊髄は脊柱の中にあって、骨で包まれ守られています。脳と脊髄にはそれぞれ脳室と中心管と呼ばれる中腔があり、その中は脳脊髄液で満たされています。一方の末梢神経系は、脳神経、脊髄神経、そして末梢の神経節からなります。末梢神経系は骨には包まれておらず、髄膜と呼ばれる丈夫な結合組織の膜で覆われ、保護されています。

> 神経系には、中枢神経系と末梢神経系がある。中枢神経系は脳と脊髄からなり、骨の中に収まっている。末梢神経系は、脳と脊髄以外の神経で、全身に分布する。
> **KEY POINT**

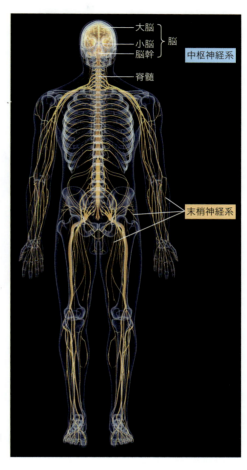

図 8-1　神経系の基本構造
中枢神経系は脳と脊髄からなり、末梢神経系は脳と脊髄以外の部分である。

8.2 中枢神経系

脳は大きく大脳、小脳、脳幹の三つの部分に分かれます（図 8-2）。

大脳は脳の最も大きな部分を占めており、中央の溝（大脳縦裂）で二つの大脳半球に分かれています（いわゆる、右脳と左脳）。ヒトの大脳にはたくさんの皺があります。また、ヒトの大脳半球は、前方・側方・後方に大きく張りだしています。額とほぼ同じ高さにある前方の部分は前頭葉、前頭葉よりも後方にある部分が頭頂葉、頭頂葉よりも後方、小脳の真上に位置する部分は後頭葉と呼ばれています（図 8-3）。側方に張りだした部分は側頭葉です。このように非常に発達したヒトの大脳は、思考、言語、認知、学習、随意運動、感覚、知覚などの機能を司っています（脳の高次機能については 14 章を参照）。

では、大脳に比べると小さな小脳は、どのよう

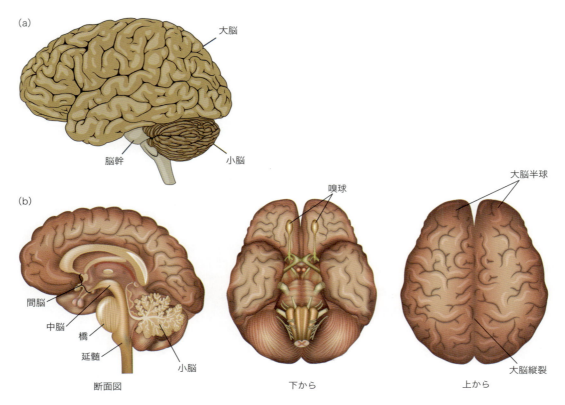

図 8-2　ヒトの脳のかたち
(a)ヒトの脳の全体像。(b)左から順に、ヒトの脳の断面図、下から見た様子、上から見た様子。

な機能を担っているのでしょうか？　小脳は大脳に比べてずいぶん小さいにもかかわらず、内包するニューロンの数では引けをとりません。小脳には運動制御中枢としての役割があります。体を動かして運動するには、単に骨格筋を収縮・弛緩するだけでなく、運動に必要なすべての骨格筋を連動的に制御する必要があり、小脳はこのような運動制御を行っています。小脳に機能障害が起こると、たとえ体を動かせても、なめらかな連続動作ができなくなります。

大脳と小脳以外の部分は、脳幹と呼ばれています。脳幹は脳の最も原始的な部分であり、さまざまな生理機能（呼吸、意識、体温調節、睡眠覚醒、生殖、摂食など）を制御しています。大脳や小脳が損傷しても生存できますが、脳幹の損傷は生命の危機に直結します。脊髄の役割は、運動神経を介して骨格筋などの効果器に指令情報を送ること

と、感覚器から得られた情報を脳に送ることです。脊髄の一部が損傷すると、損傷した部位から下位の体の部位に運動麻痺や知覚麻痺が起きます。

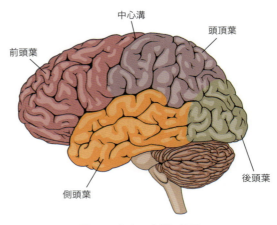

図 8-3　ヒトの大脳の区分

脊髄と反射

　脊髄（図1）の働きは脳によって調節されていますが、反射の神経回路があり、ある程度は自律的に働くことができます。随意運動を制御するのは大脳ですが、熱いものや先が鋭利なものに触れた時の回避動作を起こす際は、脳を必要としません（図2）。いい換えると、脳の指令を待っていては危険を回避するには遅すぎるので、脊髄は、感覚の情報を受け取ると、脊髄に細胞体がある運動ニューロンが興奮し、回避動作をするために筋を収縮させるのです。

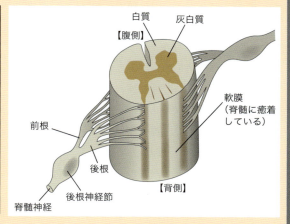

図1　脊髄の構造

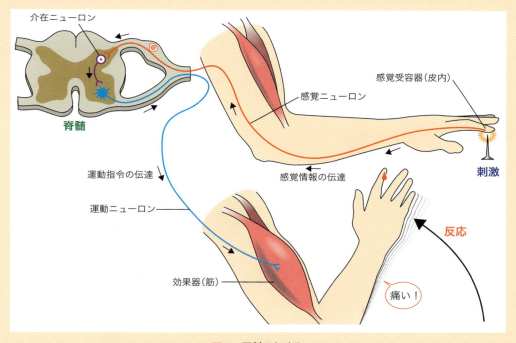

図2　反射のしくみ

髄膜と脳室系

脳と脊髄は骨の中に収まって保護されていますが、髄膜という丈夫な保護膜で覆われているため骨組織と直接接触しません。脳と脊髄を覆う髄膜は、三層の膜からなります（図8-4）。「クモ膜下出血」という言葉を聞いたことがあるかもしれません。この「クモ膜」とは髄膜の一層のことです。

最も外側の膜は硬膜と呼ばれ、厚く丈夫です。中間の膜がクモ膜で、蜘蛛の巣のような繊維性の網目構造（クモ膜小柱）があることから、その名がつけられました。最も内側の膜が軟膜です。軟膜は脳と脊髄の表面に密着した薄い膜で、毛細血管とともに脳や脊髄の中に入り込んでいます。クモ膜と軟膜の間の空間（クモ膜下腔）は脳脊髄液で満たされています。

脳脊髄液は血液からつくられ、その組成は血漿に似ています。脳脊髄液は、脳室およびクモ膜下腔を絶えず循環しています（図8-5）。このように、

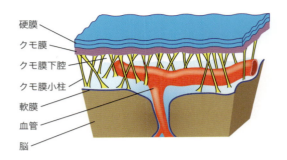

図8-4 髄膜の構造

髄膜に包まれた脳は、脳脊髄液の中に浮かんでいる状態にあり、外部からの衝撃が脳に直接伝わらないようになっているのです。

> 脳は、大脳、小脳、脳幹という三つの部分に分けられる。脳と脊髄は、髄膜で覆われて保護されている。
> **KEY POINT**

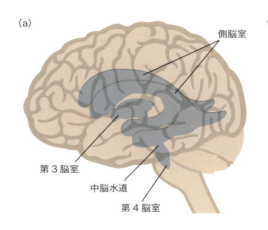

図8-5 脳室と脳脊髄液
(a)側面からみた脳室、(b)脳脊髄液の循環。

8.3　末梢神経系

　末梢神経系は、中枢神経系と身体の各部位をつなぐ神経といえます。脳から伸びる左右12対の脳神経と脊髄から伸びる左右31対の脊髄神経からなり、感覚受容器からの情報を中枢神経系に送る役目と、中枢神経系の指令情報を腺や筋に送る役目を担っています。感覚ニューロンは、さまざまな感覚受容器から情報を受け取り、中枢神経系に送ります。一方、中枢神経系に細胞体がある運動ニューロンは軸索を伸ばして、直接的あるいは間接的に筋や腺などの効果器に繋がっています。このような、感覚受容器からの情報を受け取って骨格筋を支配して運動を制御する末梢神経系のしくみは、体性神経系と呼ばれます。さらに、末梢神経系には自律神経系と呼ばれる別のシステムがあり、自律神経系は、平滑筋、心筋、腺の働きを調節しています（詳細は後述）。

脳神経

　脳神経は、脳の底部から伸びる12対の神経です（図8-6）。脳神経は、頭部と頸部の感覚情報を脳に伝える求心性軸索と、筋や腺を制御する遠心性軸索[*1]からなります。脳神経の求心性軸索には、嗅覚、視覚、味覚、聴覚、前庭感覚（平衡感覚）の情報を感覚受容器から脳に伝える軸索が含まれています。脳神経の遠心性軸索には、体性神経系に属するもの（頭頸部の骨格筋を動かす運動ニューロンの軸索）と、後述する自律神経系の副交感神経系（主に迷走神経[*2]の遠心性軸索）に属するものがあります。

[*1]　中枢神経系に向かって情報を伝える軸索は求心性軸索といい、中枢神経系から外に向かって情報を伝える軸索は遠心性軸索という。
[*2]　第10番神経である迷走神経は、胸腔および腹腔の臓器との間に遠心性および求心性の軸索を迷路のように張り巡らし、これらの臓器の機能を調節する。

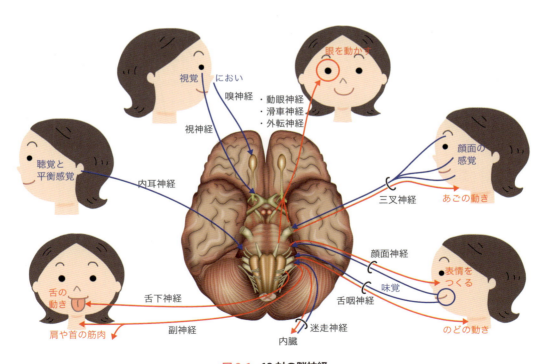

図8-6　12対の脳神経
赤色は遠心性軸索、青色は求心性軸索を表す。

自律神経系

　自律神経系は、内臓の平滑筋、心筋、分泌腺の細胞、血管の働きを調節する神経です。体性神経系は、おもに随意運動の制御と意識的な皮膚感覚に関係していますが、自律神経系による効果器の支配は、無意識的になされます。つまり、自律神経系は、自らの意志では制御できません。

　自律神経系は二つの系に分かれます。すなわち、交感神経系と副交感神経系です。いくつかの例外を除いて、身体のほとんどの部位が両方の神経系から支配を受けており、相反する効果を引き起こします。例えば、交感神経系は心拍数の上昇、消化器系の機能抑制、瞳孔の拡張に関与します（図8-7）。反対に、副交感神経系は心拍数の減少、消化器系の機能促進、瞳孔の収縮に関与します。

　脊髄（胸髄と腰髄）に細胞体がある交感神経系のニューロンは節前ニューロンといい、一部の例外を除いて、神経伝達物質としてアセチルコリンを

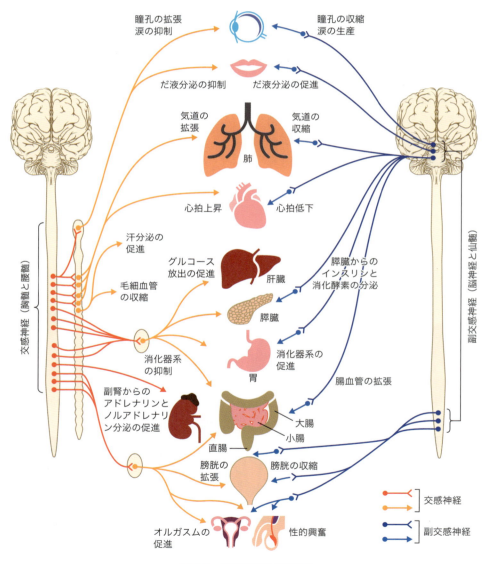

図8-7　自律神経系（模式図）
交感神経系の分布、標的器官および生理作用（左側）、副交感神経系の分布、標的器官および生理作用（右側）。

放出します。節前ニューロンとシナプス結合する節後ニューロンは、内臓、血管、汗腺などの標的器官に神経終末を伸ばしています。節後ニューロンはノルアドレナリンを放出します。

副交感神経系の節前ニューロンの細胞体は橋、延髄および仙髄にあります（図8-7）。交感神経系の節前ニューロンと同様に、副交感神経系の節前ニューロンも節後ニューロンとシナプスを形成

します。副交感神経系の節前ニューロンと節後ニューロンはともに神経伝達物質としてアセチルコリンを放出します。

> **KEY POINT**
> 末梢神経系には、感じて動くための神経系（体性神経系）と、内臓・分泌腺・血管などの働きを無意識的に調節する自律神経系がある。

8.4 脳・神経系の病気

これまで述べてきたように、脳は、ヒトが感じて動くための司令塔として大きな役割を果たしています。そのため脳に障害が生じると、それらのしくみが正常に機能しなくなってしまいます。また、（例外はありますが）大人になると基本的には脳内の神経細胞は増殖できませんので、脳の特定部位に障害を受けて神経細胞が死んでしまうと、その脳の部位の機能は損なわれてしまいます。

脳の病気にもさまざまなものがありますが、なかでも最も頻度が高いのが脳血管疾患です。2013年の厚生労働省人口動態統計月報年計によると、全死亡者の9.9％が脳血管疾患によるもの

です（図8-8）。脳血管疾患には脳内出血、クモ膜下出血、脳梗塞などが含まれます。脳内出血やクモ膜下出血は、血管が破裂することで、脳内あるいはクモ膜下腔に血液が溜まり、脳の組織が圧迫されることで神経細胞が死ぬ病気です（図8-9）。一方、脳梗塞は、何らかの原因で脳の血管が内部から詰まってしまう病気で、詰まった部位から先に血液が届かなくなり、酸素と栄養が行き渡らなくなることで最終的に神経細胞が死んでしまいます。以前は高血圧による脳出血が、脳血管疾患の最大の原因でしたが、食事の減塩や高血圧の降圧薬の発達により、脳出血死亡は減少しています。

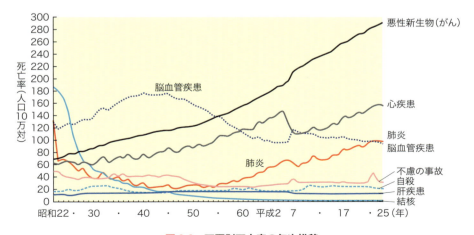

図8-8　死因別死亡率の年次推移
（厚生労働省のホームページより）

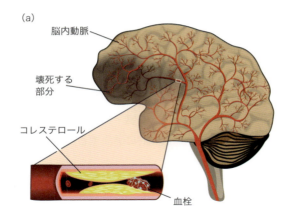

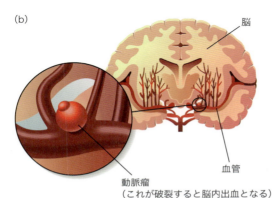

図 8-9　脳梗塞と脳出血

逆に、現在ではメタボリックシンドロームなどの全身代謝疾患が原因で血管に脂肪が蓄積した結果起こる脳梗塞が増加しています。

筋萎縮性側索硬化症（ALS）

　グルタミン酸毒性（下記のコラム参照）が病気の発症、増悪に関連することが報告されている病気として、筋萎縮性側索硬化症（amyotrophic lateral sclerosis；ALS）があげられます。この病気は、随意運動の障害を始め、最終的には呼吸筋を含むさまざまな筋肉が動かなくなっていく難病で、日本における ALS 発症率は年間 10 万人あたり 2 人程度と推計されています。

　筋肉が動かなくなる他の病気として、筋線維そのものに異常をきたす「筋ジストロフィー」が知られていますが、ALS は筋ジストロフィーとは異なり、筋肉を動かす脊髄の運動ニューロン等が死滅していく病気です。この病気の例からも理解できるように、筋肉を維持して正常に働かせるためには、神経細胞から筋肉への適切な情報伝達が必要です。

興奮しすぎると脳細胞が死ぬ!?

　神経細胞が死ぬ原因の一つとして、通常は興奮性の神経伝達物質として働くグルタミン酸が低栄養、低酸素状態では過剰に放出され、大量のグルタミン酸を受容した細胞が興奮しすぎて死んでしまうグルタミン酸毒性仮説が提案されている（図）。正常な時には神経活動に必須の分子が、特定の病的な条件下では逆に細胞を殺してしまうというのは皮肉ではあるが、神経活動というのはそもそも細胞の立場から見るとよいことばかりではないのかもしれない。実際、近年の研究によると、正常に神経が興奮している時ですら、（後に修復はされるが）DNA の 2 本鎖切断が安静時よりも多く起こるようである。

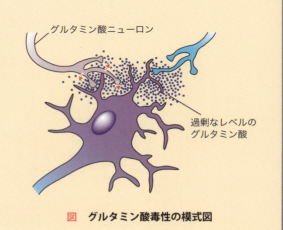

図　グルタミン酸毒性の模式図

パーキンソン病

運動障害を引き起こす脳の病気として、パーキンソン病があげられます（図 8-10）。この病気になると、動きが遅くなる、手足が震える、筋肉がこわばるといったような運動障害が現れます。微細な運動制御を司る中脳にあるドーパミンニューロンの変性により、大脳基底核・線条体で神経伝達物質として放出されるドーパミンが減少することがパーキンソン病の原因となることが分かっています。そのため、ドーパミンの前駆物質を投与するなどの薬物治療が行われていますが、根治できる治療法はまだ見つかっていません。

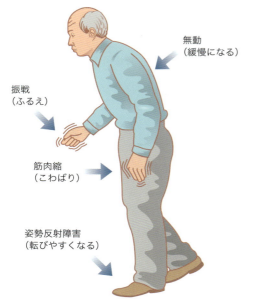

図 8-10　パーキンソン病の患者に現れる主な症状

認知症

年をとってくると、徐々にもの忘れが多くなってきます。もの忘れが増えること自体は異常なことではありませんが、家族の顔や自宅の場所を忘れるなど、生活に支障がでるほどの症状は「認知症」と呼び、通常の物忘れと区別します。認知症には、前述の脳梗塞などが原因で起こる脳血管性認知症に加えて、脳内の神経変性が原因となるアルツハイマー型認知症やレビー小体型認知症[*3]などが知られています。後者では特に、記憶を司る海馬や大脳皮質といった脳領域において、広範

From the NEWS

アイス・バケツ・チャレンジ

（2014 年夏）

2014 年、筋萎縮性側索硬化症（amyotrophic lateral sclerosis；ALS）の研究支援のための「アイス・バケツ・チャレンジ」という運動がアメリカから始まり、世界の著名人が参加して話題になった。

「アイス・バケツ・チャレンジ」は、Twitter や Facebook などのソーシャル・メディアに氷水をかぶった動画をアップロードするか、アメリカの ALS 協会に 100 ドルを寄付するかを選択し、実行後は次に挑戦する人を指名していくというしくみのキャンペーンです。チェーンメール式の手法の是非については議論となりましたが、最終的に非常に多くの寄付金が集まり、ALS に対する一般の認知度も高まったため、進行の早い難病の治療法を一刻も早く見つけるための運動という意味では有効であったと評価できます。読者のなかには、ALS の他にどのような難病があるのか、また厚労省や WHO などの諸機関がどのように難病治療に取り組んでいるか知らない人も多いでしょう。難病情報センター（http://www.nanbyou.or.jp）等のホームページから情報を得て、掘り下げて調べてみてはいかがでしょう。

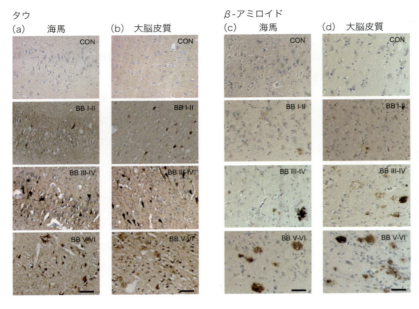

図 8-11 アルツハイマー病の脳に見られる特徴
(a)、(b) はタウを、(c)、(d) はβ-アミロイドの蓄積を可視化した。BB は、病理学的なアルツハイマー型認知症の重篤度の指標である Braak and Braak ステージ。最上段は健常者で、下に進むほど重篤度が高い。

囲に神経細胞が死滅していきます。

　アルツハイマー型認知症の原因としては、二つの仮説が有力視されています。第一の仮説は、β-アミロイドという細胞外に分泌される繊維状タンパク質を原因とする説です。β-アミロイドは「βシート」と呼ばれるタンパク質の部分構造を含んでおり、これらが相互に結合することでアミロイド斑(老人斑)と呼ばれる凝集物がつくられます(図 8-11)。アルツハイマー型認知症では、この老人斑が長年にわたって脳内で蓄積・凝集することで毒性を発揮し、神経活動を阻害するのではないかと考えられています。もう一つの仮説は、神経軸索内の微小管の機能と維持に重要なタウと

いうタンパク質を原因とする説です。このタウというタンパク質は、過剰にリン酸化されると細胞内で凝集し、神経原線維変化と呼ばれる構造物になります。その結果、やはり神経細胞の働きが阻害される、というものです。世界の認知症患者は現在 3,000 万人に達しています。日本を含めて世界的に高齢化社会が進行することで、認知症の患者数はますます増えると予想されています。上記の仮説を基に、β-アミロイドとリン酸化タウを標的とする認知症治療薬の開発が進められています。

---

*3　レビー小体型の認知症も、α-シヌクレインというタンパク質が凝集してレビー小体という塊が形成されることが神経変性の原因であると考えられている。俳優のロビン・ウィリアムズが患っていたことで有名である。

> 体の司令塔である脳や神経系に障害が起こると、運動機能や認知機能などさまざまな生命現象が正常に機能しなくなる。
> **KEY POINT**

プリオン

　ここまで、脳の中で自律的に形成されるタンパク質の凝集が脳の機能低下につながる例を見てきたが、伝染性がある神経変性疾患の例も紹介する。「伝染性がある」というと細菌やウイルスを想像する人が多い。しかし、タンパク質それ自体が自己複製を行い、病原体となることもある。

　アメリカのプルシナーは、羊の神経変性疾患であるスクレイピーの原因を調べる中で、プリオンと呼ばれる感染性タンパク質を発見した。このタンパク質は、脳の中に普通に存在している正常型は特に神経細胞に悪影響を及ぼさず、むしろ神経活動の機能維持に重要な役割を果たす。一方、感染型のプリオンはβ-アミロイドのように重合する性質をもっている(図)。感染型のプリオンが一旦脳に入ると、感染型と結合することで正常型のプリオンの形状が変化して感染型となり、それらが集まることでアルツハイマー型認知症と同じようにアミロイド斑が形成され、神経変性疾患が発症することが報告されている。このようなプリオン病は羊のみならず牛やヒトにも存在する。2000年代の初頭には、主にヨーロッパやアメリカを中心に、「牛海綿状脳症（BSE）」と呼ばれるプリオン病を患った牛の脳を含んだ食事を食べたことにより、ヒトが「変異型クロイツフェルト

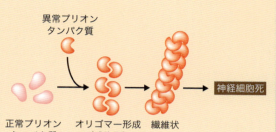

図　プリオン・タンパク質が脳の異常を引き起こす

＝ヤコブ病」という致死性の認知症に罹患する可能性が示唆され、大騒ぎになった。この場合には、牛の変異型プリオンがヒトの脳内でヒトの正常型プリオンを変異型に変化させたことが、発症につながったのだろうと推測される。現在では世界各国でプリオンの伝染を拡大させる元となった肉骨粉に関して規制が行われているので過剰に心配することはないが、日本では、現在でも感染性を重く見て、イギリスやEUで肉骨粉の規制が行われるまでの期間、長期にわたって滞在していた渡航者には献血制限が課せられている。プルシナーは、これらのプリオンの感染機構を解明した研究の業績により、1997年にノーベル生理学医学賞を受賞している。

Column

確認問題

1. 中枢神経系の構造を説明しなさい。
2. 髄膜の構造と働きを説明しなさい。
3. 自律神経系の機能について説明しなさい。
4. 体性神経系の機能について説明しなさい。
5. 脳血管疾患にはどのような種類があるか説明しなさい。
6. ALSと筋ジストロフィーの違いについて説明しなさい。
7. パーキンソン病がどのような病気なのか説明しなさい。
8. 認知症はどのような原因で起こるのか説明しなさい。
9. プリオンを原因として起こる病気はどのようなものか説明しなさい。

考えてみよう！

A. ヒトの脳の外観や内部の構造について学んだが、動物の脳との類似点や相違点はあるだろうか。考えてみよう。
B. 脳以外の他の臓器の異常が脳の病を誘導する例として脳血管疾患を示した。身体の異常が脳の異常を引き起こす他の病気について一つ調べ、どのように脳の異常を引き起こすのか考察してみよう。

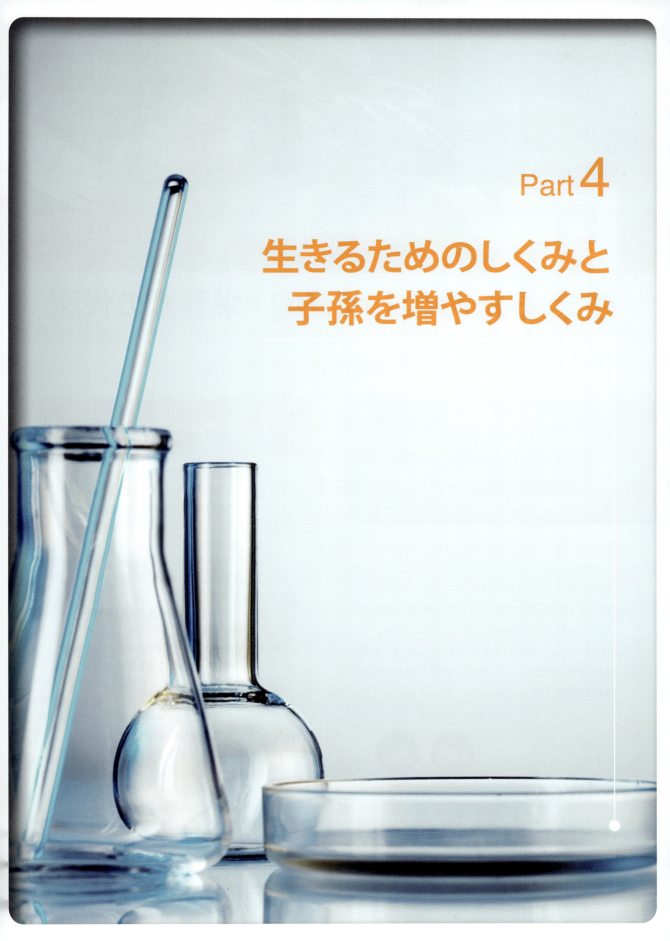

9章
生きるためのしくみ① 栄養素の代謝

- 9.1 栄養素の取り込み
- 9.2 食物の消化と栄養素の吸収
- 9.3 取り込んだ栄養素の代謝
- 9.4 代謝の経路

ヒトが「生きる」ためには、どのようなものを外界から取り込まなければならないだろうか。水、空気、食物などが思い浮かぶだろう。そこで本章ではヒトが生きて活動するためのエネルギーのもととなる物質、栄養素について学ぶ。また、外界から取り込んださまざまな食物を、体内で利用できる物質に変換するしくみ、余剰となった物質を体内に貯蓄するしくみについても学ぶ。

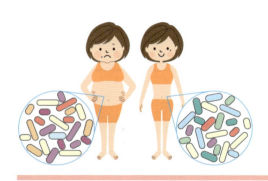

Topics
▶ 肥満と腸内細菌叢の関係

ヒトの腸内には、少なくとも約1000種類以上、約1000兆個以上もの微生物が棲んでいます。これらの微生物群集は「腸内細菌叢」または「腸内フローラ」と呼ばれ、近年、腸内細菌叢がヒトの肥満に関係していることがわかりました。
ワシントン大学のグループは、1人が肥満で、もう1人は痩せているという双子を募集し、4組の女性の双子それぞれから腸内細菌叢を採取、無菌マウスの腸に"移植"する実験を行いました。その結果、同じエサを与えたにもかかわらず、肥満の人の腸内細菌叢を移植した無菌マウスは、痩せた人の細菌叢を移植したマウスよりも体重が増加しました。ただし、痩せタイプの細菌叢を移植したマウスであっても、食物繊維が少なく飽和脂肪酸を多く含む高脂肪食を続けると、体重は増加しました。この研究は、腸内細菌叢が肥満治療薬のシーズ（種）になる可能性を示しています。しかし腸内細菌は1000種類以上もいて、個々の細菌の詳細な機能はまだわかっていません。「夢のやせ薬」の完成には、まだ時間がかかりそうです。

2013年9月6日（*Science*誌より）

9.1　栄養素の取り込み

　植物は、水と二酸化炭素を用いて光合成を行うことでエネルギーを産生し、自身の成長や生命の維持を行うため、独立栄養生物と呼ばれます。一方、ヒトは、生きるために動物（肉や魚）、植物（野菜）、そして微生物（乳酸菌、納豆菌）などを摂取するので、従属栄養生物と呼ばれます。

　私たちヒトが生命維持に必要なエネルギーや体を構成する物質を産生するためには、食物をただ摂取するだけではなく、食物に含まれる三大栄養素、つまり糖（グルコース）、アミノ酸、脂質を体内で使えるかたちで取りだす必要があります。しかし、食物中にはこれらの栄養素が複雑な化合物の状態で存在するため、食物を細かく分子のレベルまで分解する必要があります。これが消化管で行われる「消化」です。

　消化管は、口から肛門まで、ひとつづきの管のように体内を貫通しています。食物は、消化管の筋肉の収縮によって口から肛門方向へ一方向に運搬され、その過程で通過する胃、十二指腸、小腸で消化されます。そして、体に必要な栄養素は、小腸の微絨毛や大腸の壁を通して吸収され、吸収されなかったものは体内の老廃物とともに、肛門から排泄されます（図 9-1）。

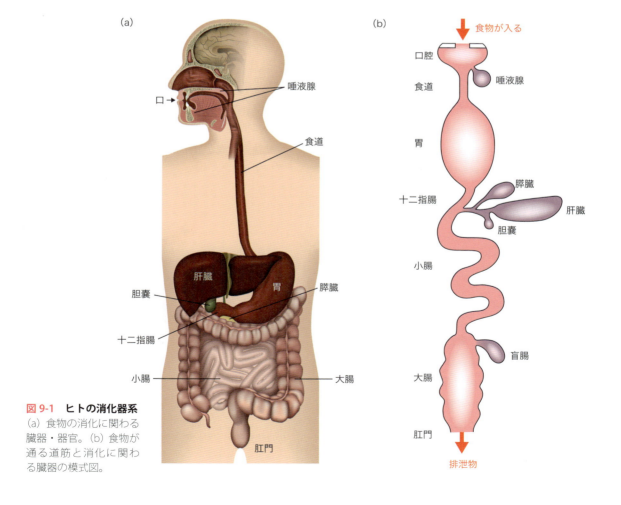

図 9-1　ヒトの消化器系
(a) 食物の消化に関わる臓器・器官。(b) 食物が通る道筋と消化に関わる臓器の模式図。

腸内の免疫システム

消化管は体内にあるが、食物が通る消化管の内部（内腔と呼ばれる）は、体外である（3章も参照）。そのため、消化管の壁は、皮膚と同様に体外の異物を認識する機構、つまり免疫機能（腸管免疫と呼ばれる；13章参照）が発達している。毎日摂取する食物には、さまざまな微生物やウイルスも含まれているが、この腸管免疫により病原体が腸から感染するのを防いでいる。腸管免疫は、食物の成分には反応せず、病原体にのみ反応し、異物を体外に排除するように働きかける。本来は反応しないはずの食物成分に対して免疫システムが応答してしまうのが食物アレルギーである。

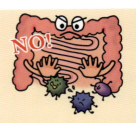

9.2 食物の消化と栄養素の吸収

それでは、食物が消化・吸収される様子を、順に見てみましょう。

口から胃へ

口に運ばれた食物は、まず歯と舌によって細かく咀嚼され、唾液と混ぜられて、飲み込みやすい状態に変えられます。唾液は、口腔の唾液腺から分泌される消化液の一種で、デンプンを分解するアミラーゼという酵素を含んでいます。コラムで説明したように、口腔を含め消化管は「体外」ですので、唾液腺は、汗腺などと同じ「外分泌器官」に分類されます。

飲み込まれた食べ物は、食道を通過して、胃（図9-2）へと運ばれます。

胃の構造と機能、そして十二指腸へ

胃の内側表面には、数百万以上の小さなくぼみがあります。このくぼみは胃小窩と呼ばれ、くぼみの底は、細い管状の胃腺につながっています。胃に運ばれた食物は、胃腺から分泌される胃液と混ぜられます。胃液には、タンパク質を分解するペプシン、脂質を分解するリパーゼ、そして胃酸が含まれています。最終的に食物は、おかゆのような流動状になり、十二指腸へと運ばれます。しかし、流動状になった食物には、強酸の胃液が残っているため、そのまま十二指腸へと運ばれてしまうと、十二指腸を溶かしてしまいます。そのため、胃と十二指腸の間には括約筋でできている「幽門」があり、流動状になった食物をゆっくりと少しずつ十二指腸へと送りだします。幽門部では、アルカリ性の粘液が分泌されていて、食物の酸性度を下げます。

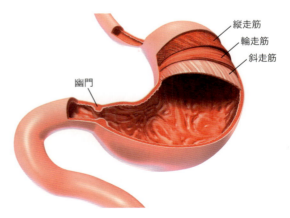

図 9-2　胃の解剖図
胃は蠕動運動で食物の消化を促進するため、伸縮方向の異なる三層の筋層をもつ。十二指腸への出口である幽門は、消化が終わるまで閉じられている。

胃酸の役割

　胃液に含まれるペプシンは、タンパク質を加水分解するプロテアーゼの一種である。では、同じタンパク質でできている胃壁や胃の腺細胞は、ペプシンで分解されないのだろうか？　実は、胃腺の底部に存在する主細胞は、ペプシンの前駆体であるペプシノーゲンをつくって分泌している。ペプシノーゲンはプロテアーゼ活性をもたないため、主細胞が消化されることはない。その後、壁細胞[1]から分泌される胃酸と混ざることによって、胃酸の強酸でペプシノーゲンの立体構造が変化し、一部分が切断され、活性型ペプシンへと変化する。ペプシノーゲンからペプシンへと成熟するまでは、タンパク質や胃の細胞は消化されない。また、胃の表面には大量の粘液[2]が分泌されているので、胃の表面の細胞は、胃酸やペプシンから守られている。活性化したペプシンは、中性やアルカリ性の条件になると不可逆的に立体構造が変化し、不活性化される。胃酸には、ペプシノーゲンを活性化するだけでなく、肉や魚などの組織を破壊、食べ物に含まれる細菌やウイルスなどを死滅させる働きもある（図）。

[1] 壁細胞は、ヒスタミン、アセチルコリンなどのホルモンを感受して塩酸を分泌する。壁細胞には、ヒスタミンH2受容体が存在する。胃痛や胸やけ時に飲む薬は、このヒスタミン受容体の機能を阻害する。

[2] 粘液は、ムチンと呼ばれる分子量100から1000万の非常に大きい糖を多量に含む糖タンパク質である。粘液は、細胞の保護や潤滑物質として働き、消化管や鼻腔などの粘膜はムチンで覆われている。ウナギのぬめりもムチンである。

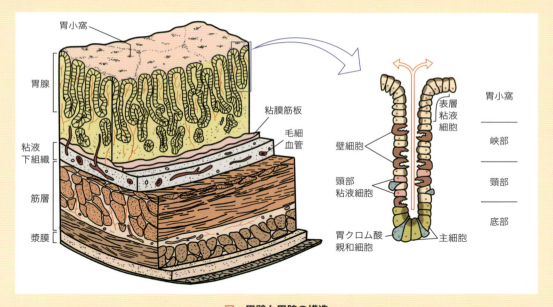

図　胃壁と胃腺の構造
（左）胃壁の構造。胃は、表面から粘膜層と筋層に分けることができる。胃の表面には胃小窩と呼ばれる小さな穴が多数あり、この胃小窩につながっている胃腺から胃液が分泌される。胃腺の下には血管があり、さらにその下には筋肉や漿膜がある。この筋肉や漿膜のおかげで胃は蠕動運動できる。（右）胃腺の構造。胃腺の一番下から、底部、頸部、峡部、胃小窩と呼ばれる。底部には、主細胞と胃クロム親和性細胞が存在する。頸部には粘液を分泌する頸部粘液細胞が、峡部には胃酸を分泌する壁細胞が、そして胃小窩には、粘液を分泌する表層粘液細胞が存在する。

十二指腸から小腸へ

　胃で消化された食物は、十二指腸へと運ばれます。十二指腸には、膵管の出口があり、膵管は膵臓とつながっています。膵臓は、この膵管を通して消化酵素を十二指腸へと分泌しています（図9-3）。この機能を、膵臓の外分泌機能といいます。膵臓から分泌される消化酵素には、タンパク質を分解するトリプシンやキモトリプシン、RNAを分解するリボヌクレアーゼ、DNAを分解するデオキシリボヌクレアーゼ[*1]、脂肪を分解するリパーゼ、デンプンを分解するアミラーゼが含まれます（表9-1）。また、膵臓からは重炭酸ナトリウムも分泌されていて、胃から運ばれてきた酸性の消化物を中和することで、ペプシンを不活性化して、十二指腸や小腸を胃酸から守る役割があります。また、膵臓から分泌された消化酵素が機能する中性（pH 8 程度）の状態をつくりだすのにも一役かっています。

　十二指腸には、肝臓で産生される胆汁を運ぶための胆管の出口もあります。胆汁は、胆嚢[*2]に貯蔵された後に十二指腸へ放出され、水とイオン、コレステロール、脂肪酸、胆汁酸塩、胆汁色素（ビリルビン）などを含みます。食物に含まれる脂肪（トリグリセリド）は水に溶けにくく、すぐに凝集

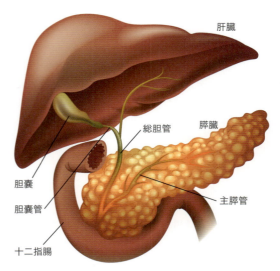

図 9-3 肝臓と膵臓の構造

するので、そのままでは消化できないのですが、胆汁に含まれる胆汁酸塩が凝集した脂肪を小さくし、リパーゼが働きやすい環境を整えます。こうしてリパーゼが、トリグリセリドをモノグリセリドと遊離脂肪酸に分解します。

[*1]　食物由来のDNAやRNAは、デオキシリボヌクレアーゼやリボヌクレアーゼで分解される。食物由来の遺伝子は、ヒトの細胞内に取り込まれることはないと考えられる。
[*2]　胆石は、胆嚢内にコレステロールや胆汁酸がうっ滞することでできると考えられている。胆石は、胆管を詰まらせ、胆汁の流れをせき止めるので、脂質消化を低下させる。

表 9-1　各臓器が分泌する消化酵素のまとめ

産生臓器	酵素	作用
唾液腺	アミラーゼ	多糖を分解
胃	ペプシン	タンパク質をペプチドに分解
膵臓	トリプシン	ポリペプチドやタンパク質のペプチド結合を切断
	キモトリプシン	トリプシンと同様
	アミラーゼ	デンプン分子をマルトースに分解
	リパーゼ	トリグリセリドを脂肪酸に分解
	リボヌクレアーゼ	RNAを核酸に分解
	デオキシリボヌクレアーゼ	DNAを核酸に分解
小腸	マルターゼ	マルトース（麦芽糖）をグルコースに分解
	スクラーゼ	スクロース（ショ糖）をグルコースと果糖に分解
	ラクターゼ	ラクトース（乳糖）をグルコースとガラクトースに分解
	アミノペプチターゼ	ペプチドをアミノ酸に分解

小腸周辺における栄養素の吸収と輸送

小腸の表面には、栄養素を吸収するための小腸上皮細胞がびっしりと並んでいます。さらに、小腸上皮細胞には細胞1個あたり約3000本もの微絨毛があり、この微絨毛が細胞の表面積を増やして、栄養素の吸収効率を上げています（図 9-4）。

タンパク質は、プロテアーゼによってアミノ酸単体やアミノ酸が数個結合したポリペプチドに分解され、小腸上皮細胞の細胞膜上にある輸送体タンパク質（トランスポーター）により細胞内に取り込まれ、毛細血管へと運ばれます。

一方、炭水化物は、小腸上皮細胞の細胞表面にある、終末消化酵素による消化を受けます。炭水化物は、小腸に輸送されるまでにオリゴ糖（単糖が数個〜数十個つらなった分子）にまで分解されています。オリゴ糖は、小腸上皮細胞の終末消化酵素によって最も小さい糖であるグルコースに分解され、小腸上皮細胞に取り込まれた後、毛細血管へと運ばれます。終末消化酵素を欠損すると、特定の栄養素を消化できず、体内で利用できなくなります。

脂肪の吸収を見てみましょう。モノグリセリドと遊離脂肪酸にまで消化されたトリグリセリドは、いったん小腸上皮細胞に取り込まれます。そして細胞内の脂肪酸と反応し、再度トリグリセリドが合成されます。このトリグリセリドは、細胞内で集合して脂肪滴を形成し、細胞内のリポタンパク質に包まれます。これを「キロミクロン」といい、この処理によりトリグリセリドは親水性、つまり水中で安定に存在できるように変化します。その後キロミクロンは、小腸上皮細胞内から細胞外へと放出され、リンパ細管に取り込まれます。一方、小腸上皮細胞内の短鎖、中鎖脂肪酸は、キロミクロンには取り込まれず、直接、毛細血管へと運ばれます（図 9-5）。

こうして小腸で吸収されたガラクトース、フル

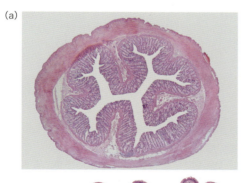
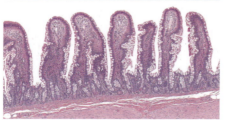
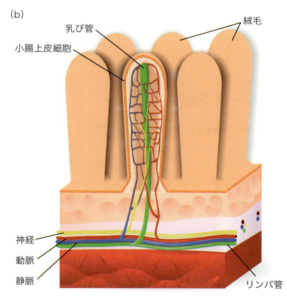

図 9-4　小腸の絨毛

小腸は、栄養素の吸収効率を上げるために表面積を増やす戦略を取っている。(a) 小腸内部のひだ構造。上は小腸の断面図、下は絨毛の拡大写真。(b) 個々の絨毛には毛細血管網があり、グルコースやアミノ酸がこの血管網へ吸収される。また、絨毛の中心部には乳び管と呼ばれる細いリンパ管が1本縦走している。脂肪は水に溶けないため、キロミクロン（カイロミクロン）となり（詳細は図 9-5 参照）、乳び管へ運ばれる。乳び管は次第に集合して太いリンパ管となり、最終的に左鎖骨下静脈へとつながり、血管へ合流する。乳びとは、脂肪や遊離脂肪酸が乳化してリンパ液と混ざり合い、乳白色になった体液のことをいう。

124　Part4　生きるためのしくみと子孫を増やすしくみ

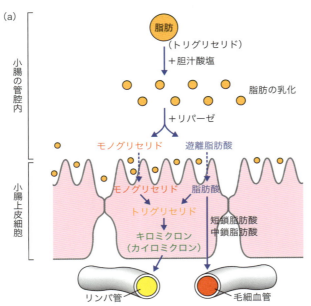

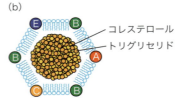

図 9-5　脂肪の消化と吸収
(a)小腸では、脂肪がモノグリセリドと脂肪酸に分解されて小腸上皮細胞に吸収された後、ふたたびトリグリセリドに合成される。
(b)キロミクロン（カイロミクロン）は、トリグリセリド・リン脂質・コレステロール・タンパク質からなるリポタンパク質である。脂質は水に不溶性のため、血液中では、アポリポタンパク質と結合してリポタンパク質となり、輸送される。図中のA、B、C、Eは、それぞれアポリポタンパク質A、B、C、Eである。

クトース、グルコースなどの単糖類や、アミノ酸、脂質を含む血液は、門脈を介して肝臓[*3]へと運ばれます。

*3　カニミソやエビミソと呼ばれる部分は、中腸腺と呼ばれ、肝臓と膵臓の機能を併せもつ器官である。

> **KEY POINT**
> 小腸では、食物の最終的な消化を行い、食物に含まれる大部分の栄養素を吸収する。

ラクトース不耐症

　オリゴ糖の一種であるラクトース（乳糖）は、ラクターゼによりガラクトースとグルコースに分解されます。母乳には、ラクトースが含まれおり、乳幼児の体内ではラクターゼが産生されていますが、成人になるとラクターゼを産生しなくなる場合があります[1]。そのため、成人がラクトースを含む食品、例えば牛乳を多量に摂取すると、ラクトースを消化することができずに下痢をしてしまうことがあります。このラクトースに高圧水素を添加するとラクチトールと呼ばれる「糖アルコール」がつくられます。糖アルコールには、キシリトール、マルチトール、ソルビトールなどがあり、甘味料としてさまざまな食品に添加されています。例えば、ガムには、ラクチトールやキシリトールが含まれているものがありますが、ヒトの小腸には、ラクチトールやキシリトールを分解するための酵素が存在しないため、ラクチトールやキシリトールを含むガムを多量に食べるとお腹がゆるくなることがあるのです。

1) ヨーロッパ、北インド、アラブ、北アフリカ系の人種では、成人でもラクターゼを生産する。これは、突然変異によって生じたと考えられている。

肝臓の栄養素代謝機能

肝臓は栄養素を代謝・貯蔵する機能を備えており、小腸で吸収された栄養素は、すべていったん肝臓へ運ばれます。肝臓へ流入する血管には2種類あります。小腸から流れ込む門脈は太い血管ですが、そこを流れる血液は酸素濃度が非常に低いため、肝臓に酸素を送るための肝動脈が重要になります。肝動脈は、大動脈から血液中酸素濃度の高い動脈血を取り込み、肝細胞の呼吸を助けます（図9-6）。

肝臓では、余分なグルコースを肝細胞内で多数のグルコース分子と結合させ、グリコーゲンとして貯蔵します。グリコーゲンは、エネルギーが不足すると分解されて、グルコースを供給します。アミノ酸は、肝臓で合成されるさまざまなタンパク質の原料となります。例えば、血漿タンパク質（アルブミン、グロブリンや血液凝固に必要なフィブリノーゲン、プロトロンビンなど）は、おもに肝臓で産生されます。

一方、キロミクロンは、リンパ液と血流にのって肝臓、全身の脂肪組織、心臓、骨格筋などへと

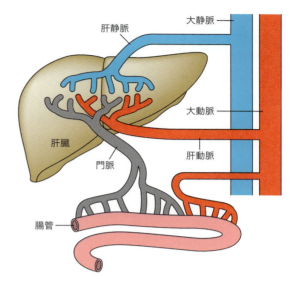

図 9-6　肝臓の血管系
肝臓には、2種類の血管がつながっている。小腸からの毛細血管が集まってできた門脈は、肝臓へ栄養豊富な血液を運ぶ。一方、大動脈から枝分かれした肝動脈は、肝臓へ新鮮な酸素を運ぶ。肝臓には、門脈からの血液が約7割、肝動脈からの血液が約3割運ばれる。

輸送され、それぞれの場所でリポタンパク質リパーゼによってトリグリセリドが取りだされて使用されます。

肝臓の解毒機能

門脈から流れ込む血液には、栄養素だけでなく、薬物や毒物、アルコールなども含まれています。肝臓の肝細胞には、血液中の有害物質を水溶性物質に変化させ、尿中や胆汁中に排泄し、無毒化する働きがあります。お酒に含まれるアルコールは、肝細胞でアセトアルデヒドに分解され、その後、酢酸を経て、最終的には水と二酸化炭素になります。また、肝臓に存在するクッパー細胞は、門脈から運ばれてきた血液中の毒素や異物を貪食し、解毒を行います。小腸粘膜上皮細胞や大腸の内腔に棲む細菌類（腸内細菌）がアミノ酸を分解して産生するアンモニアも有毒です。このアンモニアは門脈を通って肝臓に運ばれ、尿素、グルタミン酸、グルタミンに分解され、

解毒されます。肝臓疾患などでこのアンモニア処理機能が低下すると、血液中のアンモニア濃度が上昇し、脳機能が障害されてしまいます。

Column

大腸の機能

　小腸で消化、吸収されなかった食物の残渣は、大腸（図9-7）へと運ばれます。大腸の主な役割は、水分を吸収して便を形成することです。大腸には絨毛はありません。大腸の細胞は消化酵素の含まれない大腸液（粘液）を分泌し、大腸壁を保護しています。また、大腸には多数の細菌群が棲息していて、食物中の栄養素を取り込み、増殖しています*4。塩分も、大腸から吸収されます。

---

*4　便の体積の約3分の1は腸内細菌が占める。

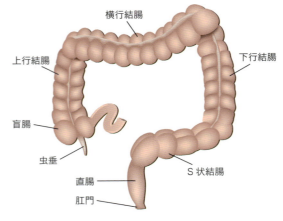

図9-7　大腸の部位

体内に共生する細菌たち

　ヒト胎児の体内や皮膚に微生物は存在しない。しかし、生後、外の環境と接触したり、食物を摂取したりすることで、さまざまな微生物に感染する。感染した微生物は、皮膚、口腔や消化管に棲み着き、常在微生物となる。ヒトの消化管は、食物の消化と栄養素の吸収を行っているので、微生物が増殖するのに必要な栄養素が豊富にある。そのため、下部小腸や大腸の内腔には、多種多様な常在微生物、つまり腸内細菌が存在する。この腸内細菌群は、消化管内でバランスが保たれた状態にある。このような状態を腸内細菌叢（あるいは腸内フローラ）という。抗生物質を摂取すると下痢をする場合がある。これは抗生物質が腸内細菌を駆除してしまい、腸内細菌叢のバランスを崩すためである。

　消化管内には、酸素がほとんどないため、嫌気状態である。腸内細菌は、ヒトが摂取した食物中の栄養素を栄養源として嫌気発酵することで増殖し、さまざまな代謝物を産生する。腸内細菌が嫌気発酵によってつくりだしたガスは、おならとなる。また、腸内細菌は、ヒトが分解することが難しい食物繊維に含まれるセルロースなどの多糖類を嫌気発酵によって短鎖脂肪酸に変換したり、ビタミン類（ビタミンB_6、ビタミンK、ビオチンなど）を合成したりする。ヒトはこれらの物質を腸内細菌から得ている。

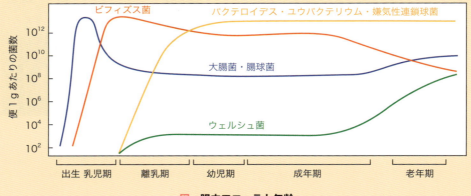

図　腸内フローラと年齢

9.3 取り込んだ栄養素の代謝

　ヒトの体を構成する細胞は、三大栄養素を分解することで、生命維持に必要なエネルギーを得ています。糖（グルコース）に火を近づけると、糖は燃え、その際、二酸化炭素（CO_2）と水（H_2O）、そして熱と光というかたちで、糖に貯蔵されているエネルギーが放出されます。しかし、糖を燃やして得られるエネルギーは、寿命が非常に短く、一過性なので、必要な時に必要なだけエネルギーを取りだすことができません。そこで細胞は、グルコースをさまざまな酵素を用いて段階的に分解し、各ステップから少しずつエネルギーを取りだしています。そして得られたエネルギーをATPのかたちで蓄え、必要な時に使えるようにしています（図9-8）。

　食物からATPを取りだすことや、得られたATPを用いて新たな物質を合成することを代謝

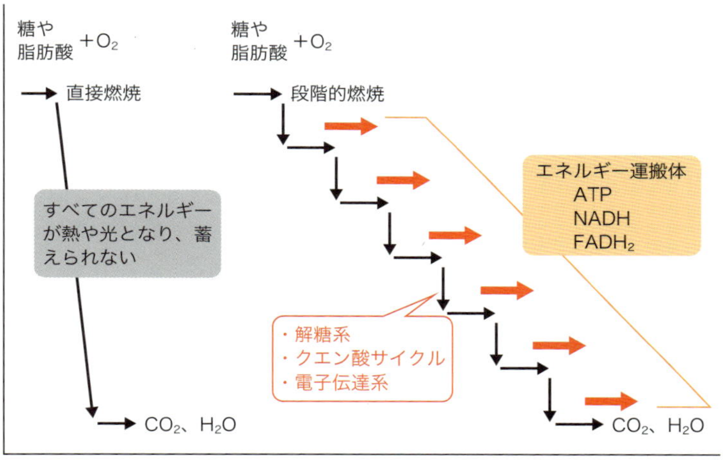

図9-8　燃料分子の酸化的分解の過程
燃料分子の直接燃焼（左）では、短時間で大量のエネルギーが取り出せるが、ほとんどが熱となり、生体に利用できるエネルギーに変換できない。一方、生体内では代謝系により、燃料分子のもつエネルギーを段階的に燃焼させる。

水の重要性

　ヒトは水がないと生きていけない、と聞いたことがあるだろう。では、なぜ生物は水を飲む必要があるのだろうか？

　ヒトの体重の60〜65％（成人の場合）は、水で満たされている。この水の約3分の1は細胞外液、残りの約3分の2は細胞内液である。細胞外液の水は、体の隅々まで酸素、栄養、ホルモンなどを運ぶ重要な役割を担っていると同時に、老廃物や過剰な物質を体外へ排出する働きをしている。また、水は蒸発するときに熱を奪う（気化熱）。つまり、皮膚から水が汗として蒸発すると熱が奪われ、皮膚表面の温度が低下する。このように、細胞外液の水は、体温調節にも重要な働きをしている。一方、細胞内では、さまざまな化学反応が行われているが、その化学反応の触媒（化学反応の反応速度を早める物質で、自分自身は反応前後で変化しない物質）として細胞内液の水が用いられている。このように、水にはさまざまな物質が溶け込むことができるので、さまざまな化学反応、つまり生命現象が起るのである。つまり、水のこの特殊な性質によって、私たちは生きていくことができるのである。

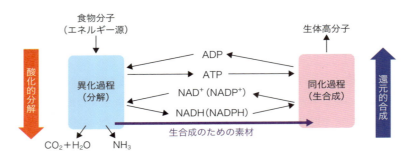

図 9-9　代謝の概略
異化過程では、食物分子を酸化的に分解することで得られるエネルギーを ATP や還元型補酵素（NADH など）に蓄える。同化過程では、エネルギーと還元力を用いて、素材となる小さな分子から生体高分子を合成する。

と呼びます。代謝には、異化と同化の2種類があります。異化とは、高分子を分解して低分子化することでエネルギーを産生する過程です。例えばグルコースを分解して ATP を得るのは異化です。一方、同化とは、エネルギー（ATP など）を用いてタンパク質や DNA などを合成する過程で

す（図 9-9）。ATP は、生物の代謝に必要不可欠な、生体エネルギー分子であることがわかります。

> 物質の代謝には、異化と同化の二つの過程がある。
> **KEY POINT**

9.4　代謝の経路

グルコースの代謝

　グルコースは、大きく四つの段階を経て完全に代謝されます。まず、解糖反応（図 9-10）により、グルコースが半分に分解され、ピルビン酸が産生されます。この過程で2分子の ATP と還元型ニコチンアミドアデニンジヌクレオチド（NADH）が産生されます。NADH は、水素と電子の運搬体です。

　産生されたピルビン酸は、ミトコンドリアへ移動し、補酵素 A（CoA）と反応します。この過程は移行反応（図 9-11）と呼ばれ、ピルビン酸から1分子の二酸化炭素が放出され、残りの2分子の炭素化合物は CoA と結合して、アセチル CoA が産生されます。続いてアセチル CoA は、ミトコンドリアのマトリクス内で代謝を受けます。この代謝回路を経るとアセチル CoA が代謝されて

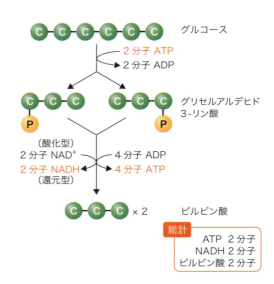

図 9-10　解糖反応
グルコースは、2分子のグリセルアルデヒド 3-リン酸に分解された後、2分子のピルビン酸が産生される。

9章 生きるためのしくみ① 栄養素の代謝　129

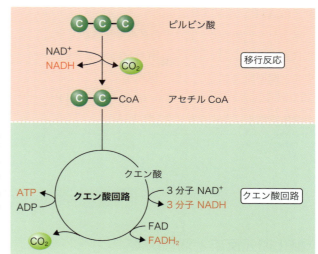

図 9-11 移行反応とクエン酸回路
解糖反応で生じたピルビン酸は、無酸素状態では乳酸へと代謝される。一方、有酸素状態ではミトコンドリア内部に輸送され、ピルビン酸デヒドロゲナーゼ複合体によって酸化的に脱炭酸され、アセチル CoA となる。アセチル CoA は、最終的に水と二酸化炭素（CO_2）に完全に酸化される。この一連の反応のことをクエン酸回路と呼ぶ。クエン酸回路はミトコンドリア内で起こり、アセチル CoA がミトコンドリア外へ出ることはない。

最初にクエン酸が生成することから、この回路はクエン酸回路と呼ばれます。このクエン酸回路が1回転すると、1分子の ATP が産生されます。また、クエン酸回路からは電子も放出されます。放出された電子は先ほどと同様に運搬体[*5]に捕捉されて、電子伝達系を構成しているキャリアタンパク質の元へと運ばれます。電子伝達系では、電子をタンパク質間で手渡すことによって、ATP と水が産生されます。1分子のグルコースから取りだせる電子を使うと、電子伝達系で34

[*5] この運搬体は、ミトコンドリア内にある酸化型ニコチンアミドアデニンジヌクレオチド（NAD^+）とフラビンアデニンジヌクレオチド（FAD）である。NAD^+ と FAD が電子を受け取ると、それぞれ NADH と $FADH_2$ になる。これらは、別の分子に水素と電子を手渡すことができる。

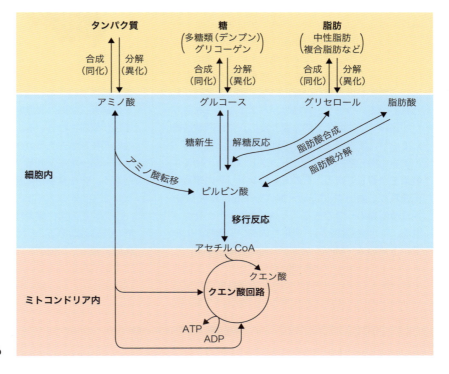

図 9-12 代謝経路のまとめ

分子のATPが産生されます。

以上をまとめると、1分子のグルコースが完全に代謝されることによって、解糖反応で2分子、クエン酸回路で2分子、電子伝達系で34分子のATPが産生されるので、総計38分子[*6]のATPが産生されることになります（図9-11）。

[*6] 最新の研究では、これらの数字は、概数であるといわれている。

酸化還元反応と活性酸素

グルコースなどの有機物を空気中で燃焼させると、酸素と結合して（酸化）、グルコースが貯蔵していた化学的エネルギーが、光や熱エネルギーとして放出される。一方、これまでに述べたように、細胞がグルコースなどの有機物を分解してエネルギーを取りだす過程では、酸化と還元の反応を数多く行っている。

酸化と還元反応には、三つのタイプがある。(1) ある物質が酸素と化合する場合を酸化といい、酸化物から酸素が解離することを還元という。(2) 水素を含む化合物から水素が解離することを酸化（脱水素反応ともいう）といい、水素と化合することを還元という。(3) ある物質が電子を失う反応を酸化といい、逆に電子を得る反応を還元という。実は (3) は、(1) と (2) の反応をすべて含んでおり、酸素や水素の授受が行われない反応でも、酸化と還元が行われている。つまり、有機物からエネルギーを取りだす過程では、酸化反応と還元反応が常に同時進行しており、酸化還元反応と呼ばれている。

エネルギー産生を行うミトコンドリアは、絶えず酸素を消費している。そのミトコンドリア内の電子伝達系から漏出する電子が、酸素分子を還元する際、活性酸素種の一つであるスーパーオキシドが産生される。活性酸素種とは、反応性の高い酸素種の総称で、上述のスーパーオキシドの他に過酸化水素、ヒドロキシラジカル、一重項酸素などがあり、生体内で酸化剤として作用する。活性酸素種は非常に反応性が高いので、体内に存在すると、タンパク質や脂

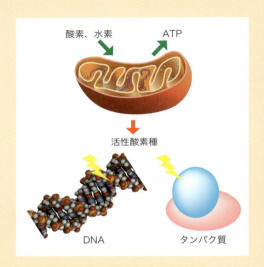

質、糖質や核酸などの生体分子を酸化してしまう。その結果、病気の発症や進行、老化の一因となる可能性が報告されている。そのため、生体内には、活性酸素種を除去するカタラーゼ、ペルオキシダーゼやスーパーオキシドディスムターゼなどの酵素が存在する。また食物中に含まれる、ビタミンC、ビタミンE、ビタミンAなども抗酸化物質である。

一方、この活性酸素種をわざわざ産生して利用している細胞がある。それは白血球である。白血球は、体内に侵入した細菌を貪食し、殺すために、スーパーオキシドを産生している。このように、活性酸素種は、生体にとって敵にもなり味方にもなる物質である。

9章　生きるためのしくみ①　栄養素の代謝

アミノ酸や脂質の代謝

　人体は、タンパク質や脂質からも、グルコースと同様にエネルギーを取りだすことができます。消化され、小腸で吸収された栄養素は、アミノ酸、グリセロールや脂肪酸の状態で細胞に届きます。その後、グルコースを代謝するのに用いた酵素とは異なる酵素によって、アミノ酸はピルビン酸、あるいはクエン酸回路の中間物質に変換されて回路に取り込まれ、ATP産生に参加します。一方のグリセロールや脂肪酸は、アセチルCoAに変換され、最終的にクエン酸回路を経てATPが産生されます（図 9-12）。

　1グラムの中性脂肪を酸化して得られるエネルギー量（約9 kcal）は、1グラムのグリコーゲンを酸化して得られるエネルギー（約4 kcal）の約2倍になります。そのためヒトなどの哺乳類は、同じ重さでも貯蔵できるエネルギー量が多い、中性脂肪をエネルギー源として蓄えているのです[7]。

---

[7]　成人の場合、約1日分のエネルギーをグリコーゲンで肝臓や筋肉中に備蓄できる。一方、中性脂肪を用いると、数週間分を備蓄できる。

確認問題

1. 食物の消化から体内に栄養素が吸収されるまでの過程について説明しなさい。
2. 代謝にはどのような種類があるか説明しなさい。
3. グルコース代謝のしくみについて説明しなさい。
4. アミノ酸や脂質代謝のしくみについて説明しなさい。
5. 腸内細菌叢の機能について説明しなさい。
6. なぜ水を摂取する必要があるのか説明しなさい。
7. 胃や膵臓から分泌される消化酵素にはどのようなものがあるか。また、それぞれの消化酵素の機能について、説明しなさい。

考えてみよう！

A. エネルギー源として脂肪を体内に蓄えるのはなぜだろうか？
B. パンやビールをつくる際に用いる酵母は、無酸素状態でも生きていける。どのようにしてエネルギーを得ているのだろうか？
C. 盲腸には、どのような機能があるのだろうか？

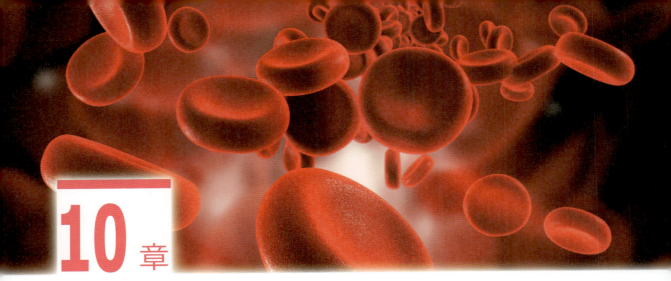

10章
生きるためのしくみ② 循環と維持

- 10.1　呼吸と血液
- 10.2　血液循環
- 10.3　老廃物の濾過
- 10.4　体内環境の維持

私たちの体のすべての細胞が正しく機能するには、エネルギーと酸素が必要である。細胞がエネルギーと酸素を使うと、老廃物が産生される。また、私たちの体のエネルギー状態は常に一定に保たれている。ではどのようにして、私たちの体の隅々までエネルギーや酸素が絶え間なく運ばれ、老廃物が体外へ排出されるのだろうか。また、どのようにして、体のエネルギー状態が一定に保たれるのだろうか。

Topics
▶ マンモスのヘモグロビン

　私たちの赤血球にはヘモグロビンというタンパク質が含まれており、このヘモグロビンが酸素と結合することで、体の隅々の細胞まで酸素が運ばれます。ヘモグロビンと酸素の結合の強さは、血液中の酸素や二酸化炭素の濃度、pHや温度によって影響を受けます。例えば、温度が低いほどヘモグロビンは酸素に強く結合して解離しにくくなるため、細胞に酸素を渡す能力が低下してしまいます。では、極寒の地で生きる動物たちのヘモグロビンは、どのようにして酸素を細胞に渡しているのでしょうか？
　カナダとオーストラリアの研究チームが、北シベリアで発見された極めて保存状態の良い4万3000年前のマンモスの大腿骨から遺伝子を抽出し、ヘモグロビン遺伝子の塩基配列を解読しました。これを熱帯に棲むアジアゾウと比較したところ、アジアゾウとマンモスのヘモグロビンでは、3ケ所のアミノ酸が異なっていました。おもしろいことに、この3ケ所のアミノ酸置換によって、ヘモグロビンが低温でも酸素を解離しやすくなっていたのです。生物の適応能力の高さには驚かされます。

2010年5月2日（Nature Genetics 誌より）

10.1 呼吸と血液

食物からエネルギーを産生するためには、食物を消化し代謝するだけでなく、外界から酸素を取り込み、二酸化炭素を吐きだす必要があります。これが呼吸です。「呼吸」というと鼻や口を通して肺に空気を取り込む様子が思い浮かびますが、これは呼吸の機構の一部分でしかありません（外呼吸）。生命にとっては、体内の細胞一つ一つが（血液などから）酸素を受け取って二酸化炭素を排出する内呼吸が重要です。

しかし細胞膜には、酸素や二酸化炭素を積極的に輸送する特別な膜タンパク質などはありません。ガス交換は、気体の濃度勾配に沿った拡散[*1]によって細胞膜を透過して行われます。そこでヒトのような多細胞生物は、効率よくガス交換を行うために、体内の隅々まで気体分子を効率よく輸送するしくみをもっています。これが、末端の細胞まで酸素を運搬するための「循環系」です。

肺の役割

多細胞生物は、単細胞生物と比べて体積に対する表面積の割合が小さいので、ガス交換効率が高くありません。そこで、ガス交換効率を高めるために、肺やえらなどの呼吸器官をもつのです[*2]（図10-1）。

[*1] 拡散とは、濃度が均一になるよう物質が自発的に移動する現象である。細胞のガス交換の他、肺胞でのガス交換や、腎臓における老廃物除去も拡散を利用している。
[*2] 肺の表面積は、約100 m² ほどある。

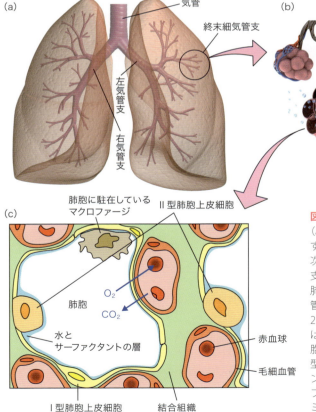

図10-1 肺の構造と機能
(a) 空気は、鼻の穴から気管、気管支を通り肺へ到達する。気管支は肋骨の中央付近で左右に分かれた後、次第に細くなり終末細気管支になる。(b) 終末細気管支はさらに分岐して、呼吸細気管支、肺胞管、肺胞嚢、肺胞に至る。終末細気管支までを気道領域、呼吸細気管支から先をガス交換領域と呼ぶ。(c) 肺の内部は2種類の上皮細胞で覆われている。I型肺胞上皮細胞は扁平で細胞質が大きく広がる、肺胞内の主な上皮細胞である。一方II型肺胞上皮細胞（顆粒肺細胞）は、I型より厚く、内部に多数の顆粒をもち、サーファクタントを肺胞腔に分泌する。肺胞には他に、肺胞マクロファージや肥満細胞も存在する。肥満細胞は、ヒスタミンなどを分泌し、アレルギー反応に関係する。

体内版 空気清浄機

　肺に取り込まれる空気には、ほこりや病原体などの異物が含まれている。これらの異物を取り除くため、気道の表面には、繊毛上皮細胞と粘液細胞がある。粘液細胞が分泌する粘液によって異物は捕えられる。そして、繊毛上皮細胞表面にある繊毛が一方向に動くことで、異物は1分間に約1cmの速さで口腔へと運ばれる。異物は、その後、痰として体外に排出されたり、食道を介して胃へ運ばれて消化されたりする（図）。

　気管上皮細胞の細胞膜には、嚢胞性線維症膜コンダクタンス制御因子（CFTR；cystic fibrosis transmembrane conductance regulator）というタンパク質が存在する。CFTRは、塩化物イオン（Cl⁻）やアニオンを輸送するイオンチャネルであり、気管上皮細胞から細胞外へ放出する塩素イオン量を制御して、粘液の流動性を制御する。このCFTR遺伝子に変異[1]があると、粘液の粘度が必要以上に高まるため、肺に入った異物をうまく除去できずに感染を繰り返し、呼吸不全になる。

1) このような疾患は、嚢胞性線維症（cystic fibrosis；CF症）と呼ばれる。欧米人では、2500人に1人発症する遺伝性疾患である。しかし、日本人では極めてまれな遺伝性疾患である。

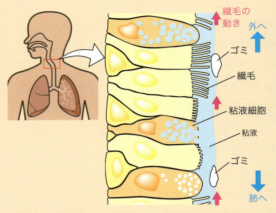

図　気道の異物が粘液と繊毛により排出される様子

　肺は、ガスが行き来する気道と大きな袋からなります。気道は肺の奥に進むにつれて分岐を繰り返し、その先端には「肺胞」と呼ばれる小さな袋があります〔図10-1（b）〕。

肺胞

　肺胞は、非常に薄く、周囲を毛細血管が覆い、Ⅰ型肺胞上皮細胞を介してガス交換を行います。肺胞の内側の表面には薄い水の層があるため、肺胞全体を押しつぶすような表面張力が働きます。Ⅱ型肺胞上皮細胞は表面張力を減少させる界面活性物質（サーファクタント[*3]と呼ばれる）を分泌して、肺胞を保護しています〔図10-1（c）〕。

　肺胞に到達した酸素は、赤血球に取り込まれます。ヒトの赤血球には、ヘモグロビンという色素が含まれており、ヘモグロビンは酸素と結合すると鮮紅色に、結合していないと暗赤色に変化します。このヘモグロビン1分子で、4分子の酸素を結合することができます。

　一方、二酸化炭素は、血液の液体部分である血漿に溶けて運ばれます（表10-1）。

表10-1　血液の組成

成　分	役　割
血球（有形成分）	
赤血球（1mm³に450〜500万）	酸素の運搬、pH調節
白血球（1mm³に6,000〜8,000）	感染防御、抗体産生
血小板（1mm³に20万〜50万）	血液の凝固
血漿（液体成分）	
タンパク質（アルブミンなど）	栄養物、代謝産物
糖質（グルコースなど）	
脂質（コレステロールなど）	
その他の有機物質（尿素など）	
無機物質（Na⁺、K⁺、Ca²⁺など）	pHや浸透圧の調整
水	溶媒、代謝の場

[*3] リン脂質やタンパク質の混合物。未熟児は、この界面活性物質を欠損して生まれる場合がある。そのため、未熟児の肺胞はつぶれやすく、生命の危機的な状況に陥りやすい。現在では、人工の界面活性物質を投与して肺胞を開かせることができる。

10.2 血液循環

　血液を心臓から末端の細胞まで輸送し、再び心臓に循環させるため、血管が体内の隅々まで張り巡らされています(図 10-2 a)。血管には、酸素や栄養素の豊富な血液を心臓から体全体へ運搬するための動脈、二酸化炭素や老廃物の溶け込んでいる血液を体の末端から心臓へと運搬させるための静脈、そして動脈と静脈の間を結んで周囲の組織に酸素や栄養素などを行き渡らせる毛細血管の3種類があります。毛細血管の血管壁は非常に薄く(約1.5ミクロン)、血管壁を介したガスや栄養素の受け渡しを容易に行うことができます。ヒトでは、これら3種類の血管がつながって閉じた血管を形成しており(閉鎖血管系)、血液を体の隅々まで輸送する循環系が構成されています[*4]。

心　臓

　心臓には、左心房と左心室、右心房と右心室があり、それぞれ個別のポンプとして機能しています。左心房と左心室は体へ血液を循環させ(体循環)、右心房と右心室は肺へ血液を循環させます(肺循環)。心房と心室の間には弁があり、血液の逆流を防いでいます(図 10-2 b)。

　右心房には、静脈から運ばれてくる血液量を感知する容量受容器があります。静脈から運ばれてくる血液量が増加して右心房が伸展すると、右心房の心房筋細胞から「心房性ナトリウム利尿ペプチド(ANP；atrial natriuretic peptide)」という

[*4] ヒト一人の体の血管をすべてつなぎ合せると約8万キロにもなるといわれている。これは地球を約2周する距離である。

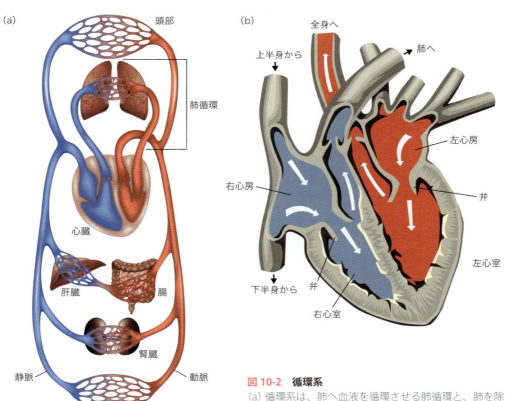

図 10-2　循環系
(a) 循環系は、肺へ血液を循環させる肺循環と、肺を除く全身に血液を循環させる体循環の二つに分けられる。
(b) 心臓の各部位の名称。

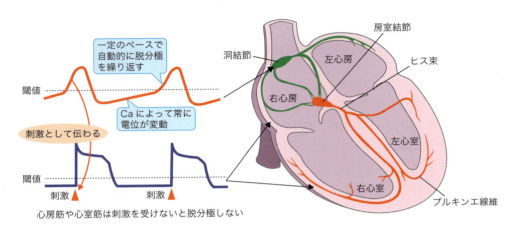

図 10-3　心臓の刺激伝導系

洞結節やヒス束などの興奮伝導系は、自ら活動電位を発生させ（自動能という）、心筋を収縮させる能力がある。興奮伝導系のなかでも、洞結節が最も高頻度に活動電位を発生する。洞結節を出た活動電位は、まず左右の心房へと伝えられ、心房全体の興奮の後、房室結節へ伝播される。この房室結節は、心房中隔の心室寄りにあり、心房と心室との中継所である。房室結節を出た活動電位は、その直下にあるヒス束へ伝導し、ヒス束を出た活動電位は心室中隔を下がって右心室に向かう右脚と、左心室に向かう左脚に枝分かれし、左右の脚からプルキンエ線維へと伝わっていく。

ホルモンが分泌されます[*5]。ANP は、末梢血管に作用して血管を拡張（血管の直径を増大させる）し、血圧を下げます。また、ANP は、腎臓の尿細管（10.3 節を参照）に作用してナトリウムイオンの再吸収を抑制し、体外へ排出するナトリウム量を増やします。

心電図は、心房筋や心室筋が収縮する際に発生した活動電位を体外から検出したものです。しかし、心房筋や心室筋の細胞は、自ら活動電位を作りだして、自らを収縮させることはできません。では、どのようにして心臓の律動的な拍動は調節されているのでしょうか。

右心房内には、洞結節と呼ばれる部分があります。この洞結節から房室結節→ヒス束→左右の脚→プルキンエ線維へとあたかも神経のように活動電位を伝える配線があります。この配線のことを刺激伝導系といい、自ら収縮することはできませんが、自ら活動電位を発生することのできる特殊心筋が連なっています（図 10-3）。

この刺激伝導系の心筋細胞では、細胞が再分極して膜電位が低下した直後から、徐々に膜電位が上昇しはじめます。特に洞結節の細胞では、カルシウムイオン（Ca^{2+}）の細胞内への流入により活動電位が発生します。洞結節の Ca^{2+} の流入を調節する Ca^{2+} チャネルは、再分極した後、完全に閉口しません。そのため、常に少しずつ細胞内に Ca^{2+} が流入し続けるため、膜電位が徐々に上昇します。そして、膜電位が閾値に達すると脱分極を起こします。そのため、洞結節の細胞では、一定のペースで活動電位が発生し続けるのです。このような性質を自動能と呼び、自動能の頻度は、刺激伝導系の中でも、洞結節が一番高いため、洞結節の活動電位が刺激伝導系を次々と伝わり、心臓を収縮させることになります。つまり、洞結節が「心拍のペースメーカ」なのです。

心臓のペースメーカである洞結節の周囲には、交感神経と副交感神経が密に分布しています。洞結節のペースメーカ細胞には、β1 アドレナリン受容体とムスカリン型アセチルコリン受容体が存在します。交感神経からノルアドレナリンが放出されると、β1 アドレナリン受容体が活性化され、心拍のペースが早くなります。一方副交感神経か

[*5] 1983 年、松尾壽之と寒川賢治によってヒトの心房から ANP が発見された。

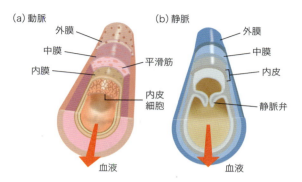

図 10-4　**血管の構造**
（a）血管は、内皮細胞、平滑筋などさまざまな細胞から構築されている。
（b）静脈には、血液の逆流を防ぐための弁がついている。

らアセチルコリンが放出されると、ムスカリン型アセチルコリン受容体が活性化され、ペースメーカ細胞の興奮が抑えられ、心拍のペースが遅くなります。つまり、交感神経と副交感神経の活動のバランスによって、洞結節のペースメーカ細胞の発火頻度が変化します。

薬物で交感神経と副交感神経の影響を押さえると、心臓は自発的に毎分100回ほど拍動します。私たちの心拍数は、平常状態で毎分60〜70回ですので、いかに副交感神経によって心拍数が抑えられているかが分かると思います。

> 心臓は、洞結節が一定のペースで発生させる活動電位によって規則正しく拍動する。心臓の拍動は、自律神経で調節されている。
> **KEY POINT**

血　管

血液が流れる血管は、内皮細胞などからなる内膜、平滑筋からなる中膜、結合組織からなる外膜の3層構造になっています。静脈の内膜には静脈弁があり、動脈には、大きな血圧に耐えるための弾性線維が内膜と中膜に備わっています（図10-4）。

各臓器を流れる血液量や血圧は、動脈と静脈の平滑筋が収縮弛緩することで制御されています。具体的には、内皮細胞から分泌される内皮細胞由来血管収縮因子（エンドセリンやトロンボキサンA2など）と内皮細胞由来血管弛緩因子のバランスによって制御されます。内皮細胞由来血管弛緩因子の一つに一酸化窒素（NO）があります。ニトログリセリン[*6]は体内でNOに変化するため、狭心症の発作が起こった際にニトログリセリンを服用すると、血管が弛緩して血流が良くなり、症状が改善します。

> 各臓器を流れる血液量や血圧は、血管が収縮弛緩することでコントロールされている。
> **KEY POINT**

[*6] 1998年のノーベル生理学・医学賞は、ニトログリセリンから放出されるNOの生理機能を解明したファーチゴット、イグナロ、ムラドの3名に贈られた。ノーベル賞を設立したノーベルは、ニトログリセリンを原料としてダイナマイトを発明し、巨万の富を手にしてノーベル財団を設立した。この二つの間に何かしらの運命を感じる。

10.3 老廃物の濾過

体内では毎日、アンモニアや尿素、尿酸などの老廃物が生じます。そのため体内の老廃物を除去し、体外へと排出するしくみが必要です。激しい痛みを引き起こす痛風は、体内の尿酸が正しく体外へ排出されずに血液中や関節内で尿酸の結晶ができてしまうことで起こります。このような状態に陥らないために、腎臓では血液中に溶けている老廃物が取り除かれています。

腎臓

腎動脈から腎臓内部に輸送された血液は、輸入細動脈を介して糸球体に運ばれます。血液中に溶けているタンパク質以外の血漿成分は、糸球体とボーマン嚢で濾過され[7]、尿の元(原尿)となります。原尿のうち、体に必要なグルコースや水、アミノ酸やナトリウム、カリウムなどは、近位尿細管や遠位尿細管で再吸収され、残った成分が尿となって尿管から膀胱へと排出されます(図10-5)。

腎臓では、毎日約200Lもの体液を濾過し、そのうちの約1.5Lを尿として体外へ排出しています。細胞膜は脂質二重膜でできているため、水は容易には細胞内へ浸透できません。しかしその一方で、赤血球や腎臓の上皮細胞に高い水透過性があることが100年以上も前から知られていました。実は、近位尿細管や集合管を構成する細胞には、水を通すための特殊なチャネルタンパク質、アクアポリンが存在するのです。哺乳類には13種類のアクアポリン[8]があり、全身のさまざまな細胞に異なるタイプのアクアポリンが発現しています。例えば、アクアポリン2の遺伝子に変

---

[7] 糸球体の内皮細胞は、腎臓型内皮細胞と呼ばれ、通常の内皮細胞と異なり、無数の穴が開いている。血圧がかかることで、この穴から血漿成分が濾過される。

[8] 2003年のノーベル化学賞は、アクアポリンを発見したアグレとイオンチャネルの三次元構造とその機能を解明したマキノンに与えられた。アクアポリン(aquaporin)とは、水(aqua)を通す細胞膜の細孔(pore)という造語である。

[9] アクアポリン0の遺伝子に変異が起こると、白内障が起こる。

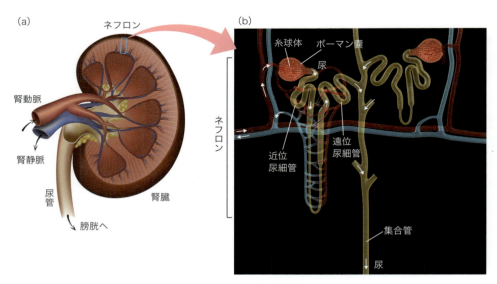

図10-5 腎臓の構造
(a) 腎臓は、腰の少し高めの背中側にある左右一対の臓器である。(b) 腎単位(ネフロン)は、毛細血管の塊である糸球体と、それを包む袋状のボーマン嚢、原尿が通る尿細管からなる。ネフロンは片側の腎臓だけで約100万個あり、それぞれ独立に機能する。

異が起こると[*9]、腎臓での水分再吸収能力が低下して尿を濃縮できなくなるため、たくさん尿がでる病気、腎性尿崩症になります。

腎臓は、ホルモンを分泌することで赤血球の増産を促したり、血圧を調節したりもします。例えば、尿細管にある間質細胞が血液中の酸素濃度低下を感知すると、低酸素誘導転写因子（HIF；hypoxia inducible factors）を発現します。このHIFは、貧血のような慢性的な低酸素状態でも活性化し、造血ホルモンであるエリスロポエチンの産生と分泌を促します。血液中に分泌されたエリスロポエチンは、骨髄にある赤血球前駆細胞の分化と増殖を促して赤血球数を増加させ、酸素運搬能力を高めます[*10]。

腎臓は、このほかにもレニンというタンパク質分解酵素を分泌して血圧を調節したり、カルシウムを体内に吸収するのに必要な活性型ビタミンDも産生しています。

[*10] マラソン選手は、気圧の低い標高の高い場所でトレーニング（高地トレーニングとも呼ばれる）を行う。これは、酸素濃度が低い高地でトレーニングすることで血液中のエリスロポエチン濃度が増し、赤血球数と酸素運搬能力が増すからである。

10.4　体内環境の維持

ホメオスタシスと内分泌

ヒトが生命活動を円滑に行うためには、体外環境（外気温や浸透圧）の変化や体内環境（体温、体液やエネルギー状態）の変化に対応しなければなりません。例えば、血液中のグルコース濃度（血糖値）は、食事を摂ると一時的に上昇しますが、食事後数時間以内には食事を摂る前の状態に戻ります。一方、食事を摂らずに運動を行っても、血糖値が急激に低下することはありません。つまり血糖値は、体内で一定の濃度に保たれているので

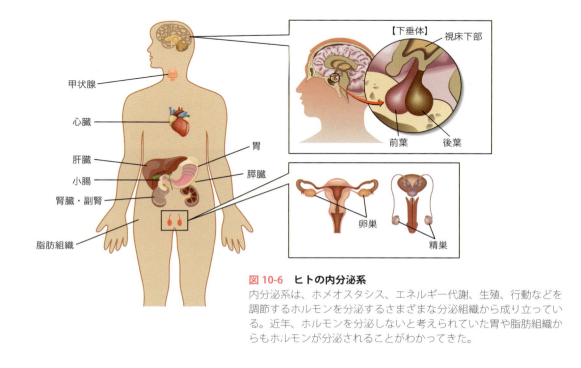

図 10-6　ヒトの内分泌系
内分泌系は、ホメオスタシス、エネルギー代謝、生殖、行動などを調節するホルモンを分泌するさまざまな分泌組織から成り立っている。近年、ホルモンを分泌しないと考えられていた胃や脂肪組織からもホルモンが分泌されることがわかってきた。

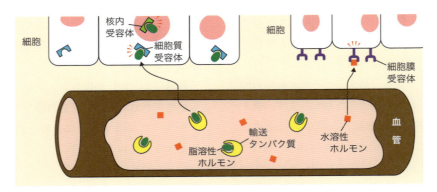

図 10-7　ホルモン受容体の局在
ホルモン受容体は局在部位によって分類できる。細胞膜受容体は、タンパク質・ペプチドホルモンやアミン・アミノ酸誘導体ホルモンなど、細胞膜を透過できない水溶性ホルモンを受容し、細胞内あるいは核内受容体は、ステロイドホルモンや甲状腺ホルモンなど、細胞膜を透過できる脂溶性ホルモンを受容する。

す。このような、体内環境を常に一定の状態に保つ機構を、ホメオスタシス（恒常性）[*11]と呼びます。このホメオスタシスは、体内のあちこちに存在する分泌組織から血液中に分泌されるホルモン[*12]によって調節されています。分泌組織がホルモンを分泌するしくみを内分泌といいます。

内分泌器官とホルモン

ホルモンを分泌する臓器には、脳の視床下部や下垂体、そして、前述の心臓、肝臓、腎臓、また甲状腺、副甲状腺、膵臓、副腎、小腸、卵巣、精巣などがあり、全身に散在しています（図 10-6）。

ホルモンは、その化学的構造の違いから、ステロイドホルモン（脂溶性ホルモン）、タンパク質・ペプチドホルモン、アミン・アミノ酸誘導体ホルモンの 3 種類に大きく分類できます（表 10-2）[*13]。

各組織で分泌されたホルモンは、循環系（血液）を介して全身に運ばれ、遠隔の標的細胞でさまざまな作用をもたらします。ホルモンは体内のすべての細胞に作用するわけではなく、特定の標的細胞だけがそのホルモンに反応します。例えば、タンパク質ホルモンである成長ホルモンは、軟骨や筋細胞に働きかけて、その成長を促します。一方、副腎皮質ホルモンの一種であるコルチゾールは脂溶性のため、細胞膜を透過して細胞質内にある受容体に直接作用し、細胞の核へ情報を伝えます。この情報を受け取った肝細胞は糖新生を活性化させます（図 10-7）。

体内エネルギーバランスの調節

グルコースは、生体の共通エネルギー ATP を産生するために最も重要な栄養素です。そのため生物は、生体がグルコース不足に陥らないよう、

表 10-2　ホルモンの分類

分　類	ホルモンの例
ステロイドホルモン	テストステロン エストロゲン コルチゾール　など
タンパク質・ ペプチドホルモン	成長ホルモン インスリン グレリン レプチン　など
アミン・アミノ酸 誘導体ホルモン	甲状腺ホルモン アドレナリン セロトニン　など

[*11] ホメオスタシスは、ギリシャ語の「類似（homeo）」と「持続（stasis）」の 2 語に由来する。アメリカのキャノンによって提唱された。
[*12] ホルモン（hormone）という言葉は、ギリシャ語の「刺激（hormon）」に由来する。
[*13] ステロイドホルモンは、体内に取り込まれたコレステロールを原料に産生される。一方、アミン・アミノ酸誘導体ホルモンは、トリプトファンやチロシンなどのアミノ酸を原料に産生される。

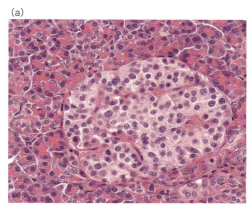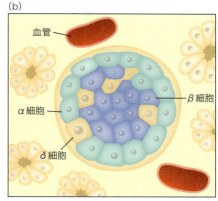

図 10-8　膵臓の内分泌機能
膵臓は、消化酵素を分泌する外分泌機能とホルモンを分泌する内分泌機能をもつ。(a) 写真の中央は、ホルモンを分泌するランゲルハンス島を示す。島は膵臓に散在している。(b) ランゲルハンス島の模式図。ランゲルハンス島には、グルカゴンを分泌するα細胞、インスリンを分泌するβ細胞、そしてソマトスタチンを分泌するδ細胞がある。

さまざまなしくみを働かせています。

ヒトでは、血液中の余剰なグルコースを筋肉や肝臓にグリコーゲンとして貯蔵しておき、空腹時にグルコースに戻して血中へ放出するしくみがあります。エネルギー源の貯蔵と放出は、膵臓から分泌されるホルモンによって調節されています。膵臓は、消化酵素を分泌する外分泌機能（9章を参照）の他に、エネルギー源の貯蔵や放出を促すホルモンを分泌する内分泌機能があるのです（図10-8）。

この調節機構を、もう少し詳しく見てみましょう。食後に血液中のグルコース濃度（血糖値）が上昇すると、膵臓のランゲルハンス島に存在するβ細胞から、インスリンというホルモンが分泌されます。インスリンの標的細胞である筋肉細胞や肝臓の細胞はインスリンに反応して、血液中のグルコースを細胞内へ取り込みます。取り込まれたグルコースは、細胞内で鎖状につなぎ合わされてグリコーゲンとなり、エネルギーが必要になる時まで一時的に細胞内に貯蔵されます。一方、食間や運動中には血糖値が低下します。すると、ランゲルハンス島のα細胞が血糖値の低下を感知して、インスリンとは逆の効果をもつホルモンであるグルカゴンを分泌します。グルカゴンは細胞に貯蔵されているグリコーゲンの分解を促進し、グルコースを血液中に放出させます。ランゲルハンス島にはδ細胞も存在します。δ細胞は、ソマトスタチンというホルモンを分泌して、グルカゴンおよびインスリンの分泌を抑制します。このように、膵臓のランゲルハンス島は、ホルモンを介して血糖値を常に一定に調節しています〔図10-8 (b)〕。

> **KEY POINT**
> 体内のエネルギーバランスは、膵臓から分泌されるホルモンによって調節されている。膵臓は、外分泌機能と内分泌機能の両方を備えている。

エネルギーバランスの破綻と糖尿病

ヒトの血液は、常に 80〜100 mg/dL 程度のグルコースが含まれるよう、さまざまなホルモンによって絶妙に調節されています[*14]。コラムで述べたように、血糖値を低下させるホルモンは、

[*14] 夏に水分補給のため、清涼飲料水を多量に摂取するのは危険である。清涼飲料水には、100 mL あたり、10 g ものグルコースが含まれており、多量に摂取すると高血糖を引き起こす。また、血糖値が急激に上昇することで、さらにのどが渇く。そして、さらに清涼飲料水を摂取するという悪循環に陥りやすい。このような習慣を続けると、急性の糖尿病を発症する場合がある。

インスリンただ一つです。そのため、β細胞からインスリンが分泌されない場合やインスリンの分泌量が低下した場合、そしてインスリンが分泌されても肝臓や筋肉の細胞がインスリンに応答せず血中のグルコースを細胞内に取り込まない場合（インスリン抵抗性という）は、血糖値の高い状態が続いてしまいます。このような状態を糖尿病といいます。

糖尿病には大きく二つのタイプに分けられ、β細胞が破壊されてインスリンが分泌されないこと

糖尿病患者は定期的に血糖値を測る必要がある

血糖値を上げるホルモン、下げるホルモン

ストレスにより副腎から分泌される副腎皮質ホルモン（コルチゾール）やアドレナリンも、肝臓の細胞に作用し、グリコーゲンの分解を促進し、血液中にグルコースを放出させる。また、成長ホルモンや甲状腺ホルモンも血糖値を上昇させる。このように、ヒトには血糖値を上昇させるホルモンが多数ある。しかし、血糖値を下げるホルモンは、インスリンただ一つである（図）。

その昔、ヒトにとって生命のリスクは、飢餓と外敵に襲われることであった。飢餓から身を守り、外敵から逃れるために、血糖値を上昇させるしくみが必要であった。そのため、ヒトは進化の過程で、血糖値を上昇させるホルモンを多数保有し、二重にも

三重にも血糖値を安全に上昇させるしくみを構築したと推測される。一方、太古の非常に厳しい食糧状況では、摂取した食物エネルギーをとにかくすべて細胞に貯蔵さえすればよく、血糖値を下げるホルモンは、インスリン1つで十分であったのではないかと推測される。飽食の現代では、高カロリーな食事を容易に口にすることができる。そのため、1日の活動に必要なエネルギー量よりも余分にエネルギーを摂取しがちである。しかしヒトの体内では、余剰なエネルギーは、不必要なものとして体外に排出されず、インスリンによって、筋肉や肝臓、さらに、脂肪細胞にも脂肪酸として大切に蓄積される。その結果、現代人に肥満症が多く見られるようになった。

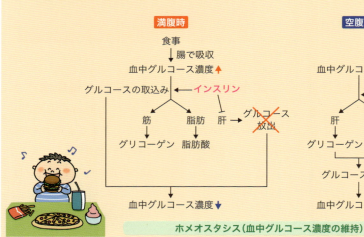
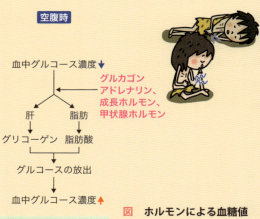

図 ホルモンによる血糖値調節機構

が原因で発症する1型糖尿病と、インスリン分泌量の低下やインスリン抵抗性（後述）によって発症する2型糖尿病があります。1型糖尿病は、インスリンが不足するため、食後体外からインスリンを注射し、血糖値を正常範囲に調節する必要があります。一方2型糖尿病の場合、初期の段階ではインスリンが分泌されます。しかし、体内でインスリンの働きを妨げる物質（後述するアディポサイトカインなど）が増えるため、インスリンが分泌されても、筋肉や肝臓が血中のグルコースを取り込まなくなってしまいます。このような現象をインスリン抵抗性と呼びます。この状態が続くと、β細胞は、懸命に血糖値を下げようとしてインスリンを分泌し続けます。その結果、β細胞が疲弊してインスリン分泌量が減り、さらに血糖値が上昇し続けるという、悪循環に陥ります。このような2型糖尿病は、不規則な食生活や運動不足などの生活習慣が関係して発症し、日本人の糖尿病の約90%を占めます。血中のグルコース濃度が高い状態が続くと、血管内皮細胞が障害を受け、血液循環が妨げられます。そのため、怪我の治りが悪くなったり、眼の血管が障害を受けて視力が低下したりするのです。

一方、長時間にわたって食事を摂らなかった場合や、糖尿病の治療に用いられる血糖値を下げる薬を飲みすぎた場合は、血中のグルコース濃度が低い状態、つまり低血糖状態になります。脳は、そのエネルギー源のほとんどをグルコースに依存していますので、低血糖状態では脳機能が低下します。血糖値が50 mg/dLよりも低下すると、意識レベルが低下し、最悪は死に至る場合もあります。

食欲の調節

一般的に私たちヒトは、食事を摂ると満腹を感じて、食欲が抑えられます。一方、食事をしばらく摂らなければ空腹を感じ、食欲が増します。そのため、食欲は、胃の体積の変化が迷走神経を介して脳に伝えられることで調節されているのではないかと考えられていた時期がありました。しかし、マウスにおける実験で、胃に投射している迷走神経を切断したり、胃の体積量を無理に増やしたりしても、食欲は抑えられなかったのです。その一方で、ラットやネコの脳の視床下部を破壊すると、破壊する部位によって摂食量が増えて肥満になったり、逆に摂食量が減って痩せたりする事例が報告されたため、現在では、脳の視床下部が食欲を調節していると考えられています[15]。では、視床下部はどのようにして体内のエネルギー情報を感知して、食欲を調節するのでしょうか？

アメリカの生化学者コールマンは、食欲が抑えられずに食べ続けて肥満になる、遺伝性肥満マウスを偶然に発見しました。その後、フリードマンがこのマウスの肥満原因を調べたところ、食欲抑制作用のあるホルモンをつくる遺伝子に変異があることがわかりました。このホルモンは、脂肪細胞（図10-9）から分泌されており、このホルモンを遺伝性肥満マウスに注射すると痩せて正常になることから、ギリシャ語の「やせる（leptos）」に由来して、レプチン（leptin）と名付けられました。レプチン受容体は、脳の中でも特に視床下部に多

[15] 極度の食事制限（拒食症）や、ストレスにより過剰な食物摂取（過食症）を行う状態を摂食障害という。摂食障害は、視床下部神経やその神経の活動を調節する機能低下によって起こるのではないかといわれている。しかし、その詳細なメカニズムについては明らかになっていない。

低血糖によって起こる症状

血糖値 (mg/dL)	症状
70〜60	あくび、不快感、考えがまとまらない、急激にお腹がすくなど
50〜30	冷や汗、めまい、動悸、脈拍が速くなる、顔面蒼白、眠気、体がだるい、吐き気、イライラ、目がちらつく、頭痛、ふるえなど
20〜10	異常行動、意識がもうろうとする、意識喪失、けいれん、深い昏睡

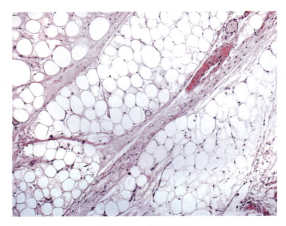

図10-9　脂肪細胞
白色脂肪細胞が油滴状の脂肪を蓄積している様子を示す。

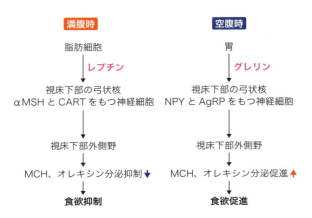

図10-10　ホルモンによる食欲調節機構
（左）脂肪細胞から分泌されるレプチンは、視床下部の弓状核に存在するαメラニン細胞刺激ホルモン（α-MSH）やコカインアンフェタミン調節転写産物（CART）を分泌する神経細胞に作用して、視床下部外側野に存在するメラニン凝集ホルモン（MCH）やオレキシンを分泌する神経細胞の活動を抑制し、食欲を抑制する。（右）胃から分泌されるグレリンは、弓状核に存在する、神経ペプチドY（NPY）やアグーチ関連タンパク（AgRP）を分泌する神経細胞に作用し、視床下部外側野からMCHやオレキシンの分泌を促進し、食欲を促進する。

く発現しています。一方、ラットの胃から、食欲促進作用をもつホルモン、グレリンが発見され、グレリン受容体が視床下部や下垂体で発現していることも明らかになりました[*16]。また、視床下部から別の摂食促進ホルモン、オレキシン[*17]も発見されました。これらのことから視床下部は、レプチン、グレリンなどさまざまな体内エネルギーバランス調節ホルモンを感受して、体内のエネルギー状態を常にモニターし、摂食行動を調節する司令塔だと考えられています（**図10-10**）。

[*16] グレリン（ghrelin）は、児島将康と寒川賢治によって発見され、成長ホルモン（growth hormone；GH）を放出（release）させるホルモンという意味で命名された。これは、グレリンが食欲促進だけでなく、成長ホルモンの分泌も促進するからである。現在、拒食症の治療薬としてのグレリンの効果を確かめる臨床試験が行われている。

[*17] オレキシン（orexin）は、櫻井武と柳沢正史によって発見され、ギリシャ語の食欲（orexis）に由来して命名された。オレキシンを分泌する神経の変性や脱落が、異常な耐え難い眠気発作（ナルコレプシー）を引き起こす。このことから、オレキシンは、睡眠・覚醒、摂食行動を適切に調節する統合的な機能を担うホルモンと考えられている。

メタボリックシンドローム

メタボリックシンドローム（内臓脂肪症候群）とは、内臓脂肪型肥満に加えて、高血糖、高脂血症、高血圧のうち二つ以上を合併した状態のことをいいます。このメタボリックシンドロームは、脂肪細胞から分泌されるさまざまな生理活性物質（アディポサイトカイン）の分泌異常が原因の

一つです。健常者の脂肪細胞からは、善玉アディポサイトカインと呼ばれるレプチンや動脈硬化を抑える作用のあるアディポネクチンが分泌されています。しかし、運動不足や高カロリー食の摂取が続くと、脂肪細胞に脂肪が蓄積します。すると、アディポサイトカインの質が変化し、悪玉アディポサイトカインと呼ばれる腫瘍壊死因子α（tumor necrosis factor-α；TNF-α）、インターロイキン-6（interleukin-6；IL-6）、プラスミノーゲン活性化抑制因子（plasminogen activator inhibitor-1；PAI-1）、アンジオテンシノーゲンなどの分泌量が増加します。これら悪玉アディポサイトカインは、糖尿病、高血圧、高脂血症を引き起こし、さらに、血管にも作用して、動脈硬化や心筋梗塞、脳梗塞、腎不全の危険性を高めます（**図10-11**）。なぜ、脂肪細胞に脂肪が蓄積すると悪玉アディポサイトカインの分泌量が増加するのか、その詳細なメカニズムはまだ分かっていません。しかし、必要カロリー摂取を適量にとどめ、

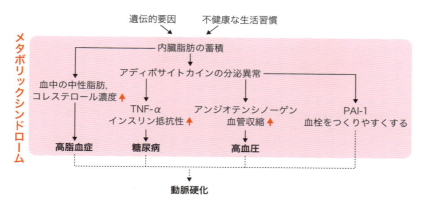

図 10-11　メタボリックシンドロームの発症メカニズム

運動により脂肪を燃焼させることがメタボリックシンドロームの発症予防や解消につながることはいうまでもありません。

> メタボリックシンドロームは、遺伝的要因と不健康な健康習慣が重なった場合に発症リスクが高まる。
> KEY POINT

確認問題

1. 肺でどのように酸素と二酸化炭素が交換されているのか、説明しなさい。
2. 心臓の拍動はどのようにして調節されているのか、説明しなさい。
3. 腎臓の機能についてどのようなものがあるのか説明しなさい。
4. 血糖値を調節するしくみについて説明しなさい。
5. 食欲を調節するしくみについて説明しなさい。
6. メタボリックシンドロームとはどのような状態を示すのか説明しなさい。

考えてみよう！

A. タバコは肺の機能にどのような影響を与えるのだろうか？
B. サーファクタントは、どのような作用で肺胞がつぶれるのを阻止しているのだろうか？
C. 左心室の壁は右心室よりも厚い。これはなぜだろうか？
D. 血流に影響を与える因子には、どのようなものがあるだろうか？
E. なぜ身体から老廃物を排出しなければならないのだろうか？
F. 体重60kgの男性には、体重の約8％（約4,800 mL）の血液が循環している。血糖値が80〜100 mg/dLの範囲に保たれているとすると、この男性の血液全量に溶けているグルコースの量は何gだろうか？

危険なやせ薬

(2009年10月6日)

　2008年、インターネットで購入したタイ製の「やせ薬」を飲んだ女性が死亡した。女性はこれを個人輸入していたと見られ、このやせ薬には、利尿剤をはじめ、国内では承認されていない食欲抑制剤のシブトラミン、甲状腺ホルモンなどが含まれていたという。また他にも、中国製のダイエット健康食品を摂取した人が亡くなる例や、甲状腺機能障害や重い肝機能障害などの健康被害に遭う事件も起こっている。これらのダイエット健康食品には、甲状腺ホルモンやフェンフルラミンという、日本では未承認の薬が含まれていた。シブトラミンやフェンフルラミンは、高血圧や薬剤依存症などの副作用を引き起こすことが知られている薬剤で、医師の管理のもとで使用しなければいけないと定められている。

　短期間での目覚ましいダイエット効果をうたっているやせ薬や健康食品には、危険な化学物質やホルモンが含まれていることがあります。また、一般的には副作用がなく安全と思われている漢方薬やハーブなども、絶対に安全とはいえず、使用前には必ず、かかりつけの医師や薬剤師に相談することが重要です。

　効果が得られるまでに時間はかかりますが、適度な運動を行いながらバランスのとれた食事を体に補充しつつカロリー制限をするという地道な方法が、最も安全かつ健康的なダイエットではないでしょうか。

From the NEWS

11章
子孫を増やすしくみ

11.1 性の決定
11.2 生殖腺と生殖器の分化
11.3 脳の性分化
11.4 脳における生殖の制御

生殖は、子孫を増やすために重要な機能である。性には男性と女性（雄と雌）があり、どちらか一方の性を授かった個体には、その性に特有の構造と機能をもった生殖腺と生殖器が発達する。同時に、男女（雌雄）の間には、生殖器官の働きを調節する脳にも性差が表れる。脳の性差は、生殖だけでなく、こころの性にも関係している。本章では、生殖に関わる器官の性が決まるしくみ、そして、生殖を制御する脳の働きについて学ぶ。

Topics
▶ 雄と雌の比率は何によって決まるか

動物の集団における雄と雌の比率（性比）は、動物の行動や生態に大きな影響を及ぼします。自然界では性比に変動が現れることがありますが、その原因はよくわかっていませんでした。最近、344種の動物（両生類、爬虫類、鳥類、哺乳類）のデータをもとに、成体の性比に対する遺伝的性別の影響を調べた成果が報告されました。遺伝的性別は性染色体の組合せで決まります。例えば哺乳類の性染色体はXとYの2種類で、XXが雌、XYが雄になります（違う物の組合せをヘテロと呼ぶので、これは「雄ヘテロ」）。一方、鳥類の性染色体はZとWの2種類で、ZWが雌、ZZが雄になります（つまり「雌ヘテロ」）。そして両生類と爬虫類には、XY型の種とZW型の種の両方がいます。分析の結果、雌ヘテロ型の動物では雄の比率が 55 ± 1% となり、雄ヘテロ型の動物での値（43 ± 1%）と比較すると、性比が明らかに雄に偏ることがわかりました。なぜこのような現象が起こるのかは不明ですが、遺伝的性別を決めるしくみが動物の社会構成に影響を及ぼす可能性が示されました。

2015年11月5日（*Nature*誌より）

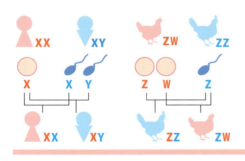

11.1　性の決定

　ヒトや動物は、生殖により子孫を増やします。男性(雄)は精巣で精子をつくり、女性(雌)は卵巣に卵子を貯蔵しており、精子と卵子が接合(受精)すると新たな生命が誕生します。つまり、ヒトが子孫を残すためには、少なくとも異性同士(男性と女性)の一組のペアが必要です。

性染色体

　遺伝的な性別は、性染色体の組み合わせによって決まります。ヒトには22対の常染色体と1対の性染色体があり、性染色体にはX染色体とY染色体の2種類があります。XXの遺伝子型をもつと遺伝的な女性、XYの遺伝子型をもつと遺伝的な男性になります。

　減数分裂によって形成された精子と卵子はそれぞれ、22本の染色体と1本の性染色体しかもっていません。卵子は常に22本の常染色体とX染色体をもつことになりますが、精子にはX染色体あるいはY染色体をもつ2種類があります。したがって、受精によって誕生する新たな生命の遺伝的な性別は、精子がもつ性染色体によって決まります。Y染色体をもった精子が受精すると、受精卵の性染色体はXY型となり、性は男性に決まります(図11-1)。

　では、なぜ性染色体の組合せによって、性が決まるのでしょうか？　実は、ヒトの基本形は女性であり、何の働きかけもなければ、身体は女性化します。しかし、Y染色体上の遺伝子が発現することで、男性の身体へと変わっていくのです。

性を決める遺伝子

　Y性染色体にはSRY(sex-determining region of the Y chromosome)という生殖腺の分化に重要な遺伝子があり、SRYは精巣決定因子と呼ばれるタンパク質をコードしています。実際、遺伝子型がXXの雌マウスにSry[*1]を遺伝子導入すると、生殖腺が精巣に分化します。一方、精巣決定因子の働きかけがなければ、生殖腺は卵巣に分化します。そして、身体のさらなる性分化(内・外生殖器の発達など)には、精巣や卵巣が分泌するホルモンが影響を与えることがわかっています。男性ホルモンであるアンドロゲン[*2]は、脳の男性化にも重要です(脳の性分化に関する詳細は、本章の後半を参照)。そして性分化が完了すると、男女(雌雄)の身体は、子孫を残すために生殖機能を働かせるようになります(性成熟)。

> まず性染色体にある遺伝子により生殖腺が性分化し、分化した生殖腺から分泌されるホルモンによって、生殖器と脳が性分化する。
> **KEY POINT**

[*1]　ヒトの遺伝子はすべて大文字で表記されるのでSRYとなるが、マウスやラットの場合、頭文字のみ大文字で表記するのでSryとなる。
[*2]　アンドロゲンは、男性機能の調節に関与する複数種のステロイドホルモンの総称である。その中でも、テストステロンは代表的なアンドロゲンである。

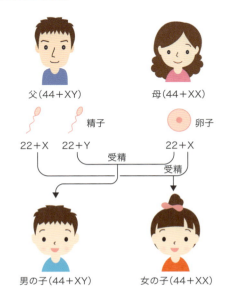

図 11-1　性染色体型が決定する様子

11.2 生殖腺と生殖器の分化

生殖腺の分化

将来的に卵子や精子になる細胞は、発生の初期段階では「始原生殖細胞」と呼ばれます。始原生殖細胞は、胎生3～4週に卵黄嚢の尿膜膨出部に近い壁の体細胞から分化した後、生殖腺の原基である生殖隆起へ移動します（図11-2）。移動しながら、始原生殖細胞は細胞分裂を繰り返し、生殖隆起に到着した始原生殖細胞は第一次性索に取り込まれます。この段階までは、遺伝型によらず、男性も女性も同じように発生します。

男性では、第一次性索は精巣網を形成し、白膜によって生殖隆起から分断されます。その後、第一次性索は始原生殖細胞を保持したまま管状になり、精細管を形成します。始原生殖細胞は、精祖細胞となり、最終的に精子へと変態します（図11-3）。第一次性索の細胞からはセルトリ細胞が、間充織からはライディヒ細胞が生じます。マウスでは、胎齢の10.5日～12.5日にかけて、雄のY染色体上にある*Sry*遺伝子が発現します。*Sry*が発現する時期は精巣が分化する時期に一致します。この時期に*Sry*遺伝子を発現する未分化の細胞がセルトリ細胞に分化します（この時期に*Sry*の発現がないと卵胞細胞になります）。セルトリ細胞は、精細胞に栄養を供給し、精子の成熟過程を支持します。ライディヒ細胞は、男性ホルモンであるアンドロゲンを産生し、分泌します。

一方、*SRY*が働かなかった場合は、卵巣に分化します。第一次性索と卵巣網は退化し、残った生殖隆起の上皮細胞が再び分裂と増殖を繰り返して第二次性索を形成します（図11-2）。第二次性索は始原生殖細胞を取り込みながら索状に増殖を続け、やがて索状構造は分断されます。始原生殖

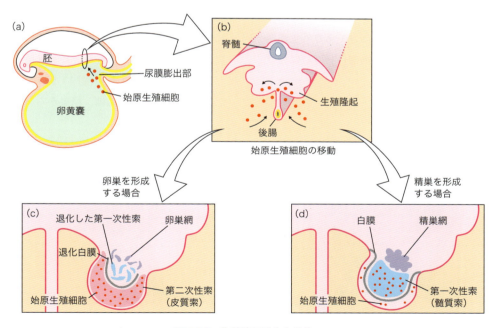

図11-2 生殖腺の発生と分化
始原生殖細胞は、卵黄嚢の尿膜膨出部の近くにある体細胞から分化し、生殖隆起へ移動する（a）。始原生殖細胞を取り込んだ生殖隆起はさらに分化し（b）、精巣を形成する場合には第一次性索が（d）、卵巣を形成する場合には第一次性索が退化して第二次性索が発達する（c）。

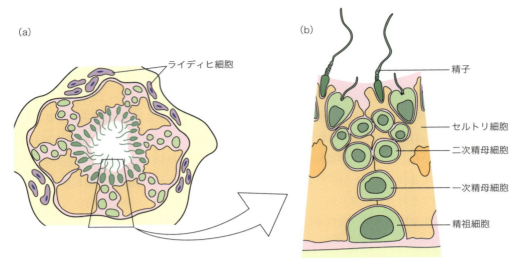

図 11-3　精細管の内部構造
(a) 精細管の断面。(b) 精細胞が分化していく様子。精細管の内側壁にある精祖細胞が減数分裂するにつれ中心へ移動し、成熟した精子ができる。

細胞は卵祖細胞となり、第二次性索の細胞から分化した卵胞細胞が卵祖細胞を取り囲んで、原始卵胞が形成されます。

生殖器の分化

生殖器は、体外から見える部分である外生殖器（外性器）と、体内にある内生殖器（内性器）に分けられます。

• 内生殖器の分化

男性の内生殖器には、精巣上体、精管、精嚢などがあります。一方、女性の内生殖器には、卵管、子宮、腟などがあります（図11-4）。未熟な個体（胎児）の時には、将来、男性および女性の内生殖器になる前駆体を両方とも備えており、発生が進むにつれて片方が退化、もう一方が成長して、成熟した内生殖器となります（図11-5）。

内生殖器の性分化には、精巣から分泌される2

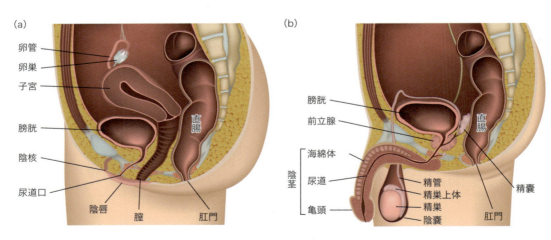

図 11-4　生殖器の概要
(a) 女性の生殖器。(b) 男性の生殖器。

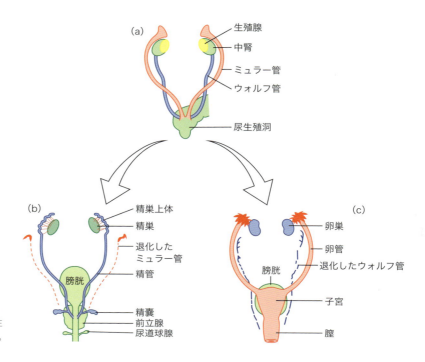

図 11-5　内生殖器の発生と分化
(a) 未分化な内生殖器、(b) 男性の内生殖器、(c) 女性の内生殖器。

種類のホルモン、すなわちアンドロゲンとミュラー管抑制因子が関与します。精巣のライディヒ細胞が分泌するアンドロゲンは、主としてテストステロンであり、テストステロンはウォルフ管に作用して、その発達を刺激します。これにより、ウォルフ管が精巣上体、精管、精囊に分化するのです。一方、女性内生殖器の前駆体であるミュラー管は、精巣のセルトリ細胞から分泌されるペプチドホルモンであるミュラー管抑制因子の働きにより退化します。こうして、男性の内生殖器が完成します。

女性の場合は、精巣がないためアンドロゲンもミュラー管抑制因子も分泌されません。そのような条件では、ウォルフ管は退化し、ミュラー管は発達して、女性の内生殖器が形成されます。

・外生殖器の分化

男性の外生殖器には陰茎と陰囊があり、女性の外生殖器には陰唇、陰核および膣などが含まれます（図 11-4）。

胎生 8 週頃までは、外生殖器に男女の違いはあまり見られませんが、それ以降になると顕著な性差が生じてきます（図 11-6）。尿道ひだが正中で癒合すると男性の外生殖器が形成され、尿道ひだが癒合せずに開裂した状態だと女性の外生殖器が形成されます。内生殖器と同様、男性の外生殖器の発達にはアンドロゲンの働きが必要です。テストステロンから転換された 5α-ジヒドロテストステロンが未分化な外生殖器に作用すると、陰茎と陰囊が発達します。一方、女性外生殖器の発達にホルモンの刺激は必要ありません。

> **KEY POINT**
> *SRY* が働くと精巣ができ、*SRY* が働かないと卵巣ができる。精巣はアンドロゲンを分泌して男性の内外生殖器を発達させる。ホルモンが作用しないと女性の内外生殖器が発達する。

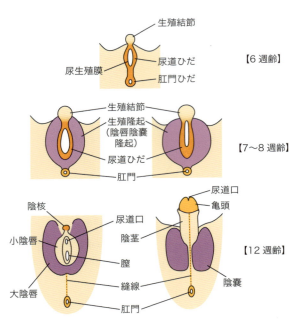

図 11-6 外生殖器の発達と分化

生殖器の分化異常

生殖器の性分化はホルモンに依存しているため、ホルモンの働きが何らかの原因で阻害されると、生殖器の発達が妨げられてしまいます。事実、遺伝的障害による生殖器の発達異常がいくつか知られています。

・アンドロゲン不応症候群

アンドロゲンは、細胞の中にあるアンドロゲン受容体と結合して、生理作用を発揮します。アンドロゲン受容体の遺伝子はX染色体にあり、もし正常なアンドロゲン受容体の発現が阻害されると、男性生殖器の形成に異常が起こります。これがアンドロゲン不応症候群で、遺伝的には男性（XY型）であるにもかかわらず、外見は女性になってしまうのです。アンドロゲン不応症候群の患者では、Y染色体上の *SRY* が働くので精巣ができ、精巣からはアンドロゲンが分泌されます。しかし、アンドロゲン受容体がないのでアンドロゲンは働きません。このため、ウォルフ管は発達せず、精巣上体、精管、精嚢が形成されません。また、ミュラー管抑制因子も分泌されるので、女性型の内生殖器も発達しません。外生殖器は、アンドロゲンが作用しないため女性型になります。しかし、卵巣と女性内生殖器をもたないので、子孫を残すことができません。

・ターナー症候群

ターナー症候群は、通常2本あるはずのX染色体を1本しかもたない染色体異常です（このような染色体型はXO型と表される）。ターナー症候群の患者はY染色体をもたないので精巣は発達せず、卵巣ができます。しかし、卵巣の発達には2本のX染色体が必要なため、ターナー症候群の患者の卵巣は未熟で、性ステロイドホルモンの産生能がありません。しかし、内生殖器と外生殖器は正常な女性型に発達します。ターナー症候群の女性には、性成熟を誘導するために性ステロイドホルモンの投与療法が必要です。しかし、性成熟を迎えても、卵巣が機能しないため子を産むことはできません。

11.3　脳の性分化

　胎児期になると、精巣から高濃度のアンドロゲンが分泌されるようになります。性的に未分化な脳がアンドロゲンに曝されると[*2]、男性型の脳が発達することがわかっています。

　先述した通り（11.2節参照）、アンドロゲン不応症候群の患者は、体内に精巣があるにもかかわらず外生殖器や外見が女性化し、脳の働きも女性型になります。これは、アンドロゲン受容体に結合するアンドロゲンの作用が脳の男性化に重要であることを示しています。

　また、先天性副腎過形成という、アンドロゲンが過剰分泌される病気では、男児は健常に発達しますが、女児には外生殖器に異常が生じ、おもちゃや遊びの好み、自由画のモチーフが男の子らしいものになります。さらに、先天性副腎過形成の女性の約3分の1が、同性愛あるいは両性愛であるという報告もあります。これらの症例は、出生前のアンドロゲン曝露がヒトの脳の男性化に重要であることを示しています。

　しかしマウスでは、発達期にアンドロゲンに曝

[*2] 発達期の精巣から分泌され、血中に放出された高濃度のアンドロゲンに標的器官が曝されることをアンドロゲンシャワーという。

されるか否かにかかわらず、性染色体遺伝子によって、脳が部分的に性分化することが証明されています。しかし、ヒトの脳の性分化に性染色体遺伝子が直接的に関与するかどうかは、まだわかっていません。

脳の性差

　男性と女性には、生殖腺や生殖器だけでなく、脳にも機能的・形態的な差が見られます（図11-7）。大脳（男性の方が1割程度大きい）、脳梁膨大（女性では厚く球形であり、男性では薄く管状である）、前交連（正中面での断面積が女性の方が大きい）などは、脳の構造に見られる性差として報告されています。

　性分化した脳において性差が見られる神経核は、とくに性的二型核と呼ばれます。最初に発見

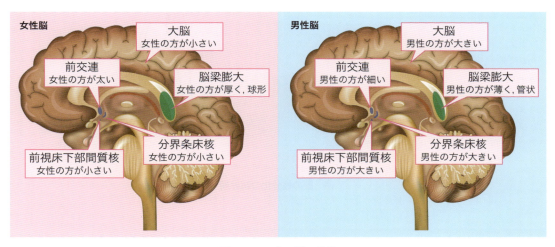

図 11-7　ヒトの脳の性差

された性的二型核は、ラットの視索前野という脳領域にありました。この神経核は、発見された場所にちなんで視索前野の性的二型核(SDN-POA; sexually dimorphic nucleus of the preoptic area)と呼ばれています。雄ラットのSDN-POAの体積は雌ラットのSDN-POAよりも大きく、ニューロン数も多いのです(図11-8)。

その後、SDN-POAによく似た部分が他の動物にも存在することがわかりました。男性の前視床下部間質核(INAH; interstitial nucleus of

脳の性別はいつ決まるのか

アンドロゲンが働いて脳の性別が決まる時期は、動物の種類によって異なり(図)、この時期は「脳の性分化の臨界期」と呼ばれている。臨界期は、妊娠期間が長い動物ほど出生前にある傾向が強いが、ヒトにおける脳の性分化の臨界期は正確には明らかになっていない。

しかし、ヒト胎児におけるテストステロン(代表的な男性ホルモンの一種)の血中濃度の変化から、その時期が推定される。男の胎児における血中テストステロン濃度は、妊娠16週頃をピークとして、妊娠12週から22週にかけて高い値を示す。精巣のテストステロン含量は、血中濃度に先行してピーク値を迎える。これは、多量のテストステロンが精巣でつくられ、その後、血中に放出されることを意味する。一方、女の胎児は精巣をもっていないので、テストステロンの血中濃度は極めて低い。このことから、ヒトにおける脳の性分化の臨界期は、妊娠12週から22週の期間にあると考えられる。ラットでは、出生日を前後する数日間(周生期)において高濃度のテストステロンが精巣から分泌されており、この期間が臨界期にあたる。生まれたばかりの雄ラットの精巣を取り除くと、本来、成熟期に起こるはずの雄性行動が起こらなくなる。出生後の数日間にアンドロゲンを注射した雌ラットでは、性成熟に達しても雌性行動や排卵が起こらない。しかし、出生日に精巣を取り除かれた成熟雄ラットに女性ホルモンであるエストロゲンを注射すると雌性行動が起こり、出生後の数日間にアンドロゲンを注射された成熟雌ラットに再びアンドロゲンを注射すると雄性行動が起こる。このように、性分化の臨界期より前の時期では、脳は性的に未分化な状態であり、臨界期におけるアンドロゲンの有無によって脳の性別が決まる[1]。

1) 臨界期におけるアンドロゲンの働きは、脳の性分化にとって極めて重要である。しかし、動物モデルを用いた最近の研究から、臨界期以降に作用するホルモンの働きも、脳の性分化に関わることが明らかにされている。

(a)

動物	妊娠期間(日)	臨界期(受胎後、日)
ラット	20〜22	18〜27
マウス	19〜20	出生後
ハムスター	16	出生後
モルモット	63〜70	30〜37
シロイタチ	42	出生後
イヌ	58〜63	出生前〜出生後
ヒツジ	145〜155	およそ30〜90
アカゲザル	146〜180	およそ40〜60

(b)
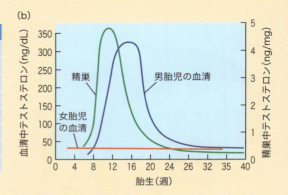

図　脳の性分化の臨界期
(a)動物の妊娠期間と脳の性分化の臨界期、(b)ヒト胎児の精巣中および血清中テストステロン濃度の変化。

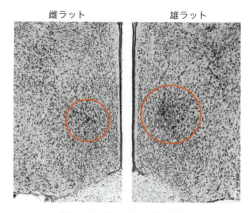

figure 11-8　ラットのSDN-POA

the anterior hypothalamus）（図 11-7）は、女性よりも大きいことが知られています。さらに、同性愛男性の INAH は異性愛男性よりも小さく、女性とほぼ等しかったという興味深い報告もあります。INAH は性的指向[*4] に関係する部位なのかもしれません。しかしその一方で、INAH の大きさと性的指向との因果関係は見いだされなかったという研究もあります。今後より詳細な研究が必要でしょう。

他には、分界条床核と呼ばれる神経核にも男女差があります。男性の分界条床核は女性に比べて大きく、ニューロンの数も多いのです。同性愛男性の分界条床核の大きさは、異性愛男性と違いがありません。しかし、男性から女性へ性転換した人の分界条床核は男性よりも小さく、女性の分界条床核に似ています。反対に、女性から男性へ性転換した人の分界条床核は、男性のそれに似ています。このことから、ヒトの分界条床核は、性同一性（章末のコラムを参照）に関係していると考えられています。動物の分界条床核は雄性行動や攻撃性に関係していることが知られ、ラットやマウスの分界条床核にもヒトとよく似た構造の性差があります。動物とヒトに共通した働きがあるのかどうか検証することは簡単ではありません。

[*4]　男女どちらを性的対象としているかということ。異性愛とは、自身の性別とは異なる性別者に魅力を感じることであり、同性愛とは自身と同じ性別者に魅力を感じること。その他にも、男女どちらにも性的魅力を感じる両性愛などがある。

> 脳の構造には性差があり、性差が見られる神経核（ニューロンの集まり）は性的二型核と呼ばれる。構造の性差は脳機能の性差を引き起こすと考えられる。
> KEY POINT

11.4　脳における生殖の制御

ヒトや動物が子どもをつくるには、精子と卵子を体内でつくり、受精を目的とした性行動を行う必要があります。これらはどちらも脳の制御を受けています。

生殖腺の働きを制御するしくみ

性分化を完了し成熟した個体の脳では、生殖腺の働きを制御するしくみが機能します。

脳における生殖機能の中枢は、間脳の視床下部にあり、視床下部には「性腺刺激ホルモン放出ホルモン（GnRH；gonadtrophin releasing hormone）」と呼ばれるペプチドホルモンを産生するニューロンが含まれています。GnRH には、文字通り、性腺刺激ホルモンの分泌を促す作用があり、GnRH ニューロンの軸索終末から分泌された GnRH は、毛細血管に入り込み、血流に乗って下垂体に到達します。GnRH が作用すると、下垂体は腺細胞から性腺刺激ホルモンを分泌します。性腺刺激ホルモンは、標的器官である精巣と卵巣に作用して、その働きを調節します。性腺刺激ホルモンが作用した精巣では、精子の形成と男性ホルモンであるテストステロンの産生が促され

ます。一方、卵巣では、卵胞の成長と、成熟した卵胞からの卵子の放出（排卵）が誘起されます。

> 視床下部から分泌されたGnRHは、下垂体での性腺刺激ホルモンの分泌を促進する。性腺刺激ホルモンは、生殖腺からの性ステロイドホルモンの分泌を促進する。
> **KEY POINT**

このように、視床下部、下垂体、および生殖腺のホルモン分泌には階層関係があります（図11-9）。さらに、生殖腺から分泌された性ステロイドホルモンは、視床下部と下垂体に作用して、GnRHと性腺刺激ホルモンの分泌を抑制します。階層関係の下位にあるホルモンが、上位のホルモンの分泌を調節することを「フィードバック」といいます。このように、視床下部、下垂体、および生殖腺は、ホルモンを介してループ状のシステムを形成しており、フィードバックによって、適切な量のホルモンが分泌されるように調節されています。

性腺刺激ホルモンには、卵胞刺激ホルモン（FSH；follicle stimulating hormone）と黄体形成ホルモン（LH；luteinizing hormone）という2種類があります。FSHの主な生理効果は、雌における卵胞発育とエストロゲン産生で、雄では精子形成を促します。一方、雌におけるLHの主な生理効果は、排卵誘起と黄体形成で、雄では精巣のアンドロゲン産生を促します。LHの分泌パターンには明瞭な性差が見られます。

女性の性周期とホルモン

左右一対あるヒトの卵巣では、約50万個の卵胞ができる。しかし、出生後に卵胞の数が増えることはない。むしろ、閉経までに次第に卵胞は退化してゆく。性成熟したヒトの女性には月経周期があり、卵胞の成長と成熟した卵胞（グラーフ卵胞）からの卵子の放出（排卵）が周期的に起こる（図）。女性は一生の間に約400個の卵子を放出する。卵子を取り巻いて卵胞をつくる細胞には、卵胞膜細胞と顆粒膜細胞があり、性ステロイドホルモンを産生する。卵胞膜細胞ではコレステロールからアンドロゲンがつくられ、顆粒膜細胞ではアンドロゲンからエストロゲンがつくられる。エストロゲンの産生量は、卵胞の成長に伴い増加し、排卵間近の成熟卵胞において最大となる。排卵した後の卵胞は黄体になり、性ステロイドホルモンの一種であるプロゲステロンを分泌するようになる。

性腺刺激ホルモンは、卵胞に作用し、エストロゲンの産生を促す。加えて、性腺刺激ホルモンの働き

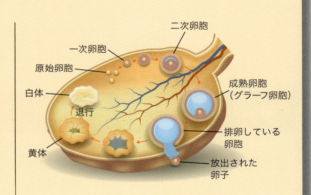

図　ヒトの卵巣の断面図

により、排卵した後の卵胞から黄体が形成され、プロゲステロンの産生が促される。黄体から分泌されるプロゲステロンは、妊娠の維持に必要なホルモンであり、妊娠が成立しなかった場合、ヒトを含めて多くの動物ではプロゲステロンの産生は約2週間で低下し、黄体が退行する。

Column

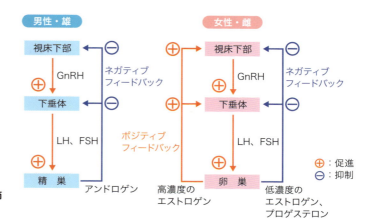

図 11-9　生殖内分泌の機能を調節するホルモンの働き

性行動を制御するしくみ

多くの動物には、雌雄それぞれに特徴的で画一的な性行動のパターンがあります。そして、性行動の発現には性ステロイドホルモンの働きが重要となります。一方、ヒトを含めた一部の高等霊長類には、画一的な性行動のパターンはありません。そして、性ステロイドホルモンの働きは、性行動の発現に必ずしも必要でありません。しかし、ヒトにおいても性ステロイドホルモンが性行動に影響を及ぼすことが知られています。

ラットやマウスなどのげっ歯類では、雌に遭遇した雄はマウントと呼ばれる性行動を起こします（図 11-10）。マウントは、発情雌の後背部に乗駕する行動であり、ペニスの挿入を伴うマウントはイントロミッションと呼ばれます。マウントとイントロミッションを数回繰り返すと、雄は射精をします。雌では、成熟卵胞から分泌された高濃度のエストロゲンが脳に作用して、発情を誘発します。発情した雌は雄を受け入れて、ロードーシスと呼ばれる雌性行動を起こします。

一方、ヒトやボノボ[*5]では、性交の姿勢が一定ではなく、性行動のパターンが画一化されていません。ボノボは、チンパンジーとともにヒトに最も近い動物種で、ヒトだけが行うと考えられて

いた face-to-face の姿勢（いわゆる正常位）でも性交することが知られています。また、ボノボは雄同士、雌同士、あるいは大人と子どもなどさまざまな組み合わせで、外生殖器の接触を伴う行動が挨拶や遊びに用いられています。他の動物種では性交することがない授乳期間や妊娠期間であってもヒトやボノボは性交することがあり、性交する能力自体は卵巣から分泌されるホルモンに影響されません。

図 11-10　ラットの性行動
上段：雌ラットにマウントする雄ラットと、マウントに反応してロードーシスを示す雌ラット。下段：マウントの直後、ロードーシスの姿勢を示したままの雌ラット。

性交とホルモンの関係

先に述べたように、高等霊長類は、卵巣から分泌されるホルモンの種類や量に関係なく性交が可能で、受胎する可能性がない妊娠中や授乳中でも

[*5] サル目ヒト科に属する高等霊長類である。チンパンジーによく似ていることから、ピグミーチンパンジーとも呼ばれていた。しかし、チンパンジーとは別種であり、区別するためボノボという呼び方が一般的になった。

性交をすることがあります。しかしながら、卵巣の性ステロイドホルモンは、女性の性的関心に影響を与えることも事実です。異性愛女性と異性愛男性のカップルにおけるパートナーそれぞれの性交の働きかけを調べた研究によると、男性からの働きかけは常に一定であるが、女性からの働きかけは月経周期によって変化しており、エストロゲンのレベルが高くなる排卵期に最も高くなることがわかりました。女性の性交能力は月経周期の位相に関係ないとはいえ、受胎する可能性が最も高い時期に女性の性的関心が高まるしくみは、子孫を残すことが目的の生殖活動において合理的なものように思えます。

女性の性的関心を高めるホルモンは、エストロゲンとアンドロゲンです。つまり、女性の体内でも、男性ホルモンであるアンドロゲンが卵巣や副腎で産生されるのです。アンドロゲンのみでは女性の性的関心を高める働きはないものの、アンドロゲンはエストロゲンの作用を増幅して、性的関心を高める働きがあることがわかっています。

また、動物の雄に対する影響と同様、アンドロ

ゲンは男性の性的関心を高めて、性的な能力や活動を維持するように働くことがわかっています。男性の性交頻度と血中アンドロゲン濃度の加齢変化には正の相関がみられ、10代後半から30代の男性のアンドロゲン濃度は高く、性交頻度が増加します。

> ヒトは性ステロイドホルモンの作用に関係なく性交ができる。しかし、性ステロイドホルモンは、性的関心を高めて性交に影響を与える。
>
> KEY POINT

確認問題

1. 外生殖腺の性分化について説明しなさい。
2. 内生殖器の性分化について説明しなさい。
3. ホルモンに依存した脳の性分化について説明しなさい。
4. 例をあげて、脳の性差を説明しなさい。
5. 視床下部、下垂体、生殖腺によって構築される生殖内分泌機能の調節機構を説明しなさい。
6. ヒトの性的活動に影響を及ぼすホルモンの働きについて説明しなさい。

考えてみよう！

A. 脳の性差には、ヒトと動物の間で類似点や相違点があるだろうか。
B. 内分泌かく乱物質について調べ、性分化に対するリスクについて考えてみよう。

「同性パートナーシップ証明書」渋谷区で交付開始

（2015年11月5日）

　東京都渋谷区は、「同性パートナーシップ条例（渋谷区男女平等及び多様性を尊重する社会を推進する条例）」を制定し（2015年4月より施行）、男女の人権と性的少数者の人権を尊重するという理念を掲げ、加えて、同性のカップルを結婚に相当する「パートナーシップ（男女の婚姻関係と異ならない程度の実質を備えた、戸籍上の性別が同じ二者間の社会生活における関係）」と認める証明書の交付を2015年11月から開始した。同区は、教育現場などさまざまな場所で、性的少数者に関する啓発などに取り組んでいく考えを示している。

　自分は男性なのか、女性なのか。自身がどの性別に属しているのかという感覚や認識のことを「性同一性（英語ではジェンダーアイデンティティ）」といいます。性同一性障害（性別違和）とは、精神的な性別と身体的な性別との間に著しい乖離（かいり）がある状態のことをいいます。一方、自分がどの性別に対して性的あるいは恋愛対象としての魅力を感じるのかを「性的指向」といいます。性的指向はいくつかに分類でき、よく知られているのは異性愛（ヘテロセクシャル）、同性愛（ホモセクシャル）、両性愛（バイセクシャル）でしょう。先の条例は、現在の社会では少数派である同性愛や両性愛の人の存在やアイデンティティを認めようとする動きの一つといえるでしょう。

From the NEWS

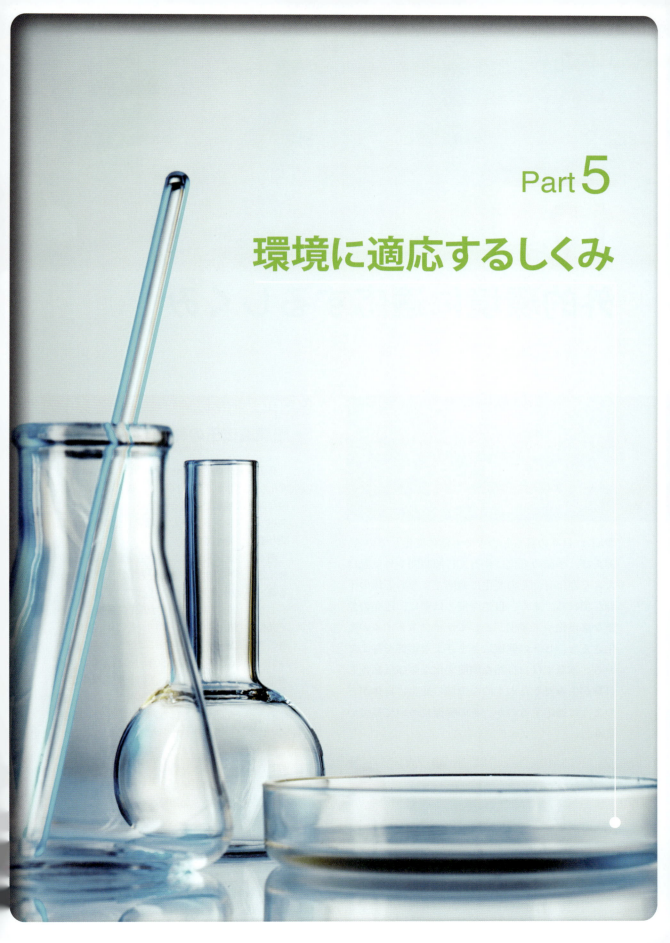

Part 5

環境に適応するしくみ

12章
外的環境に適応するしくみ

- 12.1　概日周期と睡眠
- 12.2　季節を感じるしくみ
- 12.3　体温の調節
- 12.4　環境中の化学物質と人体

環境は、日々の暮らしの中でも常に変化している。例えば、季節の変化に伴って日照時間や外気温は大きく変化し、その変化に適応できないと体の不調が現れる。また、自然環境とは別に、近年の急激な都市化や工業化、そしてライフスタイルの変化さえも、ヒトの健康にさまざまな影響を与えている。本章では、自然な環境変化ならびに私たち自身が生みだした人工的な環境の変化に身体がどのように適応するのか、その機能について見ていこう。

Topics
▶肥満遺伝子の発見!?

有史以来の劇的な変化の一つに、栄養環境の変化があげられます。開発途上国ではいまだ飢餓が深刻な問題ではあるものの、先進国では「メタボリックシンドローム」「肥満」という新たな病が蔓延し始めています。

肥満の原因は食生活などの生活習慣にあると考えられがちですが、その一方で、肥満に関わる遺伝子疾患（変異）も報告されています。その一つが、1995年にアメリカの先住民族ピマ族で発見されたβ3-アドレナリン受容体（β3AR）遺伝子の変異です。ピマ族には肥満や糖尿病が極端に多く、ピマ族の約50％が変異型のβ3AR遺伝子をもっていました。この変異型の遺伝子（倹約遺伝子）をもっていると消費エネルギーを節約でき、飢餓環境では有利です。しかし飽食の現代では、その性質があだになったようです。

肥満のメカニズムは、一つの遺伝子だけで説明できるものではありません。生活習慣の他に、腸内細菌叢や発育環境など複数の要因が複雑に関係している可能性が指摘されています。

1995年8月10日
（*New England Journal of Medicine* 誌より）

12.1 概日周期と睡眠

　私たちヒトを含め生物は皆、約24時間周期で自転する地球の上で生活しています。自転周期に伴って地球には昼と夜があるため、生物はそれぞれが棲む地域の時間帯にスムーズに適応できるよう、内分泌系や体温など、さまざまな生理機能が地球の自転に応じて一定のリズムを刻むようになっています（図12-1）。例えば夜遅くなると眠気が増したり、朝に目が覚めたりするのもこうしたリズムのためです。

　このようなリズムを体内で独自に形成するしく

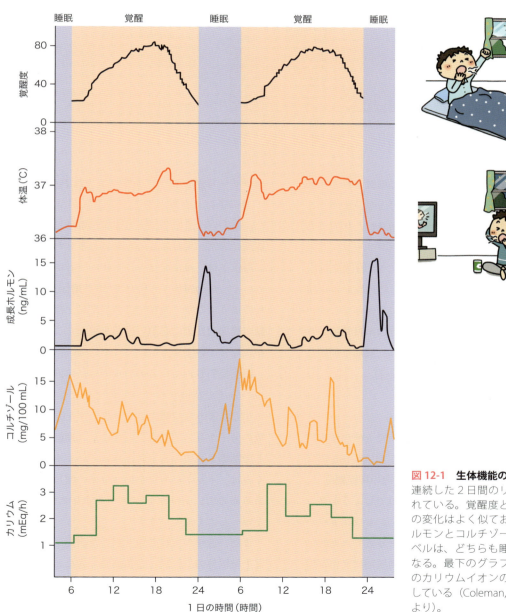

図12-1　生体機能の概日周期
連続した2日間のリズムが示されている。覚醒度と中心部体温の変化はよく似ており、成長ホルモンとコルチゾールの血中レベルは、どちらも睡眠中に高くなる。最下のグラフは腎臓からのカリウムイオンの排出量を示している（Coleman, 1986, Fig.2.1より）。

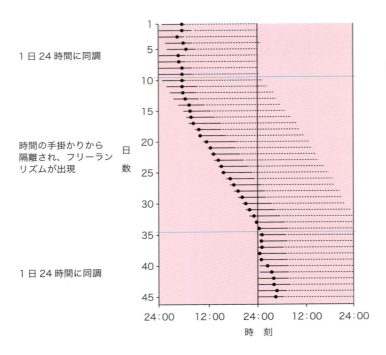

図12-2 外部環境から隔離されたヒトの内因的周期変動
男性被験者についての活動記録。1日ごとの、睡眠を実線で、覚醒・活動を破線で示してある。黒い点は深部体温が最低になった時刻。最初の9日間は明暗・寒暖・騒音レベルが24時間周期で変化する部屋で過ごし、10日め以降は温度・湿度・騒音レベルが一定に保たれた部屋で過ごし、被験者は自分自身で照明を点灯・消灯し、空腹を感じた時間に食事をし、好きな時間に眠った。このような条件ではフリーランリズムが現れ、24時間の同調は見られなくなった。実験の後半では、照明を午前8時から深夜0時まで点灯するようにして食事も決まった時間に届けられた。こうすると、24時間の同調が回復した（Aschoff et al., 1967より）。

みを体内時計、体内時計によって形成されるリズムのことを概日周期（概日リズム）と呼びます。この周期は、外部からの刺激が遮断された状態でも継続することがわかっています（フリーランリズム）。しかし、この周期は正確に24時間ではなく、特に光刺激がない状態では、体内時計は正常な明暗周期から少しずれた周期に変化してしまいます。通常の生活では、体内時計は毎日外部からの刺激によりリセットがかけられ、周期を調節していると考えられています（図12-2）。

時計遺伝子の発見

動物実験などから、脳内の視交叉上核が体内時計の中枢であることがわかりました（p.165のコラム参照）。それでは、視交叉上核内の神経細胞は、どのようにして時を刻んでいるのでしょうか？

この課題に挑むため研究者は、ショウジョウバエやマウスに突然変異誘発物質を与えて人為的に遺伝子に異常を引き起こし、行動周期に変化が現れた個体を調べることで、時を刻む原因分子を見つけだそうと試みました。その結果、コノプカと

ベンザーらがショウジョウバエでは*Period*（ピリオド）という遺伝子に、タカハシとピントらがマウスでは*Clock*（クロック）という遺伝子に突然変異が生じると、概日周期に異常が現れることを発見しました。これらの遺伝子は、後に発見された体内時計に関わる他のいくつかの遺伝子と併せて「時計遺伝子」と呼ばれるようになり、現在では、視交叉上核の神経活動の周期的変動に必須の役割を果たすことが明らかになっています。

現在提唱されているモデルでは、体内時計は一つの分子で制御されているのではなく、図12-3に示したような複雑なネットワークを介して、複数の分子が互いの発現を促進または抑制しあうことで制御されていると考えられています。このしくみは、ネットワークを担う分子の種類に違いはあるものの、ショウジョウバエでもマウスでも、たいへんよく似ています。

また、近年の実験動物を用いた研究から、視交叉上核以外の、肝臓、脂肪細胞、骨などの細胞でも時計遺伝子が発現しており、それぞれの臓器が固有のリズムを刻んでいることがわかってきまし

12章 外的環境に適応するしくみ　　165

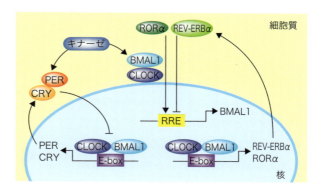

図 12-3　時計遺伝子のネットワーク
→は活性化、⊣は抑制を表している。だ円で示したのはタンパク質で、多数のタンパク質が互いの発現を促進・抑制することにより細胞内の時計として機能している。

体内時計はどこにある？

　体内時計が生物の概日リズムをコントロールしていることがわかり、次に具体的にどの器官が体内時計の役割を担っているのかについての研究が進められた。

　哺乳類では、ジョンズ・ホプキンス大学のリヒターが1967年に、視床下部が体内時計の形成に関連しているという仮説を発表した。さらに、1970年代の初頭にはカルフォルニア大学バークレー校のステファンとズッカーが、視床下部の中でも特に視神経が交叉する領域の背側部にある「視交叉上核（SCN）」と呼ばれる小さな神経核が体内時計の本体である可能性を示した。この神経核を実験動物で特異的に破壊するとさまざまな周期の消失が起こることを見つけた（図）。また同時期にピッツバーグ大学のムーアらは、網膜から視神経を介して視交叉上核に至る神経経路を発見し、「網膜視床下部路」と名付けた。これら一連の発見を契機に、前述の仮説を支持する結果が相次いで報告された。

　例えば日本でも、三菱化成生命科学研究所（現在は閉鎖）の川村らが1970年代後半から1980年代にかけて、実験動物の視交叉上核と他の脳組織との神経連絡を切断した状態で視交叉上核からの電気活動を記録する実験を行い、視交叉上核からはっきりとした自律的な電気活動の概日周期が観察されることや、実験動物の視交叉上核を破壊すると自発行動のリズムが消失し、その破壊部位に他の動物からとった視交叉上核を移植するとリズムが回復することを報告し、視交叉上核の重要性を示した。

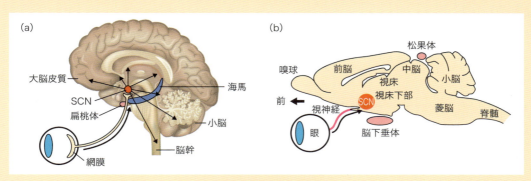

図　視交叉上核の位置
(a) ヒト、(b) マウスの脳における視交叉上核の位置を示す。ヒトでもマウスでも、ほぼ共通したしくみで体内時計はつくられる。

た。ただし、これら臓器の体内時計は視交叉上核が形成するマスタークロック（親時計）の下位で機能しており、それぞれの臓器は、視交叉上核からの神経入力（図12-4）や、副腎皮質から放出される糖質コルチコイドホルモン濃度の周期的な変動、血中栄養素などの情報によってリセットを受けると考えられています。国際線の飛行機に乗ると、渡航先の現地時刻に合わせた時刻に食事が提供されます。これは食事という刺激（栄養素の情報）によって各臓器の体内時計を現地時刻にリセットし、少しでも時差ぼけを軽減しようとする配慮からなのです。

睡眠

　睡眠は体内時計によって制御される現象の一つで、昼間に活動して夜に休む生活を行っていれば、自然と夜間には眠くなります。しかし、疲労がたまっている場合など、昼間に眠くなることもあります。睡眠は、概日リズム以外の神経回路によっても影響を受けることがわかるでしょう。

　睡眠には、「REM睡眠」と「ノンREM睡眠」と名づけられた、質の違う2種類の状態があります。REMとは「急速眼球運動（Rapid Eye Movement）」の頭文字をとったもので、睡眠中に頻繁に眼球が動くのが特徴的です。REM睡眠の状態では、身体は完全に休息をとっている一方、脳は覚醒に近い状態にあり、一般にREM睡眠時

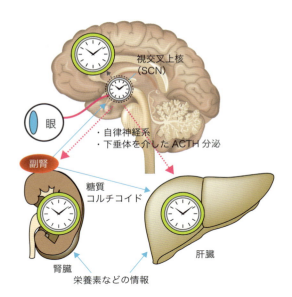

図12-4　視交叉上核と他の臓器との関係
視交叉上核 (SCN) を最上位として、複数の経路で体全体の体内時計を同調させるしくみがある。自律神経系の他に、副腎の糖質コルチコイド分泌を制御する副腎皮質刺激ホルモン (ACTH) も SCN の支配下で分泌され、内分泌的な時計の制御を行う。

には活発に夢を見ていると考えられています。一方、ノンREM睡眠時には脳も身体も休んでいる状態にあり、徐波と呼ばれるゆっくりとした頻度の脳波が検出できることから徐波睡眠とも呼ばれています。ヒトでは一晩の睡眠中に、ノンREMとREM睡眠のセットを90分程度の周期で何度か繰り返すと考えられています（図12-5）。

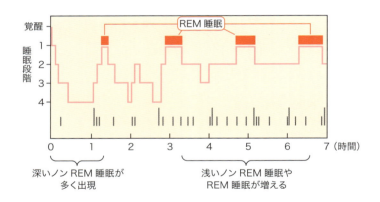

図12-5　時間経過による睡眠段階
長い棒は寝返りなどの大きな体動、短い棒は局所的な体動を表す (Dement & Kleitman, 1957 より)。

睡眠を支配する神経系

さて、このような睡眠−覚醒を制御する神経回路はどのようなものなのでしょうか？ 実験動物に対する薬物投与の研究や神経細胞の電気活動を記録する研究、また睡眠障害の研究などから、脳には「睡眠中枢」と「覚醒中枢」があり、両者が綱引きをするように拮抗的に働くことで、睡眠−覚醒が制御されていることがわかってきました（図12-6）。

睡眠−覚醒に関与する神経系を表12-1にまとめています。

表12-1 睡眠−覚醒に関係する神経系

部　位	神経系	代表的な神経伝達物質
《覚醒に関与》		
脳幹	網様体ニューロン（上行性網様体賦活系）	モノアミンやアセチルコリン
視床下部外側野	オレキシンニューロン[1]	オレキシン
視床下部後部	ヒスタミンニューロン	ヒスタミン[2]
《睡眠に関与》		
腹外側視索前野	GABAニューロン	GABA・ガラニン
正中視索前核	GABAニューロン	GABA

1) オレキシンニューロンの関与は、昼間に強い眠気に襲われる睡眠障害「ナルコレプシー」のモデル動物から発見された。ナルコ narco は睡眠を レプシー lepsie は発作を示す。現在ではオレキシン受容体の異常の他に、オレキシンの欠乏がナルコレプシーの原因となることも明らかになっている。
2) 抗ヒスタミン薬と呼ばれるヒスタミンと拮抗して働く薬剤が睡眠改善薬として市販されている。

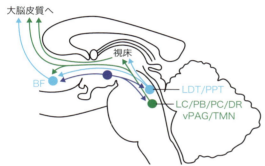

(a) 覚醒時 (1)

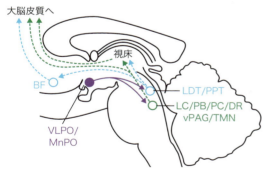

(b) 睡眠時

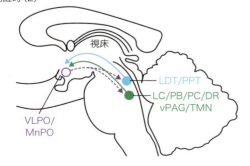

(c) 覚醒時 (2)

図12-6　睡眠−覚醒のスイッチ機構
(a) 多くの覚醒促進に関わる上行性神経投射は脳幹から生じる。モノアミン神経系およびグルタミン酸作動性神経系（深緑）は、視床下部、前脳基底部（BF）、および大脳皮質の直接投射し、一方、コリン作動性神経系（水色）は主に視床へ入力する。外側視床下部（青）に存在するオレキシン神経系は、これらの脳幹の覚醒経路の活動を強化し、さらに、直接大脳皮質と前脳基底部を活性化する。(b) 腹外側視索前野（VLPO）、正中視索前核（MnPO）から投射する主な睡眠促進系（紫）は、視床下部および脳幹の両方で上行性の覚醒経路を抑制して、睡眠を促進する。(c) 逆に、上行性の覚醒システムが腹外側視索前野（VLPO）を抑制することも報告されている。覚醒と睡眠経路の相互抑制関係はフリップフロップスイッチのように働いて、覚醒・睡眠状態間の素早い移行を可能にする。
【凡例】DR：背側縫線核、LC：青斑核、LDT：背外側被蓋核、PB：結合腕傍核、PC：前青斑核野、PPT：脚橋被蓋核、TMN：結節乳頭核、vPAG：腹側中脳水道周囲灰白質

一方、これらの神経回路の研究とは別に、眠ることができない実験装置に入れた実験動物の脳から、睡眠物質を取りだす試みも続けられてきました。そのようにして同定された睡眠物質が、ウリジンや酸化型グルタチオン、プロスタグランジンD2[*1]やアデノシンといった物質です。これらの物質は直接的、間接的に睡眠中枢に作用するものと考えられます。また、松果体でトリプトファンから合成されるメラトニンも睡眠物質の一つとして考えられており、服用すると軽い催眠作用をもたらします。メラトニン受容体に結合する薬剤は既に睡眠導入剤として市販されています。

[*1] ウリジンや酸化型グルタチオンは東京医科歯科大学の井上昌次郎らによって同定された。またプロスタグランジンD2は同時期に大阪バイオサイエンス研究所の早石修らにより同定された。クモ膜がプロスタグランジンD2を合成し、脳脊髄液を流れていき、最終的に睡眠中枢などで作用すると考えられている。

睡眠の意義

ヒトはその人生の3分の1を睡眠に充てているといわれます。睡眠は、生体においてどのような意味をもつのでしょうか。

身体を休息させることが睡眠の大きな役割の一つであることはまず間違いありませんが、他に注

目されている役割の一つとして「記憶の固定化」が指摘されています。その根拠の一つが、断眠したヒトや動物に起こる記憶障害です。そのしくみはまだすべてが解明されている訳ではありませんが、短期的な記憶の場である海馬から長期的な記憶の場である大脳皮質に記憶を固定化する過程がノンREM睡眠時に活性化されるのではないかという仮説があります。また、睡眠により不必要な記憶が消去されて、新たに記憶できるスペースがつくられるという仮説も提案されています。

> 正常な睡眠には、睡眠 – 覚醒を支配する神経系活性化のバランスが重要である。
> **KEY POINT**

12.2　季節を感じるしくみ

花の開花時期が決まっているのは、花が季節を知るしくみを備えているからです。そして植物と同じように動物も季節を感じ、それにより行動や生理機能を変化させます。特に、高緯度地域に生息している動物にとっては、長い冬季の寒さや餌不足から子どもを守るため、繁殖行動の時期を制御することがその種の生存率を高めるうえで非常に重要です。

光周性

繁殖期を決定する情報の一つが日照時間です。日照時間の長短を感じ、それに応じて体の機能を変化させるしくみを「光周性」と呼びます。光周性を示す動物には、日が短くなると生殖行動を始める短日繁殖動物と、逆に日が長くなると生殖行動を始める長日繁殖動物が存在します（図12-7）。

では、そのような光周性はどのように制御されているのでしょうか？　実は光周性には概日リズムの制御機構が深く関係しています。哺乳類で

12章　外的環境に適応するしくみ　169

季節を忘れたマウス !?

　実は実験室で飼育されているマウス系統の多くは、メラトニン合成酵素をコードする遺伝子Hiomtに突然変異が入っており、メラトニンが合成できなくなっていることが報告されている。もともとマウスは長日繁殖動物だったのが、何世代にもわたってマウスを飼育していく間にメラトニンが欠損する突然変異が起こり、それにより実験室内でより安定して繁殖できるようになったと推測される。すなわち、飼育下で繁殖力の高い個体を選抜するうちに、このような突然変異が入ったマウスが優先的に生き残ってきたのではないかと考えられる。いい換えれば、実験室内の環境に適応した人工的な進化が起こったといえるのだ。

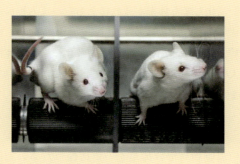

Column

図 12-7　短日繁殖動物と長日繁殖動物

長日繁殖動物は春が近づくと繁殖を始める動物であり、子どもの発育期間が比較的短いハムスター、フェレット、ニホンウズラ等に加えて、妊娠期間が1年近くあるウマ等の動物があげられる。一方、短日繁殖動物に関しては約半年の妊娠期間を要するヒツジやヤギ等の動物が代表的なものであり、これらの動物では受精した胚は冬期を胎児として母体の中で過ごし、春になった後に出産を迎える。

は、視交叉上核に入力された網膜からの情報が、上頸神経節などを経由して松果体にも届けられます。松果体は脳で唯一、メラトニンというホルモンを産生している部位で、網膜での光入力情報を感じるとメラトニンの分泌が抑制されます。こうして、メラトニンは夜間に多く、昼間に少ない分泌パターンを形成しています[*2]。夜が長くなりメラトニン分泌が亢進すると、長日繁殖動物はメラトニンの作用でGnRH（性腺刺激ホルモン放出ホルモン）の分泌が抑制され、生殖機能が低下します。一方、短日繁殖動物では逆にメラトニン分泌の亢進が繁殖活動を誘発することが報告されています。

> 季節を感じて適応するにはメラトニンが大切である。
>
> KEY POINT

[*2]　夜間に強い光を浴びたり、明るいテレビや液晶画面を見ると、光入力によってメラトニンの分泌リズムが影響を受け、睡眠障害が現れることがある。

12.3　体温の調節

　哺乳類や鳥類は恒温動物と呼ばれ、まわりの温度が変化しても体温がそれにともなって大幅に変化するようなことはありません。一方、魚類、両生類、爬虫類は、まわりの温度変化に応じて体温が大幅に変動することから、変温動物と呼ばれています。

体温を一定に保つしくみ

　恒温動物[*3]では体温を一定に保つための調節機構が発達しており、変温動物ではその機構が未発達であるといえます。正常時のヒトの体温は、個体差はあるものの、およそ36〜37度の範囲に保たれています。特に身体の中心部分と脳の温度はまわりの温度の影響を受けにくくなっており、核心体温と呼ばれています。

　その一方で、ヒトの核心体温は、規則正しい日周変動を示します。夜に睡眠して昼に覚醒するヒトでは、早朝に体温が最低[*4]となり、夕方に最高となります。また、核心体温は運動や摂食によっても影響を受けます。運動している時は、骨格筋の収縮によって熱が発生して体温が上昇しますし、摂食すると消化管運動と食物消化の化学反応にともなう発熱が原因で体温が上昇します（図12-1 を参照）。

　ヒトを含めた恒温動物には、体温を一定に保つための調節機構が備わっています。体温が上がれば放熱し、体温が下がれば発熱するしくみです。

　最も効果的な体温調節機構は「行動」です。体温が下がって寒さを感じれば、服を着る、暖かい場所に移動する、暖房を使うなどの行動をとります。反対に、体温が上がって暑さを感じると、服を脱いだり、涼しい場所に移動したり、扇風機やクーラーを使うでしょう。さらに必要な場合は、発熱器官と放熱器官が働きます。ヒトにおけるおもな発熱器官は骨格筋で、体温が下がると、骨格筋の弛緩と収縮を繰り返して（つまり震えて）熱を発生させようとします。通常、骨格筋の収縮と弛緩は随意的に行われますが、低体温状態での骨格筋の弛緩収縮の繰り返し現象（ふるえ）は不随意運動です。

　褐色脂肪組織も発熱器官です。褐色脂肪組織は交感神経系の支配を受けており、交感神経によって刺激されると、熱の産生が高まります。褐色脂肪組織の量は成人ではかなり少ないのですが、乳幼児では比較的多く存在し、発熱器官として相応の役割を果たしています。

　一方、体温が上昇すると、放熱器官が働いて体内に蓄積された熱を体外に放散します。放熱の主な経路は、皮膚からの熱放射と汗の蒸発です。皮膚からの熱放射を増加させるため、皮膚の血流量が増し、体幹を循環して温まった血液を皮膚表面で冷やします。また、発汗すると、汗の水分が皮膚の表面で蒸発し、身体の熱が奪われて体温が下がります。汗は汗腺[*5]から分泌されます。汗腺は外分泌腺の一つで、交感神経系の支配を受けています。全身に毛のある動物は汗腺が発達してい

[*3] 冬眠をする動物は例外であり、覚醒している時は恒温性であるが、冬眠中は体温が低下する。
[*4] 最低体温のことを基礎体温ともいう。基礎体温は、運動や摂食などによる体温変化の要因を排除し、生活に必要な最小限のエネルギーしか消費していない安静状態における体温を表している。女性の場合は日周変動の他に、約1ヶ月周期の体温変化がある。

[*5] 汗腺には、エクリン腺とアポクリン腺という2種類がある。エクリン腺はアポクリン腺よりも数が多く、広範囲に分布している。エクリン腺は、透明な液体である汗を分泌する。アポクリン腺は、腋窩、乳頭、外陰部に存在し、毛包内に分泌物を放出する。

12章 外的環境に適応するしくみ　171

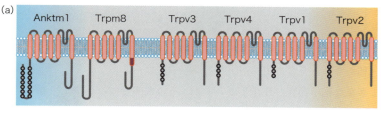

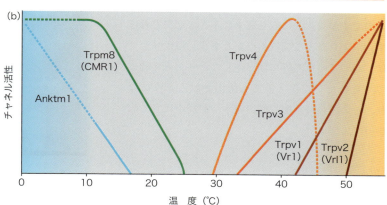

図 12-8　温度受容に関するチャネルタンパク質
(a) 細胞膜上にある温度感受性チャネルタンパク質。Trpm8はメンソールにも反応する。また、Trpv1はカプサイシンにも反応する。(b) 各チャネルタンパク質が活性化する温度。点線は予想される範囲を示す。

ないため、長い舌を垂らして激しい呼吸（パンティング）を行うことで、舌に付着した唾液を蒸発させて体温を下げています。

周囲の温度を感じるしくみ

　温度感覚の受容器は身体のさまざまな部位にありますが、体温調節に関わる主な温度受容器は、皮膚に分布する感覚ニューロンです。

　温度感覚ニューロンの細胞膜には、温度受容に関係するチャネルタンパク質が発現しています。チャネルタンパク質はこれまでに6種類が発見されており、温かさを感じるものが4種類、冷たさを感じるものが2種類です。各チャネルは、異なる温度領域で活性化します（図12-8）。43度以上の温度に反応するチャネルタンパク質はトウガラシの辛味成分であるカプサイシンにも反応します。辛いものを食べると暑く感じて汗をかくのは、このチャネルが活性化されるからです。また、冷覚受容に関与するチャネルタンパク質の一つは、ミントの成分であるメンソールに反応します。メンソールが清涼感を与えるのは、メンソールが冷覚受容チャネルを刺激するからなのです。

　脳の一部分である視索前野には温度感受性ニューロンがあり、体温調節の中枢として機能しています。核心体温が高くなると、当然ながら視索前野の温度も高くなりますが、そうなると視索前野にある温ニューロン（加温によって活性が上昇するニューロン）の活動が増加し、皮膚の血管が拡張して血流が増加します。血流増加によって温度が上昇した皮膚では、熱放射が増加し、体温を下げるように働きます。体温調節中枢には、温度低下によって活性上昇する冷ニューロンも少数ですが存在しています。温ニューロンと冷ニューロンがどのように働き、温度設定がなされ、体温が調節されているのか、明らかでない部分は多く残されています。

> **KEY POINT**
> ヒトには体温を一定に保つための調節機構があり、体温が上がると放熱し、体温が下がると発熱する。皮膚に分布する温度感覚ニューロンは、周囲の温度を感じて体温調節に関与する。

12.4 環境中の化学物質と人体

私たちヒトを含め生物が生きる環境中には、さまざまな化学物質が存在しています。その大部分は安全で暮らしやすい社会を形成する上で有益なものですが、体内に取り込まれることで害を及ぼす、つまり有害な物質も存在します。現代社会では、かつての自然界には存在しなかった人工的につくられた有害化学物質も排出されるようになり、その汚染は土壌や河川の水、海洋中にまで広がっています[*6]。

生物の解毒機能

生物の身体には生体防御のしくみがあるため、低濃度であれば、有害な化学物質にも十分に対応することができます。まず、第一のしくみとしては、「異物代謝酵素」の存在があげられます。異物代謝酵素とは、毒物を酸化、還元、加水分解することにより排泄しやすいかたちに変換する酵素のことです。「P450」と呼ばれる酵素群がその代表例です。重金属に対しては、メタロチオネインというタンパク質が金属に結合して排出を促すことも知られています。

第二のしくみとしては、毒物の毒性作用を和らげるタンパク質の存在が知られています。有害化学物質の代表的な毒性作用としては、活性酸素が産生されてタンパク質、脂質、DNAなどが障害される、酸化ストレス経路があります。この酸化ストレス経路によって生成される酸化ストレス（活性酸素やラジカルなど；9章のコラム参照）を除去するのが、スーパーオキシドディスムターゼ、カタラーゼ、グルタチオンペルオキシダーゼ、ヘム酸素添加酵素-1などを含む、活性酸素消去系の酵素群です。

第三に、細胞内の壊れたパーツを修復するしくみも存在します。例えば、酸化ストレスによって損傷したDNAを修復する経路として、損傷を受けた塩基を取り替える「ヌクレオチド除去修復」、損傷した方の鎖を使わずにDNAを複製する「損傷乗り換え複製」や「鋳型切り換え型複製」といった複数のDNA修復経路[*7]が用意されていて、損傷の重篤度によって使い分けられています。

これらのしくみが働くことで、体内に取り込まれた化学物質の量（曝露量）が少なければ、細胞機能を正常に保つことができます。しかし、一定量以上曝露されると、細胞死やがんが誘導されるなど、さまざまな疾患の原因となります。特に新たにヒトによってつくりだされた化学物質に関しては、どの程度の曝露量でどの臓器にどのような影響が現れるのか詳細に検討し、ヒトや野生生物に影響のないレベルがどの程度であるか研究していくことが、「持続可能な社会」を担っていく私たちの責務といえます。

[*6] 現在の日本には、ヒトや野生生物への影響がないよう化学物質管理に係るさまざまな関連法令が存在し、ある程度の安全性が確保されてはいるが、軽度な被害も引き起こさないよう引き続き注意深く監視していく必要がある。また発展途上国では、かつての日本が経験したような公害問題が、今まさに頻出している。

[*7] 2015年のノーベル化学賞は「DNA修復機構」を解明した、リンダール、モドリッチ、サンジャルに授与された。

12 章　外的環境に適応するしくみ　173

栄養環境への適応

　近年、日本を含む世界の多くの国で肥満人口が急増している。その背景として、昨今の飽食社会が原因の一つであることは間違いないが、もう一つの要因として「DOHaD」と呼ばれる仮説が提案されている。DOHaD とは Developmental Origin of Health and Disease のアルファベットの頭文字をとったもので、日本語では「生活習慣病の発達期原因説」とでも呼ぶべきものである。DOHaD の元のアイデアは、1986 年にイギリスのバーカー らによって提案された。バーカーは 1911 ～ 30 年に生まれた子どもを対象にした調査[1]を行い、「出生体重が低く生まれた子どもは成長後、心筋梗塞による死亡率が上昇する」という仮説を提唱した。このバーカー仮説は、「胎児期の環境が後発的な生活習慣病発症の原因となる」という理論のさきがけとなり、その後、オランダが食料不足だった 1944 ～ 45 年に低体重で生まれた子どもは成長後、肥満・高血圧・2 型糖尿病になりやすいというセンセーショナルな調査結果も報告されたことから、「生活習慣病のリスクが発達期環境によってプログラミングされる」との DOHaD 説に拡大されていった。

　なぜ、出生時の低体重が成長後の肥満という、一見すると逆の表現型をとるのかついては、「倹約遺伝子」が一つの答えとなっている。ヒトはもともと、飢餓状態に耐えるようエネルギーを体にためこむための遺伝子（倹約遺伝子）をもっており、発達期に栄養不足（飢餓状態）を経験することで倹約遺伝子が活性化され、成長後に過剰にエネルギーを溜め込んでしまってメタボリックシンドロームの原因となるとの解釈が考えられている（Topics で紹介した β3AR 遺伝子もその一つ）。

　先進国はここ数十年のうちに、過去に例のない飽食の時代となった。その結果、幼少期にプログラムされた身体と、成長後の食環境とにミスマッチが生じることとなった。幼少期のこのようなプログラムはエピジェネティクスと呼ばれる DNA 修飾やヒストン修飾のしくみによって細胞内で記録されていると考えられている（2 章参照）。現在では、異常なエピジェネティック修飾を大人になってから変更できれば生活習慣病も予防できるではないかというアイデアの基に、エピジェネティック修飾改変薬の開発が進められている。

1）ヒトを対象としたこのような調査を「疫学調査」と呼ぶ。

Column

確認問題

1. 視床下部に存在する視交叉上核にはどのような役割があるか説明しなさい。
2. 視交叉上核内に存在する神経細胞の働きを調べるため、研究者はどのような研究手法を使ったか説明しなさい。
3. REM 睡眠とノン REM 睡眠について説明しなさい。
4. 睡眠に関連のある神経回路について説明しなさい。
5. 睡眠物質としてどのようなものがあるか記述しなさい。
6. 「光周性」とはどのようなものか解説しなさい。
7. メラトニンがどのように「光周性」に関わっているのか解説しなさい。
8. 体温調節機構について説明しなさい。
9. ヒトの体温を変化させる要因をいくつかあげ、要因によって体温がどのように変化するのか説明しなさい。
10. 生物が有害物質に対応するためにどのような防御機構を備えているか説明しなさい。

考えてみよう！

A. メラトニン合成能を欠いた実験室マウスが野外に放たれた場合、その個体数はどのようになると考えられるか。

B. 子どもが将来生活習慣病になる確率を減らすために、妊婦が意識できることはあるだろうか。

13章
外敵から身を守るしくみ

- 13.1 病原体と感染症
- 13.2 自然免疫と獲得免疫
- 13.3 外敵を認識するしくみ
- 13.4 自己と非自己を区別するMHC
- 13.5 アレルギー

私たちの体は常に外敵にさらされている。健康で快適な生活をつづけるためには、外敵から身を守るシステムが必要である。このシステムは免疫と呼ばれ、ジェンナーの種痘の開発によりその重要性が認識されることになった。この章では病原体の感染とそれを排除するシステムである免疫について学ぶ。さらに、過剰に免疫が機能したときに引き起こされるアレルギーについても学ぼう。

Topics

▶腸内細菌でアレルギーが治る!?

シカゴ大学のグループは、腸内常在細菌の一種であるクロストリディアが、食物によるアレルギーを抑制することをマウスで証明しました。ピーナッツのアレルゲンを、無菌状態のマウスや抗生物質で腸内細菌を減少させたマウスに与えると、アレルギーの原因となるIgEが顕著に増加します。しかし、このIgEの増加が、クロストリディアを与えることにより抑えられたのです。別の腸内細菌であるバクテロイデスではこのような効果は見られませんでした。また、クロストリディアは血中のアレルゲンを減少させ、食物のアレルゲンが血液中に入ることを抑えることでアレルギーを抑制しているというしくみもわかりました。さらに研究が進めば、アレルギー薬として腸内細菌が処方される時代がくるかもしれません。

2014年9月9日（*Proc Natl Acd Sci USA*誌より）

13.1 病原体と感染症

　ヒトにおける感染とは、体内に細菌、真菌、ウイルス、寄生虫、プリオンなどの病原体が侵入・定着することといえます。感染は、ときに感染症を引き起こすため、私たちの体は感染した病原体を排除する防御システムをもち、それらに対抗しています。このしくみは免疫と呼ばれています。感染症は、太古の昔から人類を悩ませてきた病気であり、私たちの体の中では、病原体と免疫機構の戦いが日々繰り広げられています。ヒトに感染する病原体を**表 13-1** にまとめました。

細菌による感染症

　細菌が引き起こす感染症には、肺炎、膀胱炎、下痢、結核などがあり、さまざまな細菌がさまざまな体の場所に感染するため、感染症の症状は多岐にわたります。原核生物である細菌は、核をもたず、細胞内小器官もほとんどもちません。細菌が病原性をもたらす原因は、細菌が分泌する毒素の場合と、細菌が細胞内に入って細胞を破壊する場合などがあります。

　例えば、毒素を分泌する例としてコレラ菌があります。コレラ毒素は、小腸で水分の分泌を亢進させて下痢を引き起こします（**図 13-1**）。コレラ毒素が作用するタンパク質も明らかにされており、毒素が三量体 G タンパク質[*1] の Gαs を恒常的に活性化することで、小腸上皮細胞の cAMP 濃度が高いままになり、それに反応して塩素チャネルが開いて塩化物イオンが細胞から流出するのに伴って水も流出するために下痢となるのです。

　一方、細胞内に侵入・増殖して細胞を破壊する細菌の例としては結核菌があります。結核菌が肺

[*1]　（三量体 G タンパク質については 10 章も参照）三量体 G タンパク質は Gα、Gβ、Gγ の三つのタンパク質からなり、7 回膜貫通型の受容体に結合している。リガンドが受容体に結合することにより GDP 型が GTP 型に変換され活性化し、活性化の情報が細胞内の他のタンパク質に伝えられていく。Gα の活性化が特に重要であり、どの種類の Gα が活性化されるかによって、異なる現象が引き起こされる。

表 13-1　感染症をおこす病原体

種類	プリオン	ウイルス	細菌	真菌（カビ）	寄生虫
大きさ	約 5 nm（単量体）	約 50 nm	約 1 µm	約 5 µm	数 µm〜数 m
構造	αヘリックス／βシート				マラリア原虫（1〜2 µm）／条虫（数十 cm〜数 m）
特徴	・タンパク質である ・異常プリオンが正常プリオンを異常な構造へ変化させる	・人や動物の細胞の中で増殖し，単独では増殖しない	・毒素を分泌する種類と細胞内に侵入する種類がある ・抗生物質が有効	・感染力は弱いことが多い ・抗生物質が効かない	・宿主と共生関係を築くものもある ・開発途上の地域に多い
おもな感染症	・羊スクレイピー ・狂牛病 ・クロイツフェルトヤコブ病 （8 章コラムも参照）	・インフルエンザ ・エボラ出血熱 ・ノロウイルス ・麻疹　・風疹 ・水ぼうそう ・エイズ	・結核　・コレラ ・腸管性出血性大腸炎（O157） ・百日咳　・赤痢 ・破傷風	・白癬（水虫） ・カンジダ症	・マラリア ・アニサキス症 ・条虫症 ・フィラリア症

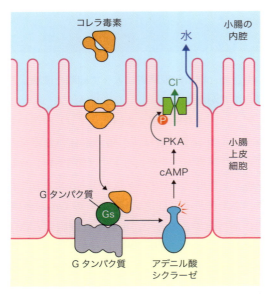

図 13-1 コレラ毒素が下痢を引き起こすしくみ

に入り肺胞に到達すると、菌は肺胞マクロファージに貪食されます。しかし、菌はマクロファージ内で消化されることなく生き残って増殖し、マクロファージを破って外にでて他のマクロファージの中でも増殖を続けます。これを繰り返して肺胞などに感染を拡大し、肺の機能に障害が及ぶと結核症を発症します。結核症にかかると咳や痰がでて、適切な処置をしなければ呼吸困難で死んでしまうこともあります。

しかしながら、体内に入ってくる細菌のすべてが感染症を引き起こすわけではありません。宿主が健常なときは感染しても何も起こらないことも多く、消化管に棲む常在菌など、ヒトに有益に働く場合もあります（Topics 参照）。

真菌による感染症

真菌は核をもつ真核生物で、カビや酵母なども真菌の一種です。真菌の感染力はあまり強くありません。真菌が感染する部位は皮膚が多く、その代表例が水虫です。しかし、極端に抵抗力が落ちると、真菌が消化管や肺に感染して病変が見られることもあります。

細菌の感染症の場合は、各種の抗生物質[*2]を治療に用いることができますが、真菌は細胞の構造や代謝系がヒトと似ているため、真菌だけを攻撃する抗真菌薬の種類は限られています。毒素の例は少なく、真菌の増殖による組織への侵入と炎症反応により病変が起こります。

[*2] 抗生物質とは、微生物が産生する他の微生物の増殖を抑制する物質のことである。もともとはフレミングがアオカビのまわりだけ細菌が生育しないことをヒントに、アオカビからペニシリンを単離したことに端を発する。この功績でフレミングは 1945 年ノーベル生理学医学賞を受賞している。

ウイルスによる感染症

ウイルスは、核酸を中にもったタンパク質の微小な構造体のことであり、自身では増殖することができません（ウイルスについては 1 章も参照）。ウイルスによる感染症の代表例は、多くのかぜ、インフルエンザ、水ぼうそう、はしかなどです。ウイルスが細胞に感染したあとのふるまいは種類によって異なり、感染した細胞を破壊するもの・しないもの、増殖するもの・しないもの、感染を持続させるもの・しないものなど多種多様です。例えば HIV ウイルスは、「細胞を破壊する・増殖する・感染を持続させる」タイプに分類されます。HIV ウイルスは、T 細胞に感染し、その中で増殖したあと感染した細胞を破壊し、再び次の細胞に感染するというプロセスを繰り返し、免疫システムが働かない状態をつくりだします。そして最終的には、健常者では感染することのないような感染症に簡単にかかってしまうようになります。そのような状態を、後天性免疫不全症候群（Acquired Immune Deficiency Syndrome；AIDS）といいます。

> 感染症とは、環境中のさまざまな病原体がヒトの体の中に侵入することにより引き起こされる疾患である。
> **KEY POINT**

13章　外敵から身を守るしくみ　177

寄生虫による感染症

　寄生虫は、自身より大きな生物に寄生することにより生命活動を営む生物のことをいいます。寄生虫には、単細胞性のものと多細胞性のものがあり、単細胞性のものは特に「原虫」と呼びます。寄生虫の大きさは、原虫のマイクロメートルサイズから、条虫のサナダムシの数メートル以上まで変化に富んでいます。寄生虫は、寄生する臓器の細胞を破壊したり炎症を起こしたりすることで、宿主に傷害を与えます。

　例えばサバの刺身などから感染するアニサキスという線虫は、胃壁などに侵入しようと試みるため強い腹痛を宿主に引き起こします。

　その一方、寄生虫には宿主との共生関係が成立しているものも多く、その場合、宿主には顕著な症状が現れません。寄生虫は宿主の免疫システムから逃れる術を確立している[*3]ことが多く、こうして長期にわたって宿主に定着するのです。

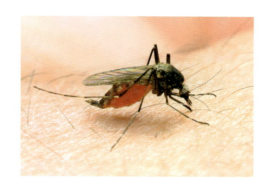

[*3]　蚊によって媒介されるマラリアも免疫をくぐり抜けることが知られている。マラリアはそれぞれの原虫のもつ抗原に多型がある。つまり、マラリアに感染し、排除したとしても、感染を受けたマラリアとは異なる抗原をもつマラリアにすぐ感染してしまうことになる。これはマラリアの集団レベルでの生き残り戦術である。さらにマラリアは時間経過により抗原が変異を起こすことも知られている。獲得免疫が引き起こされたときには、すでに異なる抗原へと転換しているため、宿主の免疫では排除することはできない。これは個体レベルでの生き残り戦術である。

13.2　自然免疫と獲得免疫

　私たちの体には、2種類の免疫機構があります。生まれたときにすでに備わっている「自然免疫」と、病原体などの異物に応答して後天的に形成される「獲得免疫」です（表13-2）。

　自然免疫を担うのは、マクロファージ、好中球、ナチュラルキラー（natural killer；NK）細胞、樹状細胞です。自然免疫は個別の病原体に特化しておらず異物全般に対して短時間のうちにすみやかに起こります。特異性もそれほど高くありません。自然免疫は昆虫やアメーバのような生物にも存在する、自己と非自己を認識するシステムです。これに対して獲得免疫は、リンパ球のT細胞とB細胞が担う、個別の病原体を特異的に排除するしくみです。抗原提示や遺伝子の再構成などのステップ（詳しくは後述）を経るため、応答までに時間がかかります。獲得免疫は脊椎動物にしか存在しない機構で、一度かかった病気にはかからないという免疫記憶[*4]もこのシステムに由来しています。それぞれの免疫機構を司る細胞は、血液幹細胞に由来します。

　自然免疫を担うマクロファージや樹状細胞は、病原体を貪食した後、病原体の断片を抗原として細胞表面に示してT細胞に病原体を認識させるという重要な役割も担っています。抗原の情報を受け取ったT細胞（ヘルパーT細胞）は、細胞傷害性T細胞（キラーT細胞）や、抗体を産生するB細胞を活性化し、特異的に病原体を排除するしくみ、つまり獲得免疫を発動させます（図13-2）。

[*4]　一度病気にかかると、獲得免疫がその病原体を記憶する。次にその病原体に感染すると、初回よりもはるかに速いスピードでその病原体を排除するため、二度とその病気にはならない。ワクチンはこのメカニズムを利用している。不活化した病原体や、弱毒化した病原体を体に接種し、免疫細胞に記憶させることで、その病原体に感染することを防いでいる。

Part5　環境に適応するしくみ

表 13-2　自然免疫と獲得免疫のちがい

自然免疫	獲得免疫
生まれつきもっている	感染することにより身につく
マクロファージ、好中球、NK細胞、樹状細胞	T細胞、B細胞
速い反応	ゆっくりした反応
特異性はそれほど高くない	特異性が高い
	免疫記憶
Toll様受容体などによる抗原のパターン認識	抗体やT細胞受容体が特異な抗原を認識
食作用、活性酸素、NK細胞の攻撃	体液性免疫（B細胞の抗体）、
	細胞性免疫（T細胞の攻撃）

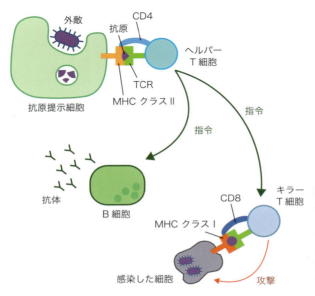

図 13-2　自然免疫が獲得免疫を活性化するしくみ
抗原提示細胞は、主要組織適合遺伝子複合体（major histocompatibility complex；MHC）　クラスIIタンパク質を用いて抗原を細胞表面に提示する。ヘルパーT細胞のT細胞受容体（T cell receptor；TCR）はその情報を受け取り、B細胞やキラーT細胞へ指令をだす。

自然免疫と Toll 様受容体

　もともと、自然免疫は特異性がそれほど高くなく、下等な生物ももっているため、獲得免疫に比較して、あまり重要だと考えられてこなかった。しかし、1996年ホフマンらが、ショウジョウバエ発生過程の背腹軸形成で重要な役割を果たしているToll遺伝子が真菌感染の防御に機能していることを発見したことがきっかけとなり、自然免疫の病原体の認識システムについての研究が飛躍的に進展する。哺乳類にもこのハエのToll遺伝子に似た受容体タンパク質（Toll様受容体）があることが1998年ボイトラーらにより示され、ヒトの場合は合計10種類報告されている。では、マクロファージなどの細胞にあるToll様受容体は何を認識しているのであろうか？　その後の研究により、10種類ほどあるToll様受容体は、それぞれ細菌特有のリポ多糖、リポタンパク質、鞭毛のフラジェリンタンパク質、ウイルスや細菌特有のRNAやDNAなどを認識していることがわかってきた。獲得免疫のように特異性が高いわけではないのに、自然免疫が細菌やウイルスのみを選択的に排除できる理由が、ここにある。自然免疫の活性化機構の解明により、ホフマンとボイトラーは2011年のノーベル生理学医学賞を受賞している。

Column

NK 細胞と MHC タンパク質

　NK 細胞は自然免疫で機能する細胞ですが、少し変わった特徴があります。NK 細胞は、免疫された抗原を認識して攻撃するキラー T 細胞とは異なり、名前のとおり生まれながらにして細胞を攻撃する能力をもったリンパ球です。NK 細胞は、主要組織適合遺伝子複合体（major histocompatibility complex; MHC）のクラス I 分子を発現していない細胞なら何でも攻撃するという性質をもっています。

　MHC クラス I 分子は、ほとんどすべての細胞（有核細胞）が細胞表面にもっている分子で、細胞内の自分のタンパク質を消化したペプチドを提示することにより、自己であることを示す分子（表 13-3）です。ウイルスなどが感染し、ウイルス由来のペプチドを提示するようになると、その細胞はキラー T 細胞の攻撃を受けるようになります。MHC クラス I 分子が、自分の細胞であることを示し続けてくれているおかげで、私たちの身体を構成する細胞は自分の免疫機構に攻撃されません。しかし、がん細胞やウイルスに感染された細

胞は、この MHC クラス I 分子の発現量を減らすことにより、自分の細胞であるのか、異常のある細胞なのかをはっきりさせないことで、キラー T 細胞からの攻撃を逃れようとします。NK 細胞はこのような細胞を攻撃することで、異常な細胞を排除します。現在、NK 細胞のこの機能に注目が集まっており、NK 細胞を活性化させることによって、がんの治療ができないかという研究も進められています。

表 13-3　主要組織適合遺伝子複合体（MHC）のクラス

	MHC クラス I	MHC クラス II
存在する細胞	すべての有核細胞	マクロファージ、B 細胞、樹状細胞
提示するもの	自己由来（外来抗原だと攻撃を受ける）	外来抗原
提示先の細胞	キラー T 細胞	ヘルパー T 細胞

> 外敵から身を守るには、自然免疫と獲得免疫の連携が重要である。
>
> **KEY POINT**

13.3　外敵を認識するしくみ

　自然免疫からの情報を受け取ると、獲得免疫が働き始めます。この獲得免疫はさらに 2 種類に分類されており、B 細胞がつくる抗体が重要な役割をもつ「体液性免疫」と、細胞を攻撃するキラー T 細胞、キラー T 細胞を活性化するヘルパー T 細胞が重要な役割を果たす「細胞性免疫」です。

　マクロファージや樹状細胞は、貪食した病原体の断片を、MHC クラス II タンパク質にくっつけて細胞表面に提示します（このような細胞を抗原提示細胞と呼ぶ）。ヘルパー T 細胞の T 細胞受容体（T cell receptor; TCR）は、外来抗原の乗っ

ている MHC クラス II 分子に結合すると活性化し（抗原の情報を受け取り）、サイトカイン[5] などの物質を介して、B 細胞やキラー T 細胞の活性化や増殖を促します。こうして活性化された B 細胞は抗原に合う抗体を生産し、キラー T 細胞は外来抗原をもつ細胞を攻撃するようになります（図 13-2）。

---

[5]　免疫細胞から放出されるタンパク質で、細胞間の情報伝達物質として機能している。ホルモンと似ている。ヘルパー T 細胞から分泌されるものの中で IL-2 や IL-4 などがキラー T 細胞の活性化や B 細胞の抗体産生に重要な役割を果たしている。

抗体の多様性を生みだすしくみ

先ほどから、獲得免疫が特異的に病原体を攻撃することを述べてきました。ではなぜ、無限に近い種類がある抗原の形を、免疫システムは認識することができるのでしょうか？

私たちのDNAは30億塩基対といわれており、そのうち抗体に使える塩基数には限りがあります。そのため生体は「遺伝子の再構成」を行って、多様な抗原に対応しています。例えばB細胞が抗体をつくる際にも、遺伝子の再構成が起こります。抗体はY字型をしていて、重鎖（heavy chain、H鎖とも呼ばれ、アミノ酸約400個からできています）2本、軽鎖（light chain、L鎖とも呼ばれ、アミノ酸約200個からできています）2本の計4本のタンパク質からなります（図13-3）。4本の鎖は、非共有結合と共有結合（ジスルフィド結合）でつながっています。抗体分子は、左右対称で、それぞれに抗原結合部位があります。特に抗原と結合する領域は抗原の種類によって抗体のアミノ酸配列が異なるため、可変領域と呼ばれています。可変領域をコードするゲノムDNAの部分には、遺伝子の断片が多種類用意されており、B細胞が発生していく過程で断片と断片の間でつなぎかえが起こることにより、異なる塩基配列をもつ遺伝子ができあがります（図13-3）*6。これが遺伝子の再構成です。例えば重鎖はVとDとJという3つの断片から構成されており、Vが50種類、Dが30種類、Jが6種類あるならば（種類数は仮定の数）、50×30×6≒1万種類の重鎖ができます。一方、軽鎖は二つの断片からなり、例えばVが70個、Jが9個とすると、70×9≒600種類の軽鎖ができます。したがって、抗体としての組み合わせは1万種類×600種類の600万種類となります。これに加えて塩基の付加、フレームのずれ*7、突然変異なども加わるため、ほ

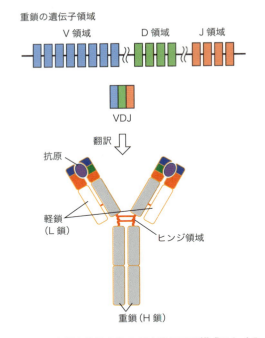

図13-3 **多様な抗体を生みだす遺伝子再構成のしくみ**

ぼあらゆる分子に結合する抗体をつくりだすことができるのです。このメカニズム*8の発見により、利根川進が1987年にノーベル生理学医学賞を受賞しています。またT細胞受容体も同様の遺伝子再構成を行って、多様性を生み出しています。

> 遺伝子再構成が、多様性を生みだす鍵である。
> KEY POINT

*6 メインディッシュを50種類から、サラダを30種類から、デザートを6種類から1つずつ選べるランチセットをイメージしてみてもよい。

*7 mRNAの塩基配列に対応して、タンパク質を構成するアミノ酸の配列が決定される（1章参照）。このとき、1個のアミノ酸は3文字の塩基と対応づけられているが、塩基の挿入や欠失により3文字の塩基配列の読み枠がずれると、まったく異なるアミノ酸配列ができてしまう。これを、「フレーム（読み枠）のずれ」と呼ぶ。

*8 B細胞の遺伝子再構成はB細胞の成熟過程で起こるため、成熟後のB細胞1個1個がもっているゲノムDNAはそれぞれ異なる。そして、それぞれのB細胞はそれぞれ異なる1種類の抗体のみを産生する。

T細胞受容体の選別

私たちの体内には、外来抗原を正しく認識できるT細胞しか存在しない。これは発生の過程で胸腺において、適切なT細胞が選択されているからである（図1）。胸腺は心臓の上（腹側）にある組織で、T細胞の教育を行う。胸腺では、自己抗原がMHCに乗っているときに、強く反応し活性化する細胞は自己に害を与えるため排除される（負の選択）。そして弱く（適度に）反応するT細胞が選択されることになる（正の選択）。また、反応しない細胞はそもそも使えないので排除される。自己抗原に対して弱く反応するT細胞が血中を流れることになり、その中で、外来抗原がMHCに乗っていると強く反応するT細胞が働いて、病原体を排除している。

では、ヘルパーT細胞はどうやって、狙った外来抗原を認識するB細胞やキラーT細胞のみを活性化、増殖させるのだろうか？ B細胞は細胞表面型抗体（B細胞受容体）で抗原を捕え、まずは細胞内へ取り込み、細胞内で消化した後、MHCクラスII分子に抗原ペプチドを乗せて細胞外に提示し、ヘルパーT細胞の判断を仰ぐ。ヘルパーT細胞は、別の抗原提示細胞（樹状細胞やマクロファージなど）から受け取っていた情報とB細胞表面の抗原情報を照らし合わせ、B細胞が同じ外来抗原を提示していれば活性化する。活性化されたヘルパーT細胞はその場でサイトカインなどを放出して、この外来抗原を提示してきたB細胞を刺激し、抗体産生や増殖を促す（図2）。つまりヘルパーT細胞は、B細胞が病原体の排除に役立つB細胞であるかどうかを判断して、抗体産生などの指令を出している。

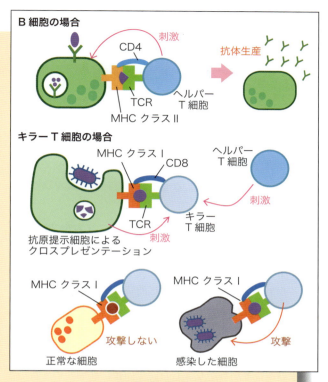

図2 抗原特異的な細胞の選択

一方、キラーT細胞は、抗原提示細胞の（MHCクラスIIではなく）MHCクラスIの上に提示されている外来抗原を認識する（クロスプレゼンテーション）。そして提示されている抗原が自己の分子でないと認識したうえに、ヘルパーT細胞からのサイトカイン刺激などが伴うと活性化する。活性化したキラーT細胞がウイルスの感染している細胞へ到達すると、感染細胞のMHCクラスI分子を確認してから細胞を攻撃する（図2）。生体のほとんどすべての有核細胞はMHCクラスIを発現しており、通常は自己抗原を乗せたMHCクラスI分子をキラーT細胞へ提示し、自身が傷害されることはない。

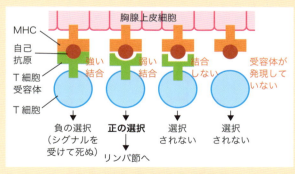

図1 胸腺におけるT細胞の選択

T細胞は胸腺で厳しい"教育"を受ける。無事に卒業してリンパ節へ行けるのは一部だけ。

13.4 自己と非自己を区別するMHC

昔から、生物に組織（例えば皮膚）を移植すると、生着する場合と生着しない場合があることが知られていました。移植片が生着しない現象は赤血球の型（A型、B型、O型、AB型）を適合させても防ぐことができず、なぜ生着しないのかはなかなか解明されませんでした。

アメリカの科学者スネルらは、マウスを20代以上近親交配し、遺伝的背景が同一であるマウスの系統を作製しました。そして、移植片が生着するかどうかを検討し、遺伝的背景が同じ系統からの移植片は生着するが、違う系統のマウスからの移植片は生着しないことを示しました（図13-4）。つまり何かしらの遺伝的背景がこの現象の原因であることがわかりました。その後、移植片の生着に関わる遺伝子が同定され、MHCと名付けられました。MHCは、先に登場したように、自己と非自己をT細胞に認識させる複合体です。つまり、移植片が生着できないシステムは、外敵から自らを守るシステムと密接に関係していたのです。ヒトのMHCはドーセによって白血球の型（タイプ）として発見され、HLA（ヒト白血球型抗原：human leukocyte antigen）と名付けられていました。そしてその後、HLAは白血球だけでなくすべての細胞にある[*8]こと、自己・非自己の認識に重要な役割を果たしていることが示されました。これらのMHCによる免疫反応のしくみを明らかにしたということで、スネル、ドーセはベナセラフと共に1980年ノーベル生理学医学賞を受賞しています。

臓器移植の際には、非自己の組織を生着させないといけないため、先に述べたHLA遺伝子の適合性が大切です。HLA遺伝子は、6番染色体にクラスター状に存在しており、すべての有核細胞に発現するクラスⅠの3種類（HLA-A、B、C）と抗原提示細胞に発現するクラスⅡの3種類（HLA-DP、DQ、DR）に主に分類されます。クラスⅠはそれぞれα鎖と共通のβ鎖（β2ミクログロブリン）で形成されており、クラスⅡはそれぞれ異なるα鎖とβ鎖で形成されています（図13-5）。それぞれの遺伝子は、塩基配列が個人によって少しずつ異なり、12種類の遺伝子（父親と母親からくるため6種類×2）全部の組み合わせ

[*8] すべての有核細胞がHLAをもつが、核のない赤血球にはHLAがない。したがって、輸血のときはHLAではなく、ABO型を適合させればよい。

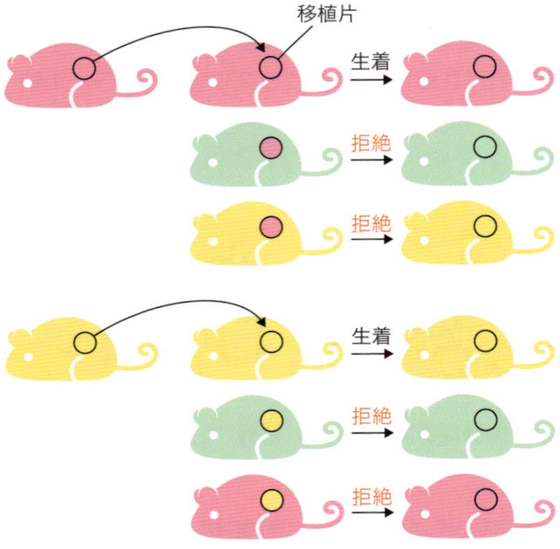

図13-4　他の系統のマウスには移植片が生着しない

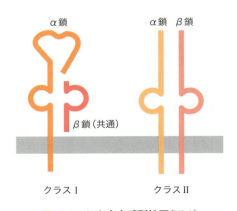

図13-5　ヒト白血球型抗原（HLA）

13章　外敵から身を守るしくみ　183

が同じになる確率は非常に低くなります*9。した
がって、臓器移植の場合にはこの多様性が問題に
なります。つまり、HLA が適合するドナーを見
つけることが難しいのです。HLA のなかで特に
クラス I の HLA-A、HLA-B、クラス II の HLA-
DR の適合性が移植の拒絶反応を防ぐために重要
であることがわかっており、日本人どうしの場
合、適したドナーは数百人～数万人に一人といわ
れています。しかしながら、HLA が多様である
ことは臓器移植の場合には問題となりますが、逆
に人類遺伝学のような研究分野や親子鑑定におけ
る個体や集団の識別では大活躍しています。また

最近は免疫抑制剤も進歩したため、腎臓などの臓
器の場合は HLA が一致しなくても移植できるよ
うになってきています。しかし、免疫を司る細胞
を含む骨髄移植の場合は HLA の一致がいまだに
重要で、骨髄バンクの存在が欠かせません。これ
らの臓器移植技術を開発したマレーとトーマスは
1990 年にノーベル生理学医学賞を受賞していま
す。

---

*9　遺伝子はクラスターで存在するため、通常 6 種類の遺伝子
はセットで遺伝する。したがって、兄弟間では 4 分の 1 の確率で
HLA が完全に一致する。

13.5　アレルギー

免疫グロブリンとアレルギーの関係

　これまで述べてきたように、アミノ酸配列がそ
れぞれ異なる何十億種類もの抗体は、B 細胞が
産生します。これらはまとめて免疫グロブリン
(immunoglobulin；Ig) と呼ばれ、血中に最も多
く存在するタンパク質成分の一つです。哺乳類は、
5 クラスの抗体(IgA、IgD、IgE、IgG、IgM)を
つくります (図 13-6)。抗体は、クラスごとに異
なる H 鎖をもち、H 鎖は抗体のヒンジ (蝶番) 領
域と尾部を構成してそれぞれ独自の立体構造を取
るので、各クラスの抗体に特有の機能と性質をも
たらします。

　IgG は、血中の主要な免疫グロブリンで、二次
応答(抗原に二度目に出会った時)で大量に産生さ
れる 4 本鎖の単量体です〔図 13-6 (a)〕。IgG の
尾部は、マクロファージや好中球のような貪食細
胞がもつ特異的細胞表面受容体に結合します。こ
の受容体は Fc 受容体*11 と呼ばれ、この Fc 受容
体を介して貪食細胞は IgG 抗体で覆われた微生
物に結合し、貪食して破壊します (図 13-7)。こ
の IgG は、胎盤を通して母体から胎児に移行で

きる唯一の抗体です。これは、胎盤の細胞に IgG
に特異的に結合する Fc 受容体が存在するためで
す。裏を返すと、他のクラスの抗体は胎盤を通過
できません。この IgG は、母乳中にも分泌され
ていて、新生児の消化管の細胞表面にある Fc 受
容体と結合して新生児の血中に取り込まれ、新生
児を感染から守るのに役立っています。

　IgM は、B 細胞が分化過程で最初に細胞表面
に提示する抗体です。また IgM は、抗原に初め
て出会った時に血中に分泌されます (一次応答)。
この分泌型 IgM は、4 本鎖単位が 5 つ集合した
五量体で、全部で 10 個の抗原結合部位をもちま
す。一方、IgD はほとんど分泌されず、B 細胞
の細胞表面受容体として機能すると考えられてい
ます〔図 13-6 (b)〕。

　IgA は、分泌液 (母乳、唾液、涙、消化管や呼
吸器などの分泌液) に含まれる主要な抗体です。
血液中では、IgG と同様に 4 本鎖の単量体ですが、

---

*11　抗体の尾部(Fc領域)に結合することからその名がつけられた。
抗体をタンパク分解酵素で切断すると、尾部を含む断片 (fragment)
が結晶化(crystalize)しやすいので、抗体尾部を Fc 領域と呼ぶように
なった。

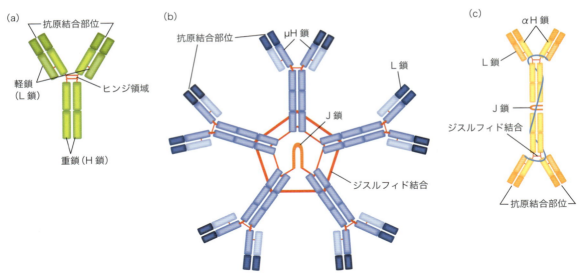

図 13-6　さまざまな Ig 抗体
(a) IgG。(b) IgM。五量体構造をとり、各単位はジスルフィド結合でつながっている。ヒンジ構造はもたない。(c) 分泌液中の IgA。二量体の IgA に分泌成分が巻きついている。分泌成分は、IgA がタンパク質分解酵素に分解されるのを防ぐ役割を担っていると考えられている。

分泌液に放出する前に、IgA に結合する Fc 受容体の一部が結合して（分泌成分と呼ばれる）、二量体になります〔図 13-6 (c)〕。

IgE は IgG 同様、4 本鎖の単量体で、その尾部は、肥満細胞（マスト細胞）や血中の好塩基球の細胞表面にある Fc 受容体に、非常に高い親和性で結合します。Fc 受容体に結合した IgE 分子は、肥満細胞や好塩基球の細胞表面の抗原受容体として働くようになります。抗原が IgE に結合すると、肥満細胞や好塩基球はさまざまなサイトカイン（免疫系の細胞から分泌されるタンパク質で特定の免疫系細胞に情報伝達を行う物質）や生理活性アミン、特にヒスタミンを分泌します（図 13-8）。ヒスタミンは、血管拡張や血液成分の漏出を引き起こすので、肥満細胞が活性化した部位では、白血球や抗体などが組織内部へ浸みだしやすくなります。さらに肥満細胞は、好酸球[*12]を活性化する因子も分泌します。

> **アレルギーとは、免疫応答が特定の抗原に対して過剰に起こることをいう。**
> KEY POINT

*12　好酸球も IgE に結合する Fc 受容体をもつので、体内に侵入した寄生虫、特に IgE 抗体で覆われている寄生虫を殺すことができる。

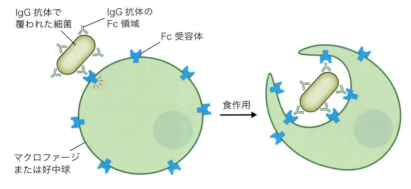

図 13-7　抗体が貪食作用を引き起こすしくみ
IgG で覆われた微生物は Fc 受容体をもつマクロファージや好中球によって捕捉され、貪食される。

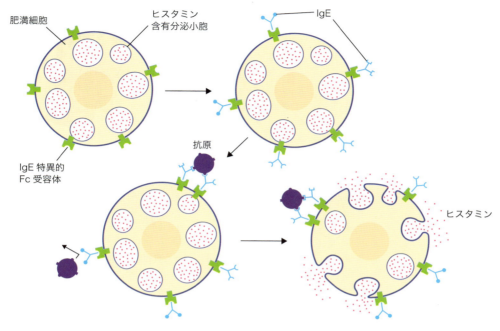

図 13-8 肥満細胞からのヒスタミン分泌
肥満細胞や好塩基球には、IgE と特異的に結合する Fc 受容体がある。IgE 抗体は Fc 受容体に結合し、肥満細胞の細胞表面受容体になる。B 細胞は 1 種類の抗体しか細胞表面にもたないが、肥満細胞の細胞表面にはさまざまな抗体が多数存在する。抗原が肥満細胞膜上の IgE と結合して架橋ができると、それが刺激となり肥満細胞からヒスタミンやサイトカインが分泌され、アレルギー応答が引き起こされる。

花粉症のメカニズム

では、アレルギーはどのようにして発症するのでしょうか？　ここでは、スギ花粉症を例に説明しましょう（図 13-9）。

スギの花粉には、外壁に Cry j1、内部のデンプン顆粒内に Cry j2 [*13] と呼ばれる糖タンパク質が存在します。鼻や目の粘膜に花粉がくっついてスギの花粉が濡れると、花粉の外壁が割れ、Cry j1 と Cry j2 が鼻の粘膜内に浸透します。この、初めての接触時には、何の免疫応答も起きません。しかし、体内では樹状細胞やマクロファージが Cry j1 と Cry j2 を取り込み、T 細胞へ抗原提示を行います。すると T 細胞は、サイトカインを放出し、B 細胞を活性化し、スギ花粉に特異的に結合する IgE を産生させるようになります。そして IgE は、血流にのって全身に運ばれます。一部の IgE は、血管から組織へと染み出て、血管の周囲に存在する肥満細胞と結合します。この肥満細胞の表面には、IgE の尾部と結合する Fc 受容体が存在しています。再度スギ花粉が体内に取り込まれ Fc 受容体に結合すると、肥満細胞が活性化されるようになります。

肥満細胞内には、多数の分泌顆粒が存在し、分泌顆粒内には、ヒスタミンやサイトカインなどが貯蔵されています。血管や粘液腺の細胞表面には、ヒスタミン H1 受容体があります。そのため、肥満細胞からヒスタミンが放出され、血中のヒスタミン濃度が上昇すると、①血管は拡張し、②血液中から水分が染み出し、③粘液腺から粘液が分泌されるようになるのです。①の反応は結膜の充血を引き起こし、②は組織に水分が染み出ることで粘膜が腫れるため鼻づまりを引き起こし、③は粘液の過剰な分泌を引き起こし鼻水が出るのです。このように、肥満細胞から放出されるヒスタミンによって、アレルギー反応が起こるのです。

[*13] Cry j は、スギの学名（Cryptomeria japonica）の略称である。

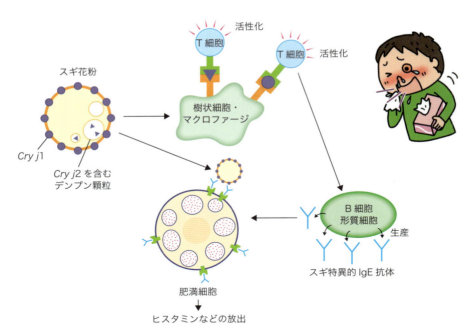

図 13-9　スギ花粉に対するアレルギー発症のしくみ
*Cry j*1 と *Cry j*2 が主要抗原である.

世の中には花粉症にならない人もいます。これは、これまでさらされた花粉の量、肥満細胞膜上にある Fc 受容体とすでに結合している IgE 抗体の量、また花粉に対する IgE 抗体を産生する能力など、さまざまな要因が、各個人によって大きく異なるためだと考えられています。

抗ヒスタミン薬の効用

花粉症の時に飲む鼻炎薬は、ヒスタミン H1 受容体の機能を阻害する（ヒスタミン H1 受容体アンタゴニスト）ことで、肥満細胞から放出されたヒスタミンが血管に作用するのを抑えることでかゆみや炎症といったアレルギー症状を緩和します。しかし 12 章で述べたように睡眠 - 覚醒を調節する神経細胞では、ヒスタミンとヒスタミン H1 受容体を用いて情報伝達を行っています。そのため、血液脳関門を通過してしまう脂溶性の第一世代抗ヒスタミン薬は、脳内のヒスタミン H1 受容体を阻害してしまうため、副作用として、強い眠気が表れるのです。そのため現在では、血液脳関門を通過しにくい水溶性の第二世代抗ヒスタミン薬が開発され、副作用である眠気が表れにくくなりました。

風邪薬の中には、副作用として眠気が表れるものがあります。これは、鼻水やくしゃみ、炎症を押さえるために、風邪薬の中に第一世代の抗ヒスタミン薬が含まれているからです。また、この抗ヒスタミン薬の副作用、つまり眠気を逆手にとって、最近では、睡眠改善薬としても販売されています。

アレルギー発見物語

カツオノエボシ

世界的なリゾート地であるモナコ公国で、1900年頃、海水浴客がカツオノエボシ（Physalia physalis、通称、電気クラゲ[1]）というクラゲに刺される事例が相次いだ。ついには死亡者まででる事態を受けて当時のモナコ公国の皇太子アルベール1世は、フランスの生理学者リシェに、カツオノエボシに刺されて起こる症状の原因究明とその対策法の開発を命じた。

研究の末、リシェは、カツオノエボシの触手に毒素があることを発見し、その毒素を抽出することに成功した。この毒素に対するワクチンを作成できれば症状を抑えられるのではないかと考えたリシェは、イヌに低濃度の毒素を注射した。しかし、イヌには何の反応も見られなかった。そこで、毒素を一度注射したことのあるイヌに、1か月後再び少量の毒素を注射すると、予期せぬことに、下痢、出血、嘔吐や呼吸障害を起こしてイヌは死んでしまったのである。

1902年、リシェはこの現象を「アナフィラキシー[2]」と名付けて発表した。翌1903年には、カツオノエボシの毒以外でも、例えばイソギンチャクの毒でもアナフィラキシーが起こることが分かった。そこでリシェは、毒素を注射したことでアナフィラキシーが起こるのではなく、毒素タンパク質（つまり抗原）を免疫系の細胞が認識することで血液中の何らかの物質が増加し、その結果としてアナフィラキシーが起こるのではないかと考えた。この発見によりリシェは、1913年にノーベル生理学医学賞を受賞している。

1906年には、オーストリアの小児科医であったピルケが、ウマ血清や天然痘ワクチンを既に注射したことのある患者に、再度ウマ血清や天然痘ワクチンを注射すると、急激かつ過剰な免疫反応が起こることを見いだした。ピルケは、この現象をアレルギー[3]と名付けた。その後ピルケは、コッホ（結核に関する研究で1905年ノーベル生理学医学賞受賞）が結核菌から抽出した抗原（アレルギー反応を起す物質という意味で、アレルゲンとも呼ばれる）であるツベルクリン[4]を結核菌患者に注射するとアレルギー反応が起こるのではないかとのアイデアを思いついた。そして、翌1907年には、皮膚にツベルクリンを注射すると紅斑が起こることを見いだし、結核菌感染診断（現在のツベルクリン反応検査の原形）を開発した。

1930年代に入ると、アナフィラキシーショックを起こして死んだモルモットの肺やイヌの肝臓から多量のヒスタミンが検出され、1950年代には、このヒスタミンは、皮膚下や粘膜下、そして毛細血管の周囲に存在する肥満細胞（マスト細胞とも呼ばれる）から分泌されるということが報告された。1960年代に入ると、ある物質Aに対してアレルギー反応を起こしている動物の血清を正常な動物に注射しておくと、その後は物質Aを注射しただけでアレルギーが起こることが報告された。つまり、血清中にアレルギー反応を引き起こす物質が存在する可能性が示唆され、この物質は当初レアギンと呼ばれた。1962年には、このレアギンが免疫グロブリンA（immunoglobulin A；IgA）であると報告された。しかし、1965年に石坂公成と照子の夫妻は、レアギンはIgAではなく、新しいタイプの抗体であることを、石坂自身と当時の共同研究者であった多田富雄の背中の皮膚を用いて証明した。そして、「アレルギー性皮膚反応"erythema（紅斑）"を引き起こす抗体」という意味で、それを「免疫グロブリンE（IgE）」と名付けた。

1) 電気クラゲと呼ばれるが、発電をしている訳ではない。刺された際の痛みを電気ショックに例えているだけである。
2) ギリシャ語で、「逃れる」を意味する"ana"と「防御」を意味する"phylax"を組合せ、"anaphylax（アナフィラキシー）"と名付けた。
3) ギリシャ語で、「別の」を意味する"allos"と「作用」を意味する"ergon"を組合せ、"allergy"と名付けた。
4) ツベルクリンは、1890年にコッホによって結核菌の培養上清から精製された。結核菌ワクチンとして精製されたが、効果がなかった。

Column

188　Part5　環境に適応するしくみ

確認問題

1. 細菌の病原性はどのようにして発揮されているか述べよ。
2. 自然免疫と獲得免疫はそれぞれ何かを説明せよ。
3. 体液性免疫と細胞性免疫について説明せよ。
4. どうやって多様な抗体がつくりだされているかを説明せよ。
5. 主要組織適合遺伝子複合体（MHC）の役割について説明せよ。
6. 花粉症の発症メカニズムについて説明せよ。
7. ヒスタミンの生体内での働きについて説明せよ。

考えてみよう！

A. 抗体には、なぜ五つのクラスがあるのだろうか？
B. なぜヒトは自然免疫と獲得免疫の両方のシステムをもっているのだろうか？
C. 食べ物は本来、身体にとっては異物であるが、なぜアレルギー応答が起らないのだろうか？

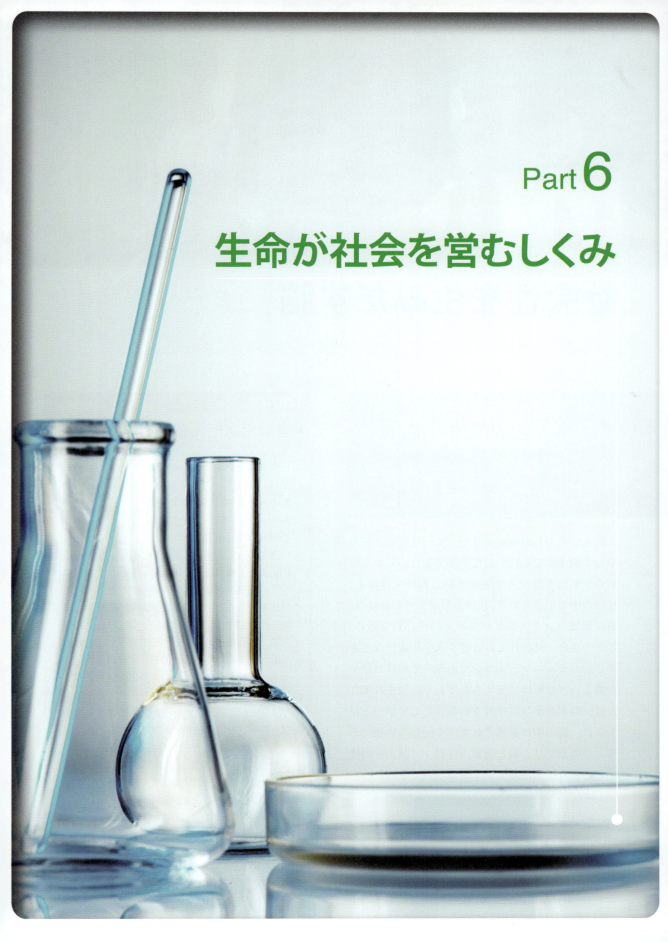

Part 6

生命が社会を営むしくみ

14章
社会性を生みだす脳

- 14.1 脳の高次機能を支えるしくみ
- 14.2 可塑性と記憶・学習
- 14.3 言　語
- 14.4 社会性とその障害

これまで私たちの体がどうやってつくられ、どうやって機能するかについて学んできた。しかしながら、私たちは一人で生きているわけではなく、社会の中で生きている。社会を形成するためには、情報伝達（コミュニケーション）が必要である。ヒトの場合、社会性とは音声や文字や表情などを介したコミュニケーションである。それは言語や習慣といったものに支えられており、生まれてから長い時間をかけて学習される。そして学習とはまさに、脳の中に蓄積されてゆく記憶の総和である。この章では、脳と記憶、学習、言語、社会性がどのように関係しているかについて学ぶ。

Topics
▶思い出は変えられるのか？

　失恋はとてもつらい経験ですが、何年たっても「あの時あの人とうまくやってたらなあ…」なんて思うことはありませんか？　利根川進らはマウスを使った実験で、過去のつらい記憶を楽しい記憶と交換することに成功しました。まずマウスの海馬にある特定の神経細胞を光照射で活性化できるように遺伝子工学的な細工を施します。そのマウスに、電気ショックを与え、恐怖を植え付けます。その後、恐怖を感じたときに活動が亢進した細胞を光照射により再活性化させると、何もしなくても恐怖を思い出してすくみ行動を示すようになりました。次に、そのマウス（オス）の海馬に光を照射したままメスマウスと同居させ遊ばせます。すると、そのあとで海馬に光を照射しても、すくみ行動を示さなくなります。つまり電気ショックのつらい記憶が、メスと遊んだ楽しい記憶とすり替わってしまったのです。このような研究は将来的には、うつ病やPTSDなどつらい記憶が関与する脳の病気の治療に繋がっていくのかもしれません。

2014年9月18日（*Nature*誌より）

14章　社会性を生みだす脳

14.1　脳の高次機能を支えるしくみ

　私たちの脳は、日々、あらゆる瞬間に、さまざまな情報を処理して、身体への指令を出しています。脳は、単なる神経細胞の集合体以上の高機能な臓器といえるでしょう。

　脳が行う高次機能には、認知、情動、思考、言語、記憶などがありますが、これらのすべてに大脳が関与しています（図 14-1）。

大脳皮質と海馬

　大脳は、大脳皮質と大脳髄質という部位に分けられます。大脳髄質には神経線維が多数存在し、白い色をしていることから白質と呼ばれます。一方、脳の表層 3 ミリメートルほどにあたる大脳皮質には、神経細胞の細胞体が密集していて髄質より暗く灰色に見えるため、灰白質と呼ばれます。大脳皮質では神経細胞が整然と並び、6 層の層構造を形成しています（図 14-2）。この大脳皮質の整然とした層構造は、大脳の機能に非常に重要です。

　大脳の一部である海馬は、大脳の内部にある特徴的な層構造をもった領域で、特に記憶に重要な役割を果たしています*1。海馬では錐体細胞が層構造を形成しており、細胞の場所、形、大きさから CA1、CA2、CA3 というさらに小さな領域に

*1　海馬は歯状回（dentate gyrus；DG）も含めて論じられていることが多い。

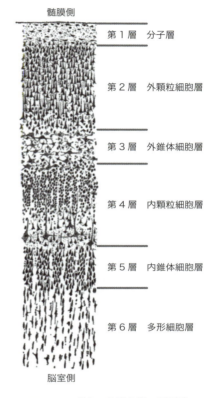

図 14-2　成人の大脳皮質の層構造
成人の大脳皮質（視覚野）をニッスル染色（8 章参照）した様子のスケッチ。Santiago Ramon y Cajal, "Comparative study of the sensory areas of the human cortex", p.314 より転載。

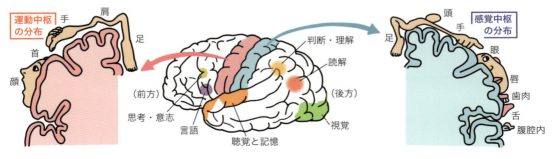

図 14-1　大脳皮質の機能の分布

秩序だった脳構造のつくられ方

もともと神経は中に髄液が満たされた管構造（"ちくわ"のような構造）をしており、その管が膨らんだり折れ曲がったりを繰り返すことで、脳をつくりあげていく（図1）。

発生の過程で神経細胞は、大脳の脳室[1]に面した場所で分裂、増殖した後、表層に向かって（髄膜側に向かって放射状に）移動する。同じ時期に移動を始めた神経細胞は互いに形態や特徴が似かよっており、同じ層に配列される。そして、早く分裂した神経細胞ほど深層（脳室に近い側）に配置され、遅いものほど表層に配置される（インサイド・アウト；「裏返し」という意味）。すなわち、より若い神経細胞は、すでに移動を終了している古い神経細胞を乗り越えて外層に配置される、という現象が繰り返されて、脳の層構造はつくられていく（図2）。

1) 脳室は、脳内にある空間のことである。神経管の中心の空洞（ちくわの穴）が最終的につくりあげる空間である。

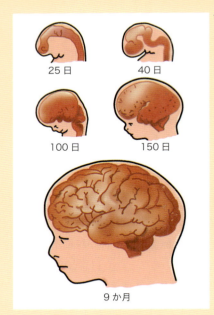

図1　脳の発達の様子
受精後20日〜30日ごろに神経管が閉じ、大規模な屈曲が始まる。複雑な形をした脳が徐々に形成され、最終的に、大脳皮質は150億個程度、脳全体は1,000億個程度の神経細胞から構成されるようになる。注：図の縮小率は同じでない。

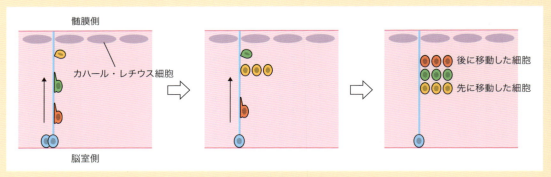

図2　大脳皮質の層構造ができるしくみ
神経細胞は脳室側で分裂する。分裂した神経細胞は、髄膜側にあるカハール・レチウス細胞を目指して移動する。カハール・レチウス細胞はリーリンというタンパク質を分泌して細胞を誘導する。リーリンの発現低下や機能異常は、層構造の形成に異常を引き起こすことが知られている。

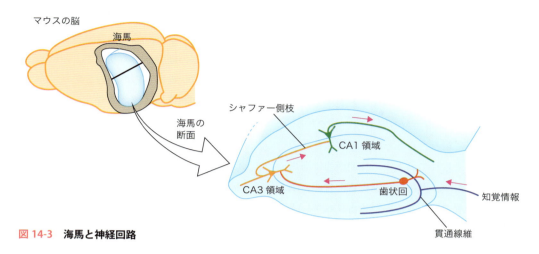

図 14-3　海馬と神経回路

分けられます（図 14-3）。一方、歯状回では顆粒細胞が層構造を形成しています。感覚器から入力されたさまざまな知覚情報は、まず貫通線維により歯状回の顆粒細胞に伝えられ、その歯状回からCA3 の錐体細胞へ、CA3 から CA1 の錐体細胞へと伝わって、海馬の外へと出力されます[*2]。

海馬が記憶に関係すると考えられるようになったのは、1953 年にアメリカで行われた脳手術の結果からです。てんかんの治療のために患者の脳から海馬を取り除いたところ、てんかんをコントロールすることはできるようになったものの、記憶に障害が現れました。古いことは覚えているが、新しいことを記憶できないという症状が出るようになったのです。この症状から、海馬は、新しく記憶を形成するのに重要な役割を果たしているということが推測できました。その後、さまざまな動物実験によっても海馬が記憶に関わっていることが明らかにされ、そのメカニズムも次第に明らかになってきています。

[*2]　この情報経路は、海馬が担う役割のごく一部である。現在、研究によって最もよく明らかになっている経路であるので紹介した。

長期増強

記憶のメカニズムの一つとして、1966 年レモによって発見された長期増強（LTP；long-term potentiation）が有名です（図 14-4）。長期増強とは、化学シナプスにテタヌス刺激という高頻度な刺激を加えた後では、シナプスの伝達強度がしばらく上昇したままになるという現象です。この上昇は数時間から数日間続くとされています。

例えば、海馬の CA3 錐体細胞がもつシャファー側枝と呼ばれる軸索を刺激すると、その軸索の入力を受ける CA1 錐体細胞に EPSP[*3]（excitatory postsynaptic potential；興奮性シナプス後電位）が引き起こされます。続いて、シャファー側

[*3]　シナプス前細胞が興奮し放出した神経伝達物質がシナプス後細胞に起こす局所的な電位変化。シナプス前細胞からの刺激が集中することにより、シナプス後電位が閾値をこえるとシナプス後細胞に活動電位が発生する。

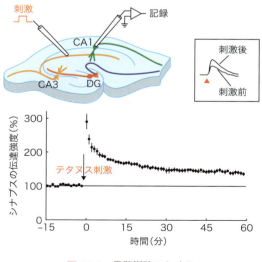

図 14-4　長期増強のしくみ

枝をテタヌス刺激した後に再び同様にシャファー側枝を刺激すると、テタヌス刺激前に比較して、CA1錐体細胞のEPSPが増強されます。端的にいうと、高頻度に入力を受ける神経回路は、簡単に情報が伝わるようになるということです。現在のところ、これが記憶や学習の要素の一つであり、この要素が複雑に組み合わさったものが私たちの記憶であると考えられています。長期増強は海馬で発見されましたが、現在は大脳皮質を含め、脳のさまざまな場所で起こることが報告されています。

小脳

　小脳は大脳の背側後部に存在する器官で、損傷すると運動失調を引き起こすことから、運動の制御に重要な役割を果たしています。この小脳も大脳と同様、灰白質と白質からなります。灰白質の領域は小脳皮質といい、3層の整然とした細胞層構造をもっています（図14-5）。3層は外側から、分子層、プルキンエ細胞層、顆粒層と呼ばれています。分子層では顆粒細胞の軸索がT字型に2分枝した平行線維とプルキンエ細胞の樹状突起がシナプスを形成しています。プルキンエ細胞層にはプルキンエ細胞が一列に並んでいます。延髄から入りプルキンエ細胞の樹状突起や細胞体に巻き付いている登上線維は重要な入力です。また、プルキンエ細胞の軸索は小脳核へと投射しており、これが小脳からの唯一の出力です。顆粒層には顆粒細胞の細胞体があります。顆粒細胞の樹状突起は、苔状線維からの出力を受けています。苔状線維の細胞体は橋核にあり、大脳からの運動性の出力を受けています。顆粒細胞は小脳皮質内で唯一の興奮性ニューロンで、神経伝達物質としてグルタミン酸を使っています。一方のプルキンエ細胞は抑制性ニューロンで、神経伝達物質としてGABA[*4]を使っています。

[*4] γ-アミノ酪酸と呼ばれるアミノ酸の一種で、抑制性の神経伝達物質として生体内では機能している。グルタミン酸より生成される。シナプス後細胞のGABA受容体に結合し、情報を伝える。

長期抑圧

　小脳が運動を制御するメカニズムの一つに、1982年に東京大学の伊藤正男によって発見された「長期抑圧（LTD；long-term depression）」があります。平行線維を刺激すると、プルキンエ細胞にEPSPが引き起こされます。しかし、この平行線維からの入力が登上線維からの入力と重なる（同期する）と、その後、平行線維を刺激してもプルキンエ細胞のEPSPが起こりにくくなるという状態が続きます。これが長期抑圧です。この登上線維の入力はプルキンエ細胞から出力される情報に対する訂正信号と考えられ、失敗した動きを修正することで正しい運動を習得する、運動学習に関係しています。長期抑圧は小脳で発見されましたが、その後、海馬や大脳皮質でも起こることが報告されました。また、小脳でも長期増強（前述）が起こることもわかり、この二つのメカニズムがバランスよく機能することによって、私たちの記憶や学習が達成されていると考えられています。

> **KEY POINT**
> 脳の機能には層構造が大切である。膨大な数の神経細胞があるからこそ役割分担が必要。

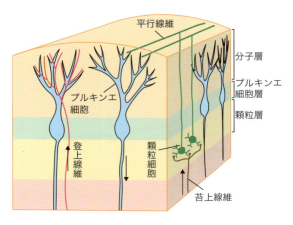

図14-5　小脳皮質における三層構造

14章　社会性を生みだす脳

14.2　可塑性と記憶・学習

　長期増強、長期抑圧などのメカニズムが記憶や学習に関係していることを見てきました。では、細胞の中でどのような変化が起こることにより、このような現象が引き起こされているのでしょうか？　ここでは、比較的よく研究されている長期増強のしくみを紹介します。

長期増強の細胞内メカニズム

　神経細胞の間はシナプスで連絡しており、入力する側をシナプス前細胞、入力を受ける側をシナプス後細胞と呼びます。細胞間の伝達効率が上昇する長期増強を起こすには、二つのメカニズムが考えられます。一つは、シナプス前細胞からのグルタミン酸（神経伝達物質）の放出量が増大すること、もう一つは、シナプス後細胞のグルタミン酸受容体の感受性が増大することです。現在は、この両方が起こっていると考えられていますが、シナプス後細胞による長期増強の方がより詳細に調べられています。

　図14-6 に示すように、シナプス後細胞には、イオンチャネルでもある NMDA 型グルタミン酸受容体が発現しています。しかし通常は、受容体にマグネシウムイオン（Mg^{2+}）が結合しており機能できないようになっています（マグネシウムブロック）。テタヌス刺激によりシナプス前細胞からグルタミン酸が放出されて後細胞の NMDA 型グルタミン酸受容体が高頻度に刺激されると、このマグネシウムブロックがはずれ、カルシウムイオン（Ca^{2+}）が流入できるようになります。Ca^{2+} がシナプス後細胞に流入すると、カルシウム／カルモジュリン依存性プロテインキナーゼ II（CAMKII）やプロテインキナーゼ C（PKC）という酵素が活性化され、さまざまなタンパク質をリン酸化します。タンパク質のリン酸化は細胞内のシグナルであり（4章コラムを参照）、その結果として、AMPA 型グルタミン酸受容体のリン酸化によるイオンチャネル活性の亢進や、細胞内の小胞に貯蓄されていた AMPA 型グルタミン酸受容体がシナプス後膜に挿入されるなどの変化が引き起こされ（図14-6 右）、全体としてシナプス後細

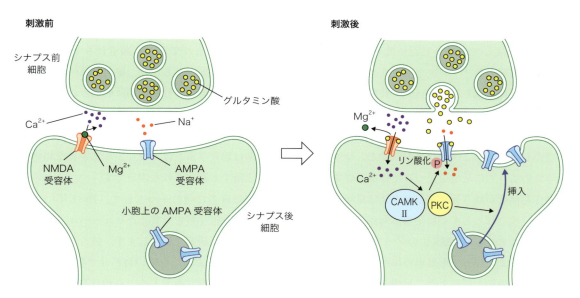

図14-6　長期増強におけるシナプス後細胞の変化

図 14-7　マウスの記憶力をはかる行動実験

胞のグルタミン酸への感受性が上昇するのです。さらにリン酸化シグナルは、転写やタンパク質合成などにも影響を及ぼし、より強く持続する長期増強が形成されます。また、最近の研究により、長期増強後はシナプス後細胞の樹状突起のスパイン（棘突起；6 章参照）部分が膨大することも知られており、細胞内の分子の変化だけでなく、細胞の形態にも変化が現れます。

長期増強と記憶

　では、長期増強のような電気的な現象は、本当に個体における記憶に結びついているのでしょうか？　1992 年に利根川進らは、この疑問を巧妙な方法で解決してみせました。彼らは CAMKII 遺伝子を破壊したノックアウトマウス（5 章参照）を用いて行動実験を行い、遺伝子、長期増強、記憶・学習という現象を結びつけました。まず、足場が 1 か所だけあるプールにミルクを張り、足場を見えなくします。そこへマウスを放すと、マウスは泳いでいるうちに足場を見つけて休憩します。この動作を何度か繰り返すと、マウスは足場の場所を覚え、放たれるとすぐに足場へ向かうようになります。しかし、CAMKII のノックアウトマウスは、いつまで経っても足場の場所を覚えることができず、最初と同じように足場を探してプールを泳ぎ続けるという行動を示しました（図 14-7）。

さらに、このマウスの海馬では長期増強が引き起こされないことも示されました。

　その後、記憶や学習に関わっていると考えられているさまざまな遺伝子のノックアウトマウスが作製され、行動実験によって遺伝子と記憶・学習との関係が次第に明らかになってきています。

臨界期

　「絶対音感」という言葉を聞いたことがあるでしょうか。音を、五線譜の上に書いた音符のように聞き分けられる能力のことです。絶対音感の習得には特殊な神経回路の構築が必須だと考えられています。また、成人後に絶対音感を習得することは非常にまれであり、通常は 9 歳までに訓練を受ける必要があるため、絶対音感に必要な神経回路は、学習により幼年期に形成されると考えられています。このように、特定の能力を習得できる限られた時期のことを「臨界期」と呼びます。臨界期は聴覚学習だけでなく、さまざまな知覚の発達段階でも観察される現象です。

　特に有名な例の一つとして、1981 年にノーベル生理学医学賞を受賞したヒューベルとウィーセルが行った研究を紹介します。彼らは発達期のネコの片側のまぶたを縫い合わせて視覚を遮断し、片眼からの視覚刺激入力のみがある状態で飼育した場合と、そのような処理をしなかった場合で視

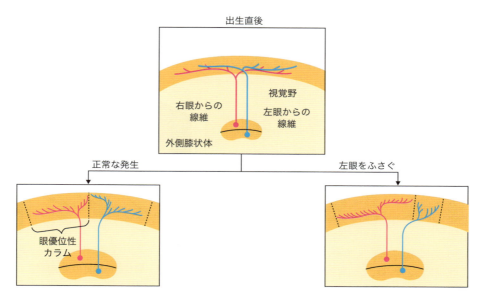

図 14-8　片目を閉鎖することによって起こる視覚野の発達の違い

覚野の発達を調べる実験を行いました。その結果、片側のまぶたを縫い合わせたネコのもう一方の眼、つまり正常な眼に視覚刺激を与えた場合、正常なネコよりもむしろ広い領域からの視覚情報を感受できることが分かりました。一方、まぶたを縫い合わせた方の眼に刺激を与えた場合は、狭い範囲からの視覚情報だけしか感受出来なくなっていました（図 14-8）。これらの結果から、視覚野の発達には臨界期があり、(1) 臨界期の環境に応じた神経回路が形成されること、(2) 臨界期をすぎてしまうと神経回路の形成が困難あるいは不可能になること、がわかりました。このような臨界期に際して、神経回路が変化しうる状態を保っていることを「可塑性」と呼びます。臨界期をすぎてしまうと神経回路が固定化され可塑性を失ってしまうと考えられています。生命が社会を形成する上でもこの「臨界期」と「可塑性」が重要な役割を果たしています。

このように脳の活動を変化させる「可塑性」を形成するしくみには、グルタミン酸やGABAなどの神経伝達物質、コレシストキニンなどの神経ペプチド、脳由来神経栄養因子（brain-derived neurotrophic factor；BDNF）に代表される神経栄養因子、甲状腺ホルモンなどのさまざまな因子が関与しています。

> 正常な発達には臨界期の学習が重要である。
>
> KEY POINT

「刷り込み」の不思議

　1973年にノーベル生理学医学賞を受賞したローレンツが行った研究を紹介する。ローレンツは、ハイイロガンの動物生態、特に母子関係を研究する中で、孵化したばかりの雛が母親を追いかける行動をとることを発見した。雛は親のそばにいた方が天敵に襲われにくくなるため、このような行動の進化が起こったと考えられる。ローレンツは、雛がしばしばローレンツ自身を親と誤認して追随することがあったことから、このような行動をとる脳のしくみとして、雛の脳内に親の情報が生まれつき備わっているのではなく、生後見た親の姿や鳴き声を学習することによって、この行動が形成されると考え、それを証明した。ローレンツは、この現象を「刷り込み」と呼び、その後、刷り込み行動はアヒルやニワトリなど地上に営巣する鳥類の多くに見られる普遍的な現象であることを発見した。

　アヒルやニワトリの雛は、実験室内で孵化させることが容易であるため、現在はこれらの動物を用いて「刷り込み」に必要な脳のしくみが調べられている。「刷り込み」の臨界期は孵化後数日間程度であり、その期間に物体やモニターに映る動画を15分程度見せることで、学習した物体を追いかけるようになることが明らかになっている（図）。「刷り込み」行動の場合には、「臨界期」を孵化直後に設定することで、自然界で覚える対象を母親に限定でき、より効果的に母子関係を構築できるのではないかと考えられて

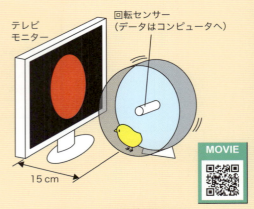

図　刷り込み学習の測定装置
モニターに映った物体にヒヨコがついていこうとすると回転車が回り、その様子がコンピュータに記録される。

いる。

　また、「刷り込み」行動に必要な神経回路についても詳しく検討がなされ、孵化後数日間のうちに鳥類の視覚野（ヴルストと呼ばれる領域）に刺激が入ると、それに反応して活動する領域が拡大する可塑的な変化が起こることも明らかになっている。

　鳥類では、母子間の刷り込み学習の他に、将来のつがい相手を見分けるため、孵化後の発達段階で周りにいる同種を識別する刷り込み現象も観察されている。

14.3　言　語

　ヒト独自の社会を構築する基盤として欠かせない行動として「言語」があります。言語の習得には長い時間がかかりますが、この習得にもやはり「臨界期」が存在します[*5]。言語習得の臨界期は思春期前と考えられており、第二外国語に関しても、思春期までに教育を始めないとネイティブ同様に会話することは難しいとされています。また、「手話」に関しても臨界期が存在することから、言語の神経回路と聴覚の神経回路で臨界期はそれぞれ別に存在するようです。

　ヒトの脳に言語習得を司る特殊な部位が存在することは古くから知られていました。そのうちの一つが、19世紀、フランスの外科医ブローカが発見した「ブローカ野」と呼ばれる前頭葉の領域です。この領域が事故や病気で障害を受けると発話が困難になることが知られており、運動性言語中枢とも呼ばれています（図14-9）。一方、側頭葉にはドイツの神経学者ウェルニッケが発見した「ウェルニッケ野」と呼ばれるもう一つの言語に関わる脳領域があります。この領域を損傷するとブローカ野とは異なり、言語の理解ができなくなることから、知覚性言語中枢と呼ばれています。言語を理解して発話につなげる一連の言語機能には、ウェルニッケ野からブローカ野に神経線維を投射する「弓状束」と呼ばれる神経経路が重要です。最近になって、このような神経回路の形成に

[*5] 言語習得の臨界期の存在を端的に示した例が「アヴェロンの野生児」である。18世紀後半にフランスの森の中で保護された推定11～12歳の少年は、保護当時ほぼヒトとしての教育を受けてきておらず、後に5年にわたる言語教育を受けたが会話はほぼ不可能だったと伝えられている。

動物における言語と関連した遺伝子

　ヒトの言語ほどではないまでも、哺乳類や鳥類のなかには、音声によって簡単なコミュニケーションを行う動物が少なくない。例えばキンカチョウという小鳥の雄は「さえずり」による求愛行動を示すが、発達期に父親等周囲の仲間が発した歌声を真似ることで成長後うまくさえずることができるようになる。キンカチョウの脳を調べると、さえずりに重要な神経核 Area X に FOXP2 遺伝子が発現しており、RNA 干渉技術[1]を用いて、Area X に限定してFOXP2 遺伝子の発現を抑制すると、うまく歌を真似ることができなくなる。

　マウスも、母子間で超音波によってコミュニケーションを行っているが、FOXP2 が欠損したマウスでは超音波の発声に障害が生じるとの報告もある。このように FOXP2 は多くの高等動物の音声コミュニケーションに関連しているらしいが、その分子の機能については不明な点が多い。また、FOXP2 以外にも言語と関連した遺伝子がある可能性もある。言語と関連した遺伝子を発見し、その機能を探っていくことで、ヒトの複雑な言語学習がどのように進化したのか理解できると期待されている。

キンカチョウのつがい（左が雌）

1) 2本鎖RNAを細胞内に導入することにより、そのRNAと結合するmRNAの分解を促すことで特定タンパク質をつくれないようにする技術。遺伝子の働きを調べるためによく利用される（2章のコラム参照）。

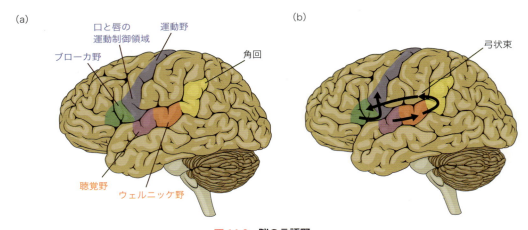

図 14-9　脳の言語野
(a)言語野の位置。(b)言語野をつなぐ弓状束。

関わると考えられる遺伝子も発見され、注目を集めています。

20世紀末の研究で、先天性の言語障害が頻発する家系が見つかりました。この家系の遺伝型を調べてみると、FOXP2という転写因子をコードする遺伝子に変異が発見されました。fMRIによる脳画像解析から、この遺伝子に異常があるとブローカ野の働きに異常が現れることがわかり、FOXP2遺伝子は、言語の神経回路形成に必要な遺伝子の一つではないかと考えられています。

14.4 社会性とその障害

近年、自閉症を含む発達障害の発症率が世界的に増加しています。発達障害は、社会性やコミュニケーションに障害をきたす精神疾患で、社会的な場面で必要となる高次知能を司る脳の構造と機能に何らかの障害が生じていると考えられています。この節では、発達障害の患者に見られる機能不全を見ていくことで、ヒトの社会性に関する理解を深めます。

「心の理論」の欠如

発達障害の原因の一つに、「心の理論」の欠如があります。「心の理論」とは、他者の立場に立って物事を考えることができる能力、いわば「心を読む能力」です。バロン＝コーエンらは、自閉症の早期スクリーニング[*6]のために「サリー＝アン課題」というテストを考案しました。このテストでは図14-10のような寸劇を子供に見せた後、「サリーはボールを探すためにどちらの中を見るか？」と問いかけます。劇を見た子どもは、客観的な事実として、現在ボールは箱の中にあることを知っています。しかしサリーは、自分がいない間にアンがボールを移動させたことを知らないので、サリーの立場に立てば、「まずバスケットを探す」と答えるはずです。3～5歳の正常児の約85%は正しくバスケットと回答しましたが、6～16歳の自閉症児の約80%は箱と回答しました。バロン＝コーエンらが示したこの結果は、4

[*6] 早期に発見し、治療開始を早めることで、自閉症の重篤度を軽減できると考えられているので、このようなスクリーニング手法の開発は重要である。

14章　社会性を生みだす脳

図 14-10　自閉症スクリーニングのための試験法：サリー＝アン課題

サリーはボールをバスケットにいれました。

サリーはいなくなりました。

サリーがいない間にアンはボールを箱に移しました。

帰ってきたサリーはバスケットと箱のどちらを探すでしょう？

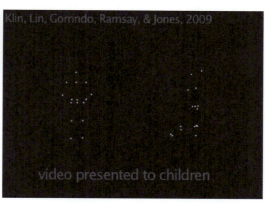

図 14-11　バイオロジカルモーションを使った自閉症スクリーニング
左側がバイオロジカルモーション、右側は倒立画像。上記の QR コードから、実際の実験動画を見ることができる。

歳前後の子どもがもちうる、「サリーの立場に立って考える」という能力が自閉症児には欠落していることを示しています。

生物学的な動きへの関心

また、発達障害の原因として「生物学的な動き（バイオロジカル・モーション）の認知」に異常があるためだという仮説も存在します。

動物の身体の各部位を光点で代替して表示すると、光点の動きだけであたかも生物が動いているように見える映像が作成できます（図 14-11）。このような映像を「バイオロジカル・モーション」と呼びます。無生物の動きに比べて生物的な動きにより強く関心をもつことは、他者の動きを理解して模倣するための重要な神経機能であると考えられています。また、成人のみならず、2歳の幼児でもバイオロジカル・モーションを生物の動きと認識し、ランダムな光点に比べて強い関心を示すことが知られています。クリンらは、自閉症が疑われる子どもにバイオロジカル・モーションと、その倒立画像（光点の動きの方向を逆さにすることで生物学的な動きに見えない映像）を同時に見せ、どちらを特に注視するかを研究しました。その結果、正常な2歳児はバイオロジカル・モーションを注視したのに対して、自閉症児はどちらの映像も同程度の割合で注視することが明らかとなりました。この結果は、自閉症児はバイオロジカル・モーションの認知に障害がある可能性を示しています。クリンらはまた、自閉症の子どもが顔の認知に異常を示すことも報告しています。これらを総合すると、他者の理解や模倣に必要な神経回路の異常が、自閉症など発達障害の原因の一つであると考えられます。

ミラー・ニューロン

ラマチャンドランらは、「ミラー・ニューロン」の異常が自閉症の原因であるとの仮説を提案しています。「ミラー・ニューロン」はイタリアのリゾラッティらにより1996年にサルで偶然発見された、大脳皮質 F5 野と呼ばれる領域に存在する神経細胞で、サル自身が運動を行ったときに加

え、自身が行った行為と同じ行為をする他のサルを「見た」時にも反応する特殊な神経細胞です（図14-12）。このような反応特性から、「ミラー・ニューロン」は他者の行為を自分自身の行為と結びつけることで、他者の行為の理解に関わるのではないかと考えられています。

ヒトでは、単一細胞から記録する代わりに脳の特定部位全体の活動を記録することで、「ミラー・ニューロン」と同様の反応特性を記録することに成功しています。ラマチャンドランらは、正常な子どもに手で「グー・パー」をさせた時に起こる前運動皮質の脳波変化が、モニターに映した「グー・パー」を見せただけでも起こることを報告しています。一方、自閉症児では、自分の手で「グー・パー」を行った際には起こる変化が、モニターの画像を見ただけでは観察されなかったといいます。これらの結果から、彼らは「ミラー・ニューロン」を介した他者の行為の理解が、自閉症児では障害されているのではないかと推測しています。

発達障害の原因

発達障害が誘発される原因に関しては、複数の遺伝的要因の複合作用、あるいは、遺伝的要因と環境要因の相互作用があって発症するもので、単一要因で発症することはまれだと考えられています。しかし、「まれ」な例の中に、治療に関連する興味深い事例が存在します。

哺乳類では視床下部の室傍核や視索上核にオキシトシンというホルモンを合成する神経細胞があります。オキシトシンは下垂体後葉から血液中に分泌されて射乳に働くとともに、脳内でも働いて、愛着行動を促進することが知られています。自閉症を誘導する遺伝子異常のなかには、オキシトシン受容体遺伝子の異常により、オキシトシンが効きにくくなっている例が報告されています。つまり、オキシトシンを介した愛着の亢進が、社会行動に必要な他者理解や模倣などの原動力である可能性があるのです。実際、鼻からオキシトシンを

図 14-12　ミラーニューロンの概念
上図は、サル自身が運動した時のF5野ミラーニューロンの電気活動を示している。下図は、サルが他者の運動を見た時のミラーニューロンの電気活動を示している。グラフは、M. Iacoboni & M. Dapretto, *Nat. Rev. Neurosci.*, 7, 942より転載。

スプレーすることにより自閉症を治療する試みが、欧米や日本でも進められています。

大規模な社会を形成することが特徴であるヒトにおいて、社会性の障害である発達障害の発症率が劇的に上昇していることは大変由々しき問題です。発達障害の発症にはさまざまな要因が考えられており、オキシトシンを介した経路以外にも脳の構造異常やシナプス形成異常を引き起こす遺伝子変異との関係も注目されています。また、発達期の環境要因が脳の発達に影響を与えて病因となっている可能性も指摘されています。しかしながら、発達障害に有効な治療薬はいまだ見つかっておらず、発症原因のさらなる究明や予防・治療法の開発を進めていく必要があります。

> 発達障害の原因を探ることで社会性に必要な神経回路を明らかにできる。
> **KEY POINT**

14章　社会性を生みだす脳　　203

確認問題

1. 大脳皮質の層構造はどのようにして構築されるのか説明しなさい。
2. 記憶と長期増強の関係について説明しなさい。
3. ローレンツが「刷り込み」と名付けた鳥類ヒナで観察される現象がどのようなものか説明しなさい。
4. 「刷り込み」以外で臨界期がある生理現象について例を挙げ、説明しなさい。
5. ヒトの言語野は脳のどの部位に存在し、どのような働きを示すのか説明しなさい。
6. 現在までに見つかっている「言語遺伝子」について、その遺伝子が障害されるとヒトや動物でどのような異常が起こるのか説明しなさい。
7. 発達障害をもつ患者が具体的にどのような心の障害をもつのか説明しなさい。

考えてみよう！

A. 「脳死状態」「植物状態」とはそれぞれどのような状態のことか調べ、脳の機能に関連させてまとめなさい。
B. ヒトのみに存在する高次な脳機能について、本章で挙げた例以外に関しても調べ、なぜそのような機能が進化したのか理由を考えてみよう。
C. 発達障害の治療や予防に向けて、どのような方策が考えられるか調べて、まとめなさい。
D. 長期増強や長期抑圧が、もしなければ私たちはどうなってしまうだろうか。

おわりに

生命科学ってやっぱり面白い。本当は直接会って一人一人にその魅力を伝えて歩きたい。でもそうするわけにもいきませんから、この本に一生懸命詰め込みました。これをきっかけに知りたいことが増えたなら、自分の足で研究者や大学の先生に会いに行ってみてください。研究者は皆、自分の研究の面白さを伝えたくてうずうずしているはずです。私はシンガポールのバイオポリスという国際研究開発拠点で研究活動をしています。修学旅行や課外授業として日本の高校生や大学生がたくさん訪れます。私はそこで、研究の面白さや大切さだけでなく、海外で研究する楽しさや厳しさを伝える出前講義をしています。ぜひ研究所にもお越しください。私の講義を受けたあなたがこの本を手に取ってくれるなら、こんなに嬉しいことはありません。

—— 北口哲也

大学では講義や学生実習を行うかたわら、ネズミを用いた脳の研究を学生たちと進めています。生命は神秘に満ちていますが、からだで起こる生理現象の制御中枢であり、こころが宿る実体でもある脳に興味を抱いて長年研究に取り組んできました。埼玉大学に赴任して7年が経ち、教育や研究に取り組む時間を取るのが難しい日もありますが、そのようななかで教科書の執筆に携わる機会を得たことを幸運に思います。講義の教科書や参考書として、あるいは生命科学を学ぶための入門書として、本書をご活用いただければとても嬉しく思います。

—— 塚原伸治

こまで読んでくださって、ありがとうございます。生命科学は理系科目だと思われていますが、文系理系に関係なく、どのような方にも生きていくうえで必要不可欠な「教養」の一つだと思います。それは、体のしくみ、将来かかるかもしれない病気、自分とは何か、そして生命とは何か、といった事柄について、例外なくすべての人が関心をもつからです。本書の内容は、一見すると「すぐには役に立たない知識」のように見えるかもしれません。しかし、さまざまな苦難に直面した際、きっとあなたの歩むべき道を照らしてくれる灯火になるはずです。ぜひ、本書に書かれている知識を上手に活用して、人生を豊かなものにしてください。

—— 坪井貴司

日本屈指の研究機関集積地、つくば市にある国立環境研究所に勤務して約6年になりました。つくばでは、毎年夏にさまざまな研究所が一般公開イベントを行っており、それにあわせて「つくばちびっ子博士」という、小学生を対象としたスタンプラリーも開催されます。私には、ちょうど年頃の娘がいますので、妻と娘と一緒にいろいろな研究所を見学しました。私の研究室がある国立環境研究所でも、4月と7月に一般公開を行っています (詳しくは www.nies.go.jp まで)。座学も大切ですが、実際に研究者と会って疑問を投げかけてみると、思わぬ発見があるかもしれません。ぜひ公開日に研究所へお越しください。生命科学について一緒に語り合いましょう！ 最後に、研究一辺倒の私をいつも支えてくれている家族に感謝を捧げます。

—— 前川文彦

クレジット

（本文中に明記したものは除く）

章扉（p.1, 31, 75, 117, 161, 189）irochka -Fotolia

1章

p.2（上）SBL -Fotolia /p.2（下）M.Gove -Fotolia /p.3（上）schepers_photography -Fotolia /p.3（下）smereka -Fotolia, taikibansei -Fotolia, hidejaja -Fotolia, masahirosuzuki -Fotolia, kingfisher -Fotolia, paul hampton -Fotolia, micro_photo -Fotolia, taka -Fotolia, Daniel Poloha -Fotolia, Carola Schubbel -Fotolia, aussieanouk -Fotolia /p.5（下）Science-AAAS /p.6 skypicsstudio -Fotolia を改変 /p.7 DrKateryna -Fotolia, bilderzwerg -Fotolia, joshya -Fotolia /p.11（上左）snapgelleria -Fotolia, /p.11（上右）Dr David Furness, Keele University, Science Photo Library-imagenavi /p.14 macrovector -Fotolia, molekuul.be -Fotolia を改変

2章

p.18（上）Sergey Nivens -Fotolia /p.18（下）T. Wejkszo -Fotolia /p.20 designua -Fotolia を改変 /p.26（右）luzpower -Fotolia /p.28 vege -Fotolia

3章

p.32（上）Sebastian Kaulitzki -Fotolia /p.32（下）理化学研究所 HP より許可を得て転載 /p.33（左）Sebastian Kaulitzki -Fotolia /p.33（右）blueringmedia -Fotolia を改変 /p.34 JCG -Fotolia /p.37（右）Natalia Sinjushina -Fotolia /p.44（図 3-11 上）EYE OF SCIENCE - SCIENCE PHOTO LIBRARY /p.44（図 3-11 下）Science VU/Dr. F. Rudolph Turner, VISUALS UNLIMITED /SCIENCE PHOTO LIBRARY /p.46 理化学研究所 HP より許可を得て転載

4章

p.47（上）Ocskay Bence -Fotolia /p.47（下）Marzanna Syncerz -Fotolia /p.48（下）designua -Fotolia を改変 /p.53（上）A Bandyopadhyay et al., *PLoS Genet.*, **2**（12）;e216（2006）, Fig3 より転載 /p.53（下）designua -Fotolia を改変 /p.54（上）imagenavi /p.54（下）東京大学生命科学構造化センター /p.57（上）B-C-design -Fotolia /p.57（下）Paylessimages, Inc - imagenavi

5章

p.61（上）Peterfactors -Fotolia /p.61（下）su_i -Fotolia を改変 /p.62（上）Wikipedia /p.65（photo）京都大学　山中伸弥 /p.67（左）wellphoto -Fotolia /p.69 su_i -Fotolia を改変 /p.70 tibori -Fotolia を改変 , su_i -Fotolia を改変 /p.72（左）Vshyukova -Fotolia /p.72（右）George wood -Fotolia /p.73（下）Okita et al., *Science*, **322**, 949-953（2008）

6章

p.76（上）Syda Productions -Fotolia /p.77 bilderzwerg

-Fotolia を改変 /p.78（上）OOZ -Fotolia を改変 /p.78（下）reineg -Fotolia を改変 /p.79 bilderzwerg -Fotolia を改変 /p.82 designua -Fotolia を改変 /p.83（上）Novus Biologicals /p.83（下）designua -Fotolia を改変 /p.84 designua -Fotolia を改変 /p.85（上）designua -Fotolia を改変

7章

p.87（上）Sergey Nivens -Fotolia /p.87（下）Matthew P. Rowe /p.88（上）Richard Carey -Fotolia /p.88（下）sandpiper -Fotolia /p.90 designua -Fotolia を改変 /p.91 designua -Fotolia を改変 /p.92 designua -Fotolia を改変 /p.95（上）torsakarin -Fotolia /p.97 Tatik22 -Fotolia /p.98 7activestudio -Fotolia を改変 /p.99（photo）*Biology*, **3**(4), 846-865（2004）/p.103 Eric Isselee -Fotolia

8章

p.104（上）adimas -Fotolia /p.105 Sebastian Kaulitzki -Fotolia /p.106（上）vectorus -Fotolia /p.106（中）reineg -Fotolia /p.106（下）vectorus -Fotolia を改変 /p.108（下）joshya -Fotolia を改変 , reineg -Fotolia を改変 /p.109 reineg -Fotolia を改変 /p.110 Christos Georghiou -Fotolia を改変 , Alex Oakenman -Fotolia を改変 /p.112（上）designua -Fotolia を改変 /p.112（中）rob3000 -Fotolia を改変 /p.113（上）rob3000 -Fotolia を改変 /p.113（下）Dashikka -Fotolia を改変 /p.114 J. Gräff et al., *Nature*, **483**, 222-226（2012）, Supplement data より

9章

p.118（上）pieropoma -Fotolia /p.118（下）n_eri -Fotolia を改変 /p.119（左）bilderzwerg -Fotolia を改変 /p.120（下）pankajstock123 -Fotolia /p.122 blueringmedia -Fotolia /p.123（左上）Jubal Harshaw - Shutterstock /p.123（左下）vetpathologist - Shutterstock /p.123（右）designua -Fotolia を改変 /p.124（下）Nitr -Fotolia /p.125（下）Roman Sigaev -Fotolia /p.126（上）designua -Fotolia /p.127『ベーシック生化学（化学同人）』より /p.128（上）『ベーシック生化学（化学同人）』より /p.130（上）Sergey Nivens -Fotolia

10章

p.132（上）abhijith3747 -Fotolia /p.132（下）nicolasprimola -Fotolia /p.133 Sebastian Kaulitzki -Fotolia, Alexandr Mutiuc -Fotolia /p.134 ankomando -Fotolia /p.135（左）blueringmedia -Fotolia /p.135（右）u_irwan -Fotolia /p.138（左）reineg -Fotolia /p.138（右）7activestudio -Fotolia /p.139 stockshoppe -Fotolia, rob3000 -Fotolia, Pretty Vectors -Fotolia を改変 /p.141（左）Jose Luis Calvo - Shutterstock /p.142（上）Photographee.eu -Fotolia /p.143 phocks eye -Fotolia を改変 /p.144 Jose Luis Calvo - Shutterstock /p.146 Piotr Marcinski -Fotolia

11章

p.147（上）Kzenon -Fotolia /p.150（下）共に bilderzwerg -Fotolia /p.153（下）reineg -Fotolia を改変 /p.156 reineg -Fotolia /p.158 inarik -Fotolia

12章

p.162（上）EMrpize -Fotolia /p.162（下）Picture-Factory -Fotolia /p.168 lamuana -Fotolia /p.169（上）mrks_v -Fotolia /P.169（下）productivity -Fotolia, sergei_fish13 -Fotolia, Grirory Bruev -Fotolia, inna_astakhova -Fotolia, awhelin -Fotolia /p.172 MUJK -Fotolia

13章

p.174（上）Dirima -Fotolia /p.174（下）Emilia Stasiak -Fotolia /p.177 Kletr -Fotolia /p.184（上）designua -Fotolia を改変 /p.187 7activestudio -Fotolia

14章

p.190（上）sonya etchison -Fotolia /p.190（下）caribia -Fotolia /p.198（下）dezb75 -Fotolia /p.199 Pixel Memoirs -Fotolia /p.200 vectorus -Fotolia を改変 /p.201（右）A. Klin et al., Nature, 459, 257-261（2009）

本文挿絵 天野勢津子（p.4, 9, 12, 13, 22, 24, 29, 35, 36, 41, 48, 49, 51, 53, 64, 76, 104, 109, 120, 121, 137, 142, 153, 163, 170, 181, 186, 191, 192, 196, 201, 202）

索　引

人　名

アクセル	77
アグレ	138
浅島誠	40
アベリー	12
アーベル	66
アンドリュー・ハクスレー	99
イグナロムラド	137
石坂公成・照子	187
伊藤正男	194
井上昌次郎	167
ヴァルマス	52
ヴィーシャウス	45
ウィーセル	196
ウィラッドセン	62
ウィルキンス	13
ウィルムット	62
ウェルニッケ	199
エヴァンズ	64
ガードン	62
カハール	81
寒川賢治	136, 144
ギルバート	68
キング	62
グライダー	56
クリック	13
クリン	201
クロード	8
児島将康	144
コッホ	187
ゴードン	70
コノプカ	164
コラーナ	16
ゴルジ	81
コールマン	143
櫻井武	144
サルストン	54
サンガー	68
シェックマン	93
下村脩	72
ジャニッシュ	70
シャルガフ	12
シュペーマン	41

スゾスタック	56
ズッカー	165
ステファン	165
スドホフ	93
スネル	182
スミス	66
タカハシ	164
田崎一二	90
多田富雄	187
田原良純	88
チェン	72
チャルフィー	72
テミン	20
デューブ	8
ドーセ	182
利根川進	180, 190, 196
トーマス	183
トムソン	64
ドリーシュ	62
ナース	49
ニッスル	81
ニューコープ	40
ニュスライン゠フォルハルト	45
ニーレンバーグ	16
ネイサン	66
ノーベル	137
ハウゼン	51
バーカー	173
バック	77
ハートウェル	49
早石修	167
パラーデ	8
パルミッター	70
バロン゠コーエン	200
ハント	49
ビショップ	52
日沼頼夫	51
ヒュー・ハクスレー	99
ヒューベル	196
ピルケ	187
ピント	164
ファイア	25
ファーチゴット	137
フィビゲル	51

ブラックバーン	56
フランクリン	13
ブリッグズ	62
プリンスター	70
プルシナー	115
ブレナー	54
ブローカ	199
ヘイフリック	55
ベナセラフ	182
ペルーツ	13
ベンザー	164
ボイトラー	178
ホフマン	178
ボルチモア	20
ホルビッツ	54
松尾壽之	136
マキノン	138
マリス	67
マレー	183
マンゴールド	41
ムーア	165
メロー	25
メンデル	12
柳沢正史	144
山極勝三郎	51
山中伸弥	34, 64, 73
ラウス	51
ラマチャンドラン	201
リシェ	187
リゾラッティ	201
リヒター	165
ルイス	45
ロスマン	93
ローレンツ	198
若山照彦	61, 74
ワディントン	24
ワトソン	13

欧　文

Ⅰ型肺胞上皮細胞	134
Ⅱ型肺胞上皮細胞	134
3′末端	14
5′末端	14
ABO式血液型	10

ADP	5	Taqポリメラーゼ	67	一塩基多型	20
AIDS	20, 176	Toll様受容体	178	一次構造	8
ALS	112, 113	T細胞	177	一次体性感覚野	80
ATP	5, 10, 127	T細胞受容体(TCR)	179, 180	一次メッセンジャー	5
ATP合成酵素	11	X連鎖性劣性遺伝	59	遺伝	4
BACベクター	23	αヘリックス	8	遺伝暗号	16
BMP	41	β-アミロイド	114	遺伝子	12
*BRCA*遺伝子	27			遺伝子組換え技術	66

あ

B細胞	177			遺伝子組換えマウス	69
DNA	11, 12, 13	アイス・バケツ・チャレンジ	113	遺伝子情報	27
DNAシークエンシング	23	アクアポリン	138	遺伝子診断	27
DNA修復経路	172	アクチビン	40	遺伝子の再構成	180
DNAの化学的修飾	24	アクチン	83, 98	遺伝的性別	147
DNAのメチル化	24	アゴニスト	95	遺伝病	58
DNAポリメラーゼ	67	アコニチン	88	異物代謝酵素	172
DNAリガーゼ	68	アストロサイト	84	陰核	151
DOHaD仮説	173	アセチルコリン	101	陰茎	151
ES細胞	64	アセチルコリンエステラーゼ	96, 97	陰唇	151
Fc受容体	183	アディポサイトカイン	145	インスリン	68, 141
*FOXP2*遺伝子	199	アデニン	12, 14	インスリン抵抗性	143
GABA	194	アデノシン二リン酸(ADP)	5	イントロミッション	157
GFP	72	アデノシン三リン酸(ATP)	5, 10	イントロン	21
Gアクチン	99	アドレナリン	142	陰嚢	151
Gタンパク質共役型受容体	94	アナフィラキシー	187	インフルエンザウイルス	6
HIV	20, 176	アニサキス	47, 177	ウイルス	6, 175
HLA	182	アニマルキャップ	40, 64	ウイルス発がん説	51
*Hox*遺伝子	44, 45	アポクリン腺	170	ウェルナー症候群	55
IgA	183	アポトーシス	49, 53, 54	ウェルニッケ野	199
IgD	183	アミノ酸	7	ウォルフ管	151
IgE	184, 186	アミラーゼ	120, 122	右心室	135
IgG	183	アミロイドプラーク	114	右心房	135
IgM	183	アルツハイマー型認知症	113	うつ病	97
iPS細胞	34, 46, 64, 65	アルツハイマー病	97	ウルトラバイソラックス	44
LINE	21, 22	アルデヒドデヒドロゲナーゼ	20	運動制御中枢	106
MAPキナーゼカスケード	50	アレルギー	174, 185, 187	運動性言語中枢	199
MHC	179, 181, 182	アンタゴニスト	95	運動単位	100
Na⁺/K⁺-ATPアーゼ	89	アンテナペディア	44	運動ニューロン	109
NADH	128	アンドロゲン	148, 151, 153, 158	エイズ	176
NK細胞	179	アンドロゲンシャワー	153	栄養膜	38
P450	172	アンドロゲン不応症	152	エキソン	21
PCR	67	胃	120	液胞	9
REM睡眠	166	胃液	120	エクリン腺	170
RNA	12, 13	イオンチャネル	8	壊死	53
RNAウイルス	6	異化	128	エストロゲン	154, 156, 158
RNA干渉	25	鋳型切り換え型複製	172	エネルギー	5, 127
Scale	32	イクオリン	72	エピジェネティクス	24, 173
SNAP-25	93	胃クロム親和性細胞	121	えら	133
SNARE	93	移行反応	128, 129	塩基	12
SNP	20	胃酸	120	塩基対	14
*src*遺伝子	52	胃小窩	120	塩基配列決定法	68
SRY	148	胃腺	120	遠心性軸索	109

Na⁺/K⁺-ATPアーゼ → Na^+/K^+-ATPアーゼ

エンドソーム	9	カプシド	6	筋節	98
エンベロープ	6	可変領域	180	筋線維	98
黄体	156	ガラクトース	124	グアニン	12, 14
黄体形成ホルモン(LH)	156	顆粒細胞	194	クエン酸回路	128
オーガナイザー（形成体）	41	カルシウムウェーブ	35	クッパー細胞	125
オキシトシン	202	カルシニューリン	37	クモ膜	107
おなら	126	がん	34, 47	クモ膜下腔	108
オリゴデンドロサイト	84	がん遺伝子	49	クモ膜下出血	107, 111
オリゴ糖	123	がん原遺伝子	49	グラーフ卵胞	156
オレキシン	144	がん細胞	10	グリア	80, 84
オワンクラゲ	72	がんの原因	50	グリコーゲン	125
温度覚	80	がん抑制遺伝子	49	クリステ	11
温度感覚ニューロン	171	感覚ニューロン	109	グリセリン	8
温ニューロン	171	環状 AMP（サイクリック AMP,		グルカゴン	141
		cAMP）	13	グルコース	10, 123, 124, 128
か		汗腺	170	グルタミン酸受容体	195
開口放出	93	感染症	175	グルタミン酸毒性仮説	112
外呼吸	133	肝臓	125	グレリン	144
開始コドン	16	杆体	77	クロスブリッジ	100
概日周期	163	肝動脈	125	クロスプレゼンテーション	181
概日リズム	164, 168	記憶	193	クローン	62
外性器	150	記憶の固定化	168	クローン動物	61
外生殖器	150	寄生虫	175, 177	蛍光可視化技術	71
解糖反応	128	基礎体温	170	蛍光色素	68
海馬	191	拮抗薬	95	頸部粘液細胞	121
外胚葉	38	気道	134	血液	134
灰白質	81, 191	希突起膠細胞	84	血液脳関門	84, 85
外来抗原	181	キネシン	84	結核症	176
カイロミクロン	123	キメラマウス	69	血管	135, 137
化学シナプス	92	キモトリプシン	122	血漿	134
化学物質発がん説	51	逆転写酵素	20	血糖値	139, 141
蝸牛	79	ギャップ結合	92	血餅	134
架橋	100	キャピラリー電気泳動	68	血友病	22, 59
核	9	牛海綿状脳症(BSE)	115	解毒機能	125, 172
核酸	11	嗅覚	77	ゲノム	19
拡散	133	嗅球	77	ゲノムプロジェクト	19
核心体温	170	嗅細胞	77	ゲノム編集	18
覚醒中枢	167	弓状束	199	原核細胞	9
獲得免疫	177	嗅神経	77	嫌気発酵	126
核膜孔	9	求心性軸索	109	言語	199
カスケード	50	胸腺	181	言語遺伝子	199
カスパーゼ	54	莢膜	9	原口	38
可塑性	197	キラー T 細胞	177	原始卵胞	150
カツオノエボシ	187	ギラン・バレー症候群	90	減数分裂	148
褐色脂肪組織	170	キロミクロン	123	原虫	177
活性酸素	130	筋委縮性側索硬化症	112, 113	原腸陥入	38
活動電位	89	キンカチョウ	199	原尿	138
滑面小胞体	9	筋原線維	98	倹約遺伝子	162, 173
カハール・レチウス細胞	192	筋細胞	98	恒温動物	170
カビ	175, 176	筋ジストロフィー	59, 112	光学顕微鏡	71
カプサイシン	171	筋小胞体	98, 101	交感神経系	110

好気呼吸	10	サーファクタント	134	終末ボタン	82
抗原提示細胞	179	サーマルサイクラー	67	宿主細胞	6
抗酸化物質	130	サリー=アン課題	200	主細胞	121
光周性	168	サルコメア	98	樹状細胞	177
恒常性	140	酸化還元反応	130	樹状突起	82
抗生物質	126, 176	三次構造	8	受精卵	33
抗体	177, 180	三大栄養素	127	出生前診断	29
好中球	177	三量体Gタンパク質	94	寿命	57
後天性免疫不全症候群(AIDS)	20	シアワセモ	7	主要組織適合遺伝子複合体(MHC)	
後頭葉	105	視覚	77		179, 181, 182
抗ヒスタミン薬	186	色覚	78	受容体	5
興奮性シナプス	91, 92	子宮	150	腫瘍マーカー	10
興奮性シナプス後電位	193	糸球体	138	シュワン細胞	86
酵母	176	軸索	82	循環系	133
硬膜	107	軸索終末	82	上衣細胞	84, 86
呼吸	133	軸索輸送	84	消化	119
呼吸器官	133	シグナル分子	5	消化管	119
心の理論	200	刺激伝導系	136	松果体	169
五炭糖	10	始原生殖細胞	149	小膠細胞	84
骨格筋	98	視交叉上核	164, 165	常在微生物	126
コーディン	41	死後硬直	100	常染色体優性遺伝	58
コドン	16	自己複製	4	常染色体劣性遺伝	58
鼓膜	79	視細胞	77	小腸	123
コリン	8	視索前野の性的二型核(SDN-POA)		小腸上皮細胞	123
ゴルジ体	9		154	小脳	105, 194
コルチゾール	142	脂質	8	小胞体	9
コレステロール	8	脂質二重膜	8	静脈	135
コレラ菌	175	歯状回	193	静脈弁	137
		視床下部	143	植物極	35
さ		耳小骨	79	植物細胞	9
		耳石器	79	食物アレルギー	120
細菌	175	自然免疫	177	食欲	143
サイクリン	49	ジデオキシヌクレオチド	68	触覚	80
サイクリン依存性キナーゼ(CDK)	49	自動能	136	自律神経系	109
サイクルシーケンス法	68	シトシン	12, 14	真核細胞	8, 9
サイトカイン	179, 184	シナプス	82, 91	心筋	98
細胞	3, 7, 9	シナプス間隙	91	真菌	175, 176
細胞の増殖	34	シナプス後細胞	92	神経管	42
細胞のリプログラミング	34	シナプス小胞	91	神経筋接合部	100
細胞系譜	55	シナプス前終末	91	神経系	105
細胞骨格	83	シナプトタグミン	93	神経膠細胞	80
細胞質	9	シナプトブレビン	93	神経細胞	80
細胞周期	48	自閉症	200	神経終末	82
細胞性免疫	179	脂肪	123	神経堤細胞	43
細胞体	82	脂肪酸	8	神経伝達物質	82, 91
細胞内小器官	8	射精	157	神経突起	82
細胞壁	9	終止コドン	16	神経板	42
細胞膜	4, 8, 9, 88	従属栄養生物	119	人工細菌	2
左心室	135	十二指腸	120, 122	人工生命	2
左心房	135	終板電位	101	人工多能性幹細胞	34, 65
作動薬	95	終末消化酵素	123	人工網膜	76
サナダムシ	177				

| 索 引 | 211 |

腎性尿崩症	139
心臓	135
腎臓	138
シンタキシン	93
心電図	136
心房性ナトリウム利尿ペプチド（ANP）	135
髄鞘	84, 89
膵臓	122, 141
錐体	77
水平細胞	77
髄膜	105, 107
睡眠改善薬	186
睡眠中枢	167
頭蓋骨	105
スギ花粉症	185
スパイン	82, 83
スーパーオキシド	130
スプライシング	21
滑り説	99
刷り込み	198
精管	150
制限酵素	66
性交	157
性行動	157
精細管	149
精子	148
静止膜電位	88
星状膠細胞	84
生殖	148
生殖腺	155
生殖隆起	149
性成熟	148
性腺刺激ホルモン放出ホルモン（GnRH）	155
性染色体	148
精巣決定因子	148
精巣上体	150
精巣網	149
精祖細胞	149
性的指向	159
性的二型核	153
性同一性	159
性同一性障害	159
精嚢	150
生物の特徴	3
脊索	42
脊髄	105, 107
脊髄神経	109
脊柱	105
赤道面	48

絶対音感	196
絶滅動物	74
セルトリ細胞	149
前視床下部間質核（INAH）	154
染色体	11, 58
線虫	25, 47, 54
前庭器官	79
先天性副腎過形成	153
前頭葉	105
セントラルドグマ	15
全能性	33, 64
繊毛	9
繊毛上皮細胞	134
臓器移植	183
双極細胞	77
早老症	55
ソニックヘッジホッグ	42
ソマトスタチン	141
粗面小胞体	9
損傷乗り換え複製	172

た

第一次性索	149
体液性免疫	179
体温	170
体軸	35
代謝	5, 6, 128
体循環	135
体性感覚	80
体性神経系	109
大腸	126
体内時計	164
第二次性索	149
ダイニン	84
大脳	105, 191
大脳縦裂	105
大脳髄質	191
大脳皮質	191
タウ	114
ダウン症	29
唾液	120
多細胞生物	7
多段階発がんモデル	51
脱分極	89
ターナー症候群	152
多能性	33
多能性幹細胞	64
多発性硬化症	90
単細胞生物	7
短日繁殖動物	168
胆汁	122

胆嚢	122
タンパク質	7
タンパク質の立体構造	8
チェックポイント	49
知覚性言語中枢	199
腟	150
チミン	12, 14
中枢神経系（CNS）	105
中胚葉	38
チューブリン	83
聴覚	79
腸管免疫	120
長期増強	193, 195
長期抑圧	194
長日繁殖動物	168
腸内細菌	174
腸内細菌叢	118, 126
腸内フローラ	118, 126
跳躍伝導	86, 90
チロシンキナーゼ	52
痛覚	80
ツベルクリン	187
ツボクラリン	95
低酸素誘導転写因子（HIF）	139
デオキシヌクレオチド	67
デオキシリボ核酸（DNA）	12
デオキシリボース	12
デオキシリボヌクレアーゼ	122
テストステロン	148, 151, 154, 158
テトラヒメナ	56
テトロドトキシン	88
テロメア	56
テロメラーゼ	56
電位依存性 Na^+ チャネル	89
電気シナプス	92
電子顕微鏡	71, 72
電子伝達系	129
転写	15
転写因子	45
伝達	91
伝導	89
糖	10
同化	128
洞結節	136
糖鎖	10
頭頂葉	105
糖尿病	141
動物極	35
動物細胞	8
動脈	135
特殊心筋	136

独立栄養生物	119	粘液細胞	134	ヒト免疫不全ウイルス（HIV）	20
時計遺伝子	164	脳	105	肥満遺伝子	162
ドナー	183	脳幹	105, 106	肥満細胞	184
ドーパミントランスポーター	97	脳血管疾患	111	表在性膜タンパク質	8
ドーパミンニューロン	113	脳梗塞	111	表層粘液細胞	121
トランスジェニックマウス	69	脳室	192	ピリ	9
トランスファー RNA（tRNA）	14	脳神経	109	ピルビン酸	128
トランスポゾン	21	脳脊髄液	108	ファージ	6
トランスポーター	85, 96, 123	脳内出血	111	フィードバック	156
ドリー	62	脳の性分化	153	フェニルケトン尿症	58, 59
トリカブト	88	囊胞性線維症（CF症）	134	不応期	90
トリグリセリド	123	脳由来神経栄養因子（BDNF）	197	フグ	88
トリプシン	122	ノギン	41	副交感神経系	110
トロポニン	102	ノックアウトマウス	69	副腎皮質ホルモン	142
トロポミオシン	102	ノン REM 睡眠	166	ブドウ糖	10
		ノンコーディング RNA	25	プライマー	67

な

内呼吸	133			プラスミド	66

は

内性器	150	肺	133	プリオン	115, 175
内生殖器	150	ハイイロガン	198	フリーランリズム	164
内胚葉	38	肺炎レンサ球菌	12	プルキンエ細胞	194
内皮細胞由来血管収縮因子	137	バイオロジカル・モーション	201	不老不死	57, 63
内部細胞塊	33, 38, 64	肺循環	135	ブローカ野	199
内分泌器官	140	胚盤胞	33, 38	プログラム細胞死	53
ナチュラルキラー細胞（NK細胞）		肺胞	134	プロゲステロン	156
	177	肺胞マクロファージ	176	プロテアーゼ	121
軟膜	107	排卵	156	プロモーター	73
ニコチン	95	パーキンソン病	97, 113	分化	33
ニコチン性アセチルコリン受容体		白質	81, 191	分界条床核	155
	95	バクテリオファージ	6	平滑筋	98
二次構造	8	発汗	170	平衡感覚	79
二次軸	37	発生	33	閉鎖血管系	135
二次メッセンジャー	5, 50	発達障害	200, 202	ヘイフリック限界	55
二重らせん	13	発熱器官	170	壁細胞	121
ニッスル染色法	81	半規管	79	ヘテロクロマチン	11
ニトログリセリン	137	反射	107	ベニクラゲ	57
乳糖	124	伴性劣性遺伝	59	ペプシノーゲン	121
乳び管	123	ハンチントン病	59	ペプシン	120
ニューロフィラメント	83	パンドラウイルス・サリヌス	5	ヘモグロビン	132
ニューロン	80, 82	微絨毛	123	ペルオキシソーム	9
尿	138	微小管	83	ベルジアンブルー牛	103
尿管	138	微小管関連タンパク質（MAP）	83	ヘルパー T 細胞	177, 181
尿細管	138	ヒスタミン	185, 187	変異型クロイツフェルト＝ヤコブ病	
尿生殖裂	151	ヒスタミン H1 受容体	185		115
尿道ひだ	151	ヒストン	11	変温動物	170
認知症	113	ヒストン修飾	25	鞭毛	9
ヌクレオソーム構造	11	ヒト T リンパ好性ウイルス		膀胱	138
ヌクレオチド	12, 13	（HTLV）	51	紡錘糸	48
ヌクレオチド除去修復	172	ヒトゲノム	19	放熱機関	170
ネクローシス	53	ヒト白血球型抗原（HLA）	182	胞胚	38
粘液	121	ヒトパピローマウイルス	51	胞胚腔	38
				母系遺伝	36, 59

索　引　213

補酵素 A（CoA）	128	ミナミバッタマウス	87	ラクターゼ	124
ボツリヌス毒素	96	ミュラー管	151	ラクトース	124
ボノボ	157	ミュラー管抑制因子	151	ラクトース不耐症	124
ボーマン嚢	138	ミラー・ニューロン	201	卵管	150
ホメオスタシス	139	味蕾	77	ランゲルハンス島	141
ホメオティック遺伝子	36, 43	無髄神経細胞	89	卵子	148
ホメオティック突然変異	44	無性生殖	4	卵巣	156
ポリメラーゼ連鎖反応	67	迷走神経	109	卵祖細胞	150
ホルモン	140	メイプルシロップ尿症	58	ランビエ絞輪	84, 90
ホルモン受容体	140	メタボリックシンドローム（内臓脂		卵胞	156
翻訳	15	肪症候群）	144, 173	卵胞細胞	150
翻訳領域	16	メタロチオネイン	172	卵胞刺激ホルモン（FSH）	156

ま

		メッセンジャー RNA（mRNA）	15	リガンド	94, 95
マイクロフィラメント	83	メラトニン	168	リソソーム	9
マイクロメートル	7	メラトニン合成酵素	169	リパーゼ	120, 122
マイコプラズマ・ミコイデス	2	免疫記憶	177	リボ核酸（RNA）	12
マウント	157	免疫グロブリン（Ig）	183	リボース	12
膜貫通タンパク質	8	メンソール	171	リボソーム	9, 15
膜電位依存性 Ca^{2+} チャネル	101	毛細血管	135	リポ多糖	6
マクロファージ	177	網膜	77	リポタンパク質	123
マスト細胞	184	モーター単位	100	リボヌクレアーゼ	122
末梢神経系（PNS）	105, 109	門脈	124	両親媒性物質	8
マトリックス	11			緑色蛍光タンパク質（GFP）	72
マラリア	177	**や**		臨界期	154, 196, 199
マンモス	132			リン酸	8, 10
ミオシン	98	やせ薬	146	リン酸化	50
ミオシン II	100	有髄神経細胞	89	リン酸ジエステル（ホスホジエステ	
ミオスタチン	103	有性生殖	4	ル）結合	14
味覚	77	誘導	41	リン脂質	8
味覚求心性線維	77	有毛細胞	79	レアギン	187
味覚地図	77	幽門	120	冷ニューロン	171
ミクログリア	84, 86	ユークロマチン	11	レトロウイルス	20, 52
ミクロン	7	容量受容器	135	レトロトランスポゾン	21
三毛猫	26	葉緑体	9	レビー小体型認知症	113
味細胞	77	抑制性シナプス	91	レプチン	144
水	7, 127	四次構造	8	老化	55
ミトコンドリア	9, 10, 11, 36			老人斑	114
		ら		ロードーシス	157
ミトコンドリア病	59	ライディヒ細胞	149		
		ラウス肉腫ウイルス	51		

【執筆者紹介】

北口　哲也　(Tetsuya Kitaguchi)
奈良県出身
2001 年　東京大学大学院医学系研究科脳神経学専攻博士課程修了
現　在　早稲田大学重点領域研究機構　准教授
　　　　早稲田バイオサイエンスシンガポール研究所　主任研究員
博士(医学)
主な研究テーマは、「蛍光タンパク質」「発生生物学」「神経科学」

塚原　伸治　(Shinji Tsukahara)
1994 年　名古屋大学農学部卒業
1999 年　名古屋大学大学院生命農学研究科博士課程後期課程修了
現　在　埼玉大学大学院理工学研究科　教授
博士(農学)
主な研究テーマは、「行動神経内分泌学」

坪井　貴司　(Takashi Tsuboi)
2001 年　浜松医科大学大学院医学系研究科生理系専攻博士課程修了
現　在　東京大学大学院総合文化研究科　教授
博士(医学)
主な研究テーマは、「分泌生理学」「神経科学」「バイオイメージング」

前川　文彦　(Fumihiko Maekawa)
1994 年　早稲田大学人間科学部人間基礎科学科卒業
1999 年　早稲田大学大学院人間科学研究科生命科学専攻博士課程修了
現　在　国立研究開発法人国立環境研究所　主任研究員
博士(人間科学)
主な研究テーマは、「神経行動学」「神経毒性学」

みんなの生命科学

2016年 1 月10日　第 1 版　第 1 刷　発行
2022年 2 月10日　　　　　　第 7 刷　発行

　　　　著　　者　　北　口　哲　也
　　　　　　　　　　塚　原　伸　治
　　　　　　　　　　坪　井　貴　司
　　　　　　　　　　前　川　文　彦

［検印廃止］

JCOPY 〈出版者著作権管理機構委託出版物〉
本書の無断複写は著作権法上での例外を除き禁じられて
います．複写される場合は，そのつど事前に，出版者著作
権管理機構（電話 03-5244-5088，FAX 03-5244-5089，
e-mail: info@jcopy.or.jp）の許諾を得てください．

本書のコピー，スキャン，デジタル化などの無断複製は著
作権法上での例外を除き禁じられています．本書を代行
業者などの第三者に依頼してスキャンやデジタル化するこ
とは，たとえ個人や家庭内の利用でも著作権法違反です．

乱丁・落丁本は送料当社負担にてお取りかえいたします．

発　行　者　　曽　根　良　介
発　行　所　　（株）化学同人
〒600-8074　京都市下京区仏光寺通柳馬場西入ル
編集部　TEL 075-352-3711　FAX 075-352-0371
営業部　TEL 075-352-3373　FAX 075-351-8301
　　　　　　　振替　01010-7-5702
e-mail　webmaster@kagakudojin.co.jp
URL　https://www.kagakudojin.co.jp
印刷・製本　（株）シナノ パブリッシングプレス

Printed in Japan　© T. Kitaguchi et al.　2016　無断転載・複製を禁ず　　　　ISBN978-4-7598-1811-6